Verständliche Wissenschaft

Elfter Band

Einführung in die organische Chemie

Von

H. Loewen

Berlin · Verlag von Julius Springer · 1930

Einführung in die organische Chemie

Von

Dr. H. Loewen
Berlin

1. bis 5. Tausend

Mit 25 Abbildungen

Berlin · Verlag von Julius Springer · 1930

ISBN-13: 978-3-642-90055-6   e-ISBN-13: 978-3-642-91912-1
DOI: 10.1007/978-3-642-91912-1

Inhaltsverzeichnis.

V

Die Ernährung der Pflanzen. Die Rolle der Luft. Die Rolle
des Wassers. Der Binnendruck der Pflanzenzelle: osmotischer
Druck. Veränderung des Schmelzpunkts und Siedepunkts von
Lösungen. Die festen Nährstoffe der Pflanzen. Salze. Basen.
Natrium und Kalium. Magnesium und Kalzium. Chemisches
Gleichgewicht. Reaktionsgeschwindigkeit. Dissoziation. Säuren.
Chlor und die Halogene. Schwefel. Schwefelsäure. Katalyse.
Strukturformeln. Anhydride. Phosphor. Säurechloride. Super-
phosphat. Kohlensäure. Elektrolyse. Elektrochemische Äqui-
valenz. Hydrolyse. Periodisches System der Elemente.

Stickstoff in den Organismen. Ammoniak. Ammoniumsalze.
Die Aminogruppe. Stickstoff-Sauerstoff-Verbindungen. Salpetrige und Salpetersäure.

Kohlenstoff. Kohlen. Kohlenoxyd. Das Kohlenstoffatom. Die
Kettenbildung. Die wichtigsten Verbindungstypen.

Die einfachste organische Verbindung. Grubengas. Zusammen-
setzung des Methans. Kohlenwasserstoffe. Die Einwirkung von
Chlor. Substitution. Die Methylgruppe. Äthan. Gleichwertigkeit der vier Valenzen des Kohlenstoffatoms. Das Kohlenstoff-
tetraeder. Räumliche Anordnung der Valenzen und ebene
Darstellung. Methylalkohol. Methyläther. Ester. Oxydation
des Alkohols zu Aldehyd. Die Carbonylgruppe. Formaldoxim.
Oxydation des Formaldehyds zu Ameisensäure. Formamid.
Blausäure. Methylamine. Mercaptan. Methylmagnesiumiodid.
Überblick über die Abkömmlinge des Methans und ihre Zu-
sammenhänge.

Benzin und Benzol. Hexan. Aufbau der Kohlenwasserstoffe.
Isomerie. Homologe Reihen. Paraffine. Vom Hexan zum
Benzol. Die Doppelbindung. Olefine. Gesättigt und ungesättigt.
Isomerien bei den Olefinen. Kohlenstoffringe. Cyclohexan. Vom
Cyclohexan zum Benzol. Acetylen. Diolefine. Konjugierte
Doppelbindungen. Benzol. Aromatische und aliphatische Ver-
bindungen. Natürliche Kohlenwasserstoffe. Halogenverbin-
dungen. Rückblick.

Wichtigkeit des Sauerstoffs in organischen Verbindungen.
Alkohole. Äthylalkohol. Äthyläther. Acetaldehyd. Essigsäure. Propylalkohole. Ketone. Primäre, sekundäre und ter-
tiäre Alkohole. Ungesättigte Alkohole. Mehrwertige Alkohole.

Einleitung.

Je weiter unsere Naturerkenntnis fortschreitet, um so deutlicher treten die innigen Beziehungen zutage, die die einzelnen Gebiete der Naturwissenschaft miteinander verbinden. Schon lange sind Tier- und Pflanzenkunde in der höheren Einheit der Biologie zusammengeschlossen. In der neuesten Zeit hat die Physik sich dem Studium der Atome zugewandt, das bis dahin wesentlich den Chemiker beschäftigte. In der Biologie wieder kommt neben den eigentlichen Lebensvorgängen erhöhte Bedeutung den Erscheinungen zu, die als Kraft- und Stoffumsatz mit jenen unlösbar verbunden sind. Diese stofflichen Vorgänge dem Verständnis näherzubringen, ist der Zweck unserer Ausführungen. Wir wählen zur Betrachtung einen Standpunkt, von dem wir erwarten, daß möglichst viele ihn teilen.

Wenn wir von Leben sprechen, so denken wir naturgemäß zunächst an unser eigenes Leben. Wir wissen, daß unser Körper eine chemische Werkstatt ist, die dauernd, uns unbewußt, die feinsten chemischen Arbeiten vollbringt. Um uns von ihnen wenigstens ein annäherndes Bild machen zu können, müssen wir uns zunächst darüber klar sein, daß in unserem Körper, wie in dem aller Lebewesen, die stofflichen Vorgänge grundsätzlich nach den gleichen Gesetzen verlaufen wie in der unbelebten Welt. Dann aber gilt es, diesen Gesetzen selbst nachzuspüren, soweit sie für uns von Bedeutung sind, um weiter zu sehen, zu welchen Erkenntnissen sie in der organischen Chemie geführt haben. Was dabei unter dem Begriff „organische Chemie" zu verstehen ist, wird später zu erörtern sein.

Beginnen wir unsere Betrachtung mit der Frage, was wir,

rein stofflich, zum Leben am notwendigsten brauchen. Nicht, ob wir Fleisch oder Brot oder Fett leichter entbehren können, sondern ob Essen wichtiger ist als Trinken. Auf die Dauer können wir das eine sowenig entbehren wie das andere; es lassen sich aber zwei Maßstäbe angeben, an denen wir die Notwendigkeit messen können: einmal sind die Mengen, die wir vom Wasser benötigen, weit größer als die aller festen Nahrungsstoffe zusammen, so daß man unter diesem Gesichtswinkel dem Trinken den Vorrang geben darf. Zum anderen kann die Zeit den Ausschlag geben, während der wir einen Stoff entbehren können. Hierfür fehlt uns im geregelten Alltag die Erfahrung, unter den ungewöhnlichen Bedingungen, wie sie im Kriege, bei wissenschaftlichen Expeditionen u. a. vorkommen, zeigt sich, daß man ohne Essen weit länger auskommen kann als ohne Trinken. Immerhin kann man es auch ohne Wasser einige Tage aushalten, ohne bleibenden Schaden zu nehmen. Dagegen gibt es noch ein Drittes, das, an der Zeit gemessen, weit unentbehrlicher ist als das Wasser; es ist die *Luft*. Daß im Laufe eines Tages weit mehr Luft durch unsere Lungen geht als Nahrung durch den Magen, werden wir gleich sehen. Wir sind zwar nicht gewohnt, die Luft als „Nahrungsmittel" zu betrachten, weil wir mit diesem Wort nur die Stoffe bezeichnen, die wir dem Magen zuführen. Die Luft ist ihnen aber als vollkommen gleich wichtig gegenüberzustellen; durch nichts kann das deutlicher gemacht werden als durch den Hinweis, daß wir sie kaum eine Minute entbehren können, wenn wir den Atem anhalten; bei äußerer Absperrung der Luft (Ertrinken) tritt nach wenigen Minuten Bewußtlosigkeit ein, der bald der Tod folgt, wenn nicht für rasche und gründliche Hilfe gesorgt wird. Man darf somit sagen, daß die Luft unser wichtigstes Lebensmittel ist, und darum sei ihr zunächst unsere Aufmerksamkeit gewidmet.

I. Die Luft.

In jeder Minute atmen wir etwa 15mal. Die Luftmenge, die wir dabei aufnehmen, beträgt bei jedem Atemzug einen halben Liter. Diese Zahlen sind als runde Mittelwerte angenommen; sie schwanken, wie man sich denken kann, in gewissen Grenzen von Mensch zu Mensch, das Kind atmet häufiger als der Erwachsene, die Frau häufiger als der Mann, dafür ist der Lungenraum beim Manne größer als bei der Frau, beim Kind entsprechend seinem Alter kleiner. Im Mittel nimmt der Erwachsene in einer Minute also 15mal einen halben Liter oder 7,5 Liter Luft beim Einatmen auf, um sie beim Ausatmen wieder auszustoßen. In einer Stunde (60 Minuten) brauchen wir also 450 Liter Luft, und in einem Tage 10 800 Liter. Da ein Liter Luft rund 1,2 g wiegt, so gehen im Laufe eines Tages nicht weniger als 13 kg durch unsere Lungen.

Luft nach Gewicht zu messen, sind wir nicht gewohnt. Das Messen von Gewichts- und Raummengen ist aber die Seele der Chemie und soll darum zunächst einmal kurz betrachtet werden. Unsere Maßeinheiten sind wohl allgemein bekannt: Gewichte messen wir nach Tonnen, Kilo und Grammen (1 kg = 1000 g), für die feinsten Messungen des Chemikers kommen noch Milligramme in Frage (1 g = 1000 mg). Der Raum oder das Volumen wird entsprechend gemessen nach Kubikmetern (m^3), im Alltag meist nach Litern (1 m^3 = 1000 l), kleinere Mengen nach Kubikzentimetern (1 l = 1000 cm^3) und Kubikmillimetern. Gewichte ermitteln wir mit Hilfe der Waage, indem wir einen Gegenstand unbekannten Gewichts mit den bekannten Gewichtsstücken ins Gleichgewicht bringen. Dabei ist die Genauigkeit chemischer Waagen so groß, daß ein Gegenstand von etwa 100 g Gesamtgewicht auf 1 mg genau, ja bis auf Zehntel mg gewogen werden kann. Räume werden mit geeigneten Hohlmaßen gemessen. Eine wichtige Beziehung besteht zwischen unseren Raummaßen und Gewichten: die Einheit des Gewichts, 1 g, ist festgesetzt als das Gewicht von 1 cm³ Wasser. Somit läßt sich der Rauminhalt eines Gefäßes leicht und mit großer Genauigkeit ermitteln, indem man es erst leer und dann mit Wasser gefüllt wägt. Das Gewicht des Wassers in Gramm gibt zugleich den Rauminhalt in Kubikzentimetern an.

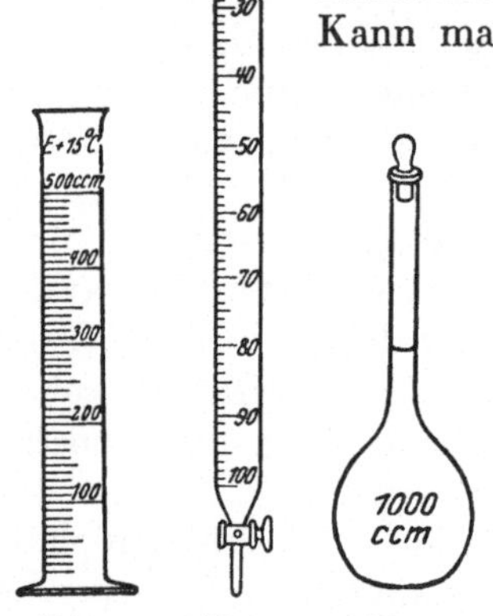

Abb. 1.   Abb. 2.   Abb. 3.

Nach Gewicht werden vor allem feste Körper, aber auch Flüssigkeiten gemessen, nach Raum oder *Volumen* Flüssigkeiten und Gase. Kann man schon Flüssigkeiten nur in geeigneten Gefäßen auf die Waage bringen, so gilt dies erst recht, wollte man eine Gasmenge abwiegen. Es liegt in der Natur der Gase, daß sie sich im Raum auszubreiten vermögen, soweit ihnen kein Widerstand entgegengesetzt wird. Das Leuchtgas, das wir einem Hahn entströmen lassen, bleibt nicht an einer Stelle, sondern verteilt sich alsbald im ganzen Raum, wovon man sich durch den Geruch leicht überzeugt. Daher müssen Gase stets in geschlossenen Gefäßen gehandhabt werden. So kann man das Gewicht einer Luftmenge ermitteln. indem man aus einer Flasche bekannten Rauminhalts mit einer Pumpe die Luft heraussaugt, die luftleere Flasche wägt und dieses Gewicht von dem zuvor ermittelten Gewicht der mit Luft gefüllten Flasche abzieht. Man sieht leicht, daß dieses Verfahren viel umständlicher ist als das Abmessen eines Volumens in einem Meßgefäß. Es genügt nun aber, das Gewicht eines Liters Luft ein für allemal mit möglichster Genauigkeit zu bestimmen, um aus dem abgemessenen Volumen einer beliebigen Luftmenge auch das zugehörige Gewicht berechnen zu können. Die Ermittelung des Gewichtes

4

von einem Liter Luft ist denn auch zu verschiedenen Zeiten mit den jeweils besten Hilfsmitteln durchgeführt worden und hat zu dem oben schon erwähnten Wert von 1,2 g geführt.

Die Bestimmung des Gewichtes eines Liters, der Maßeinheit des Volumens, wie wir sie eben bei der Luft besprochen haben, ist von allgemeinster Bedeutung. Hierbei ist zu bemerken, daß Wichtigkeit im täglichen Leben etwas sehr Relatives ist. Zweifellos liegen viele wichtige Dinge und Vorgänge außerhalb des Bereiches unserer Aufmerksamkeit, sei es, daß sie unbewußt vor sich gehen, wie die Atmung, sei es, daß wir sie so vollkommen gewohnt sind, daß wir sie nicht beachten — wir lösen Zucker oder Salz in Wasser auf, ohne uns entfernt Gedanken darüber zu machen, welche überaus merkwürdige Erscheinung wir hier vor uns haben. So müssen wir lernen, unser Augenmerk auf allgemein bekannte, aber wenig beachtete Erscheinungen ebenso zu richten wie auf unbekannte und ungewöhnliche, aus denen sich unsere Erkenntnis aufbauen soll. — Wir hatten also von dem Gewicht eines Liters Luft gesprochen und auf die Wichtigkeit der Bestimmung des Gewichts eines Liters überhaupt hingewiesen. Um unsere Ausdrucksweise nicht zu schwerfällig zu gestalten, führen wir sogleich den Fachausdruck ein, dessen sich die Wissenschaft für diese Zusammenhänge bedient: wir sprechen kurz von dem Volumengewicht, wenn wir das Gewicht eines Liters, der Maßeinheit des Volumens, meinen. Man sieht an diesem einfachen Beispiel, wie wichtig und nützlich die Schaffung solcher Fachausdrücke zur Erleichterung der Darstellung und damit auch des Verständnisses ist. Der Nichteingeweihte neigt wohl zu der Auffassung, daß solche Ausdrücke ihn mehr hindern als fördern, und sieht in ihnen geradezu eine der Hauptschwierigkeiten, die ihm die Beschäftigung mit einem wissenschaftlichen Gegenstand unmöglich machen. Diese unbestreitbare Schwierigkeit muß uns zu einer Arbeitsgemeinschaft führen: wir bringen keinen Fachausdruck ohne Erklärung seiner Bedeutung, der Leser nehme beides in sein Gedächtnis auf. Anders ist ein Folgen auf den ungewohnten Gedankengängen nicht möglich.

Schon oben war erwähnt worden, daß die Einheit unserer

Gewichte, das Kilogramm, festgesetzt worden ist als das Gewicht eines Liters Wasser. Hier haben wir eine grundlegende Beziehung zwischen Gewicht, Volumen und Volumengewicht. Alle unsere Maße sind relativ und als solche bezogen auf willkürlich, wenn auch meist auf Grund wissenschaftlicher Erwägungen festgelegte Einheiten. So war die Einheit des Längenmaßes, der Meter, gedacht als der 40millionste Teil des Erdumfanges. Da diese Größe weder in allen Richtungen auf Erden gleich ist, noch sich mit der für wissenschaftliche Zwecke notwendigen Genauigkeit jederzeit ermitteln läßt, so schuf man ein dem gedachten Maß nahekommendes „Normalmaß" aus einem besonderen Edelmetall, das unter besonderen Vorsichtsmaßnahmen in Paris aufbewahrt wird und allen irdischen Maßstäben zugrunde liegt. Von diesen leitet sich unmittelbar die Einheit des Raummaßes, der Liter, ab; er ist der Raum eines Würfels von einem zehntel Meter Kantenlänge. Die Einheit des Gewichtes ist hieran sehr zweckmäßig, im Grunde aber auch willkürlich angeschlossen worden, wie oben schon gesagt. Damit erhält das Wasser zugleich als Volumengewicht den Wert 1 zuerteilt, was nunmehr also bedeutet, daß ein Liter Wasser 1 kg oder 1 cm^3 1 g wiegt. Wir sehen hier, daß zwischen den Begriffen Gewicht und Volumengewicht ein wichtiger Unterschied besteht: Gewicht besitzt ein bestimmter Gegenstand, eine gewisse Menge einer Flüssigkeit usw. Das Volumengewicht dagegen ist eine eigentümliche *Eigenschaft* eines Stoffes. Diese Beziehungen lassen sich am klarsten erfassen, wenn wir jeweils die Volumeneinheit (1 Liter) eines Stoffes betrachten und ihr Gewicht mit dem eines Liters Wassers vergleichen: wir erhalten so eine in Zahlen angebbare Eigenschaft des betreffenden Stoffes, eben das Volumengewicht. Das Volumengewicht von Öl z. B. ist 0,9; es ist kleiner als 1, da ja Öl „leichter" ist als Wasser, und besagt uns, daß ein Liter Öl 0,9 kg wiegt; hieraus können wir das Gewicht jeder beliebigen, nach Litern gemessenen, aber auch den Raum jeder gewogenen Ölmenge leicht berechnen. Weil das Volumengewicht eine kennzeichnende Eigenschaft der Stoffe ist, nennt man es auch das *spezifische* (art-eigentümliche) Gewicht, und so müssen wir die im gewöhnlichen Sprachgebrauch als leicht oder schwer bezeichneten Stoffe richtig als spezifisch leicht oder schwer ansprechen.

Wenden wir unsere Betrachtung nun auf die Luft an, so ist ein Punkt hervorzuheben, den wir bisher als selbstverständlich behandelt haben. Die Volumengewichte müssen, um vergleichbar zu sein, sämtlich auf die gleichen Maßeinheiten bezogen sein, so wie wir oben Liter und kg, cm^3 und g einander zugeordnet haben. Es ist dasselbe, ob man sagt, ein Liter Öl wiegt 0,9 kg oder 900 g. Wollen wir indes diese Beziehung mit dem Begriff des Volumengewichts zum Ausdruck bringen, so ist nur richtig zu sagen, daß das Volumengewicht des Öls 0,9 beträgt. Würden wir ihm den Wert 900 geben, so wäre diese Zahl ja erheblich höher als die für Wasser, während das Öl doch spezifisch leichter ist. Wenn wir oben sagten, daß ein Liter Luft 1,2 g wiegt, so müssen wir zur Ableitung des Volumengewichts die letztere Zahl in kg verwandeln: ein Liter Luft wiegt 0,0012 kg, und somit ist 0,0012 das Volumengewicht der Luft. Später werden wir sehen, daß es sich bei gasförmigen Stoffen als vorteilhafter erweist, die Volumengewichte nicht auf das Wasser, sondern auf das leichteste bekannte Gas, den Wasserstoff, zu beziehen. Rein praktisch fallen dadurch die Nullen hinter dem Komma fort; innere Zusammenhänge, die für das Verständnis gerade der chemischen Beziehungen wichtig sind, werden im nächsten Kapitel hervortreten.

Wir haben eben von dem Volumengewicht der Luft gesprochen wie von dem des Wassers oder irgendeines anderen Stoffes. Hierzu sind wir nur bedingt berechtigt. Genau genommen, müssen wir schon beim Wasser (und auch bei allen anderen Flüssigkeiten und festen Stoffen) eine gewisse Einschränkung bei der Festsetzung der Volumengewichte machen. Es ist allgemein bekannt, daß alle Stoffe sich beim Erwärmen ausdehnen. Man hat diese Ausdehnung bei den verschiedensten Stoffen gemessen und gefunden, daß sie recht verschiedene Werte besitzt. Bei festen Körpern ist sie so gering, daß wir sie hier außer acht lassen können. (In der Technik, beim Brückenbau, beim Verlegen von Schienen ist sie

wohl zu berücksichtigen.) — Höhere Werte erreicht die
Wärmeausdehnung bei den Flüssigkeiten. Ein Liter Spiritus
z. B. dehnt sich beim Erwärmen um 1^0 um etwa 1 cm³, d. h.
um ein Tausendstel seines Volumens, aus. Von der gleichen
Größenordnung [1] ist auch die Ausdehnung anderer Flüssigkeiten, doch besitzt jede Flüssigkeit einen ihr eigentümlichen
Wert. Hier haben wir es mit Größen zu tun, die sich bei der
Bestimmung der spezifischen Gewichte sehr deutlich bemerkbar machen: ein Liter Spiritus, bei 20^0 gemessen, wiegt
0,79 kg, bei 70^0 gemessen dagegen nur 0,75 kg, ein Unterschied, der schon im Alltag nicht unwesentlich zu nennen ist,
für wissenschaftliche Messungen aber eine bedeutende Rolle
spielt. Die Angaben über das spezifische Gewicht einer Flüssigkeit müssen also entweder eine Bemerkung über die bei der
Messung herrschende Temperatur enthalten, oder besser erfolgt die Messung, soweit irgend möglich, bei einer grundsätzlich festgelegten Temperatur (20^0).

Merklich größer ist die Wärmeausdehnung bei den Gasen,
und hier hat sich überraschenderweise gezeigt, daß alle
Gase, sei es Luft oder Leuchtgas oder die sogenannte Kohlensäure oder irgendeines der Gase, die wir bald kennenlernen
werden, sämtlich die gleiche Wärmeausdehnung aufweisen,
und zwar beträgt sie für 1^0 Temperatursteigerung $1/_{273}$ des
ursprünglichen Volumens. Hat man ein Gasvolumen bei einer
beliebigen Temperatur gemessen, so ist es leicht, auf Grund
der bekannten Wärmeausdehnung zu berechnen, welchen
Raum es bei 0^0 einnehmen würde; auf diese Temperatur bezieht man in der Wissenschaft alle Angaben über Gasvolumen
und -volumengewichte.

Noch in einem weiteren Punkt unterscheiden sich alle Gase
gemeinsam von den festen und flüssigen Stoffen. Füllen wir
eine Flasche bis an den Rand mit Wasser und versuchen nun,
einen Stopfen in den Hals hineinzupressen, so gelingt uns

---

[1] Wenn man die Größe eines Zahlenwertes oder eines Gegenstandes
nicht genau angeben kann, aber doch eine ungefähre Vorstellung davon
vermitteln will, so gibt man die Größen*ordnung* in Zahl oder Maß an:
die Zahl der Menschen auf der Erde ist von der Größenordnung 2 Milliar-
den — es können auch 100 Millionen weniger oder mehr sein; die Größe
der Bakterien ist von der Ordnung Hundertstel bis Tausendstel Millimeter.

das nur, wenn der Stopfen nicht dicht schließt und etwas Wasser neben ihm entweichen kann. Paßt der Stopfen genau in den Hals, so läßt er sich auch mit Aufwand aller Kraft nicht merklich in den Hals drücken. Feste Körper und Flüssigkeiten sind nur in verschwindendem Maße zusammendrückbar, und zwar jeder Stoff in ihm eigentümlicher Weise. — Gießen wir aus unserer Flasche etwas Wasser heraus, so daß der obere Abschnitt des Halses mit Luft erfüllt ist, so läßt sich der Stopfen ohne große Mühe hineinpressen, auch wenn er vollkommen dicht schließt: die Luft ist weitgehend zusammendrückbar, und bei geeigneter Form von Flaschenhals und Stopfen können wir sehen, wie sie den Stopfen wieder herausdrückt, sobald der Druck unserer Hand nachläßt. Auch sonst dürfte die Zusammendrückbarkeit der Luft jedem geläufig sein vom Aufpumpen der Fahrradschläuche her. Hier pressen wir mit Hilfe der Luftpumpe ein Mehrfaches der Luftmenge in den Schlauch, die ursprünglich darin vorhanden war. Ist der Schlauch erst prall gefüllt, so bleibt sein Rauminhalt unverändert, mit der eingepumpten Luftmenge steigt aber der in seinem Inneren herrschende Druck, und zwar in ganz einfachem Verhältnis, indem bei Verdoppelung der Menge sich auch der Druck verdoppelt. Es leuchtet aber ohne weiteres ein, daß das Volumengewicht solcher zusammengedrückter Luft in gleicher Weise steigen muß. Kennen wir nur den Druck, unter dem eine gegebene Luft- oder Gasmenge steht, so läßt sich berechnen, welchen Raum diese Menge unter irgendeinem anderen Druck einnehmen würde. Eine Angabe über ein gemessenes Gasvolumen ist also nur dann vollständig, wenn sie außer der Temperatur auch den Druck berücksichtigt, und zwar ist es auch hier vorteilhafter, nicht den jeweils beobachteten Druck anzugeben, sondern das Volumen auf einen Normaldruck umzurechnen. Als diesen Normaldruck hat man den auf der Erdoberfläche herrschenden mittleren Luftdruck gewählt, der ziemlich genau 1 kg auf einen Quadratzentimeter beträgt und Atmosphäre (at) benannt wird. Um genau zu sein, wollen wir jetzt feststellen, daß das Volumengewicht der Luft, bezogen auf Wasser, gleich 1, unter Normalbedingungen (0° und 1 at Druck) 0,00129 be-

trägt, und daß sich unser oben angegebener Wert 0,0012 auf
Luft von gewöhnlicher Temperatur, etwa 18°, bezog.

All diese Dinge gehören nun eigentlich in das Gebiet der
Physik und scheinen mit den Fragen, die uns hier beschäftigen sollen, wenig zu tun zu haben. Wir werden aber auf
sehr merkwürdige Zusammenhänge mit dem chemischen Geschehen stoßen, wenn wir uns jetzt mit der Frage beschäftigen,
warum die verschiedenen Gase, abweichend von allen festen und
flüssigen Stoffen, sich gegenüber Änderungen von Temperatur
und Druck gleichartig verhalten. Es liegt auf der Hand, daß
diesem gleichartigen Verhalten eine gewisse, den Gasen eigene
Gleichartigkeit des inneren Wesens entsprechen muß.

Die Vorstellung, daß allen Stoffen ein innerer Feinbau, ein
Aufbau aus kleinsten Teilen zukommen muß, ist uralt. Sie
entstammte ursprünglich rein philosophischen Überlegungen, ist aber, zumal in den letzten Jahrzehnten, durch physikalische Untersuchungen der verschiedensten Art auf völlig
unabhängigen Wegen aus dem Bereich von Hypothese und
Theorie in den der gesicherten Tatsachen erhoben worden.
Ohne uns zunächst über Größe und Natur dieser kleinsten
Bausteine ein Bild machen zu wollen, können wir bereits
einige Aussagen machen über die Art, wie sie in verschiedenen Stoffen verknüpft sein mögen. Bei einer Flüssigkeit hängen die kleinsten Teilchen mit geringer Kraft aneinander und
sind leicht gegeneinander verschiebbar. Bei einem festen Körper muß die Kraft des Zusammenhalts größer sein, und eine
freiwillige Verschiebbarkeit besteht nicht. Völlig starr und un-
beweglich sind indes die Teilchen auch in einem festen Körper
nicht. Ihre Bewegungen sind um so geringer, je kälter, um so
stärker, je wärmer ein Körper ist; man spricht daher von
Wärmebewegung. Übersteigt die Erwärmung eine gewisse
Grenze, so werden die Eigenbewegungen der Teilchen so
groß, daß ihre Kraft die Kraft des starren Zusammenhalts
überwindet. Dies zeigt sich äußerlich in der allgemein bekannten Erscheinung des Schmelzens. Der Schmelzpunkt wird
beispielsweise erreicht bei Eis bei 0°, bei Schwefel bei 114°,
bei Eisen bei 1400°.

Den festen Körpern und Flüssigkeiten gemeinsam ist also

10

ein gewisser Zusammenhalt der kleinsten Teilchen. Daß er in beiden Fällen, rein räumlich betrachtet, von der gleichen Größenordnung ist, kann man daran erkennen, daß ein geschmolzener Stoff ungefähr den gleichen Raum einnimmt wie im festen Zustand. Anders liegen die Verhältnisse bei den Gasen und den ihnen in jeder Weise vergleichbaren Dämpfen. Ein Beispiel mag dies verdeutlichen: Bringen wir 1 g Wasser, das ist 1 cm³, in eine Flasche von einem Liter ($=$ 1000 cm³) Inhalt und verwandeln es durch Erhitzen über 100⁰ in Dampf, so finden wir, daß die Flasche nicht ausreicht, den sich bildenden Dampf zu fassen. Hierzu wären nicht weniger als 1700 cm³ erforderlich. Es leuchtet ohne weiteres ein, daß im Dampf die kleinsten Teilchen ganz wesentlich weiter voneinander entfernt sein müssen als in der Flüssigkeit oder im festen Körper. Darin eben liegt das Eigentümliche, den Gasen und Dämpfen Gemeinsame, daß ihre kleinsten Teilchen so weit auseinander liegen, daß ein innerer Zusammenhalt überhaupt nicht mehr besteht. Man muß sich vorstellen, daß die Teilchen gleich winzigen elastischen Kugeln in heftiger Bewegung durcheinanderwirbeln, wobei sie gleich Billardkugeln gegeneinander sowie gegen die Wand eines einschließenden Gefäßes prallen. So winzig jedes einzelne Teilchen ist, so gering die von ihm ausgeübte Kraft, so vermag doch ihre ungeheure Zahl die bedeutenden Wirkungen auszuüben, die wir beim Gas- und Dampfdruck wahrnehmen. Um ein Bild der Größenordnungen zu geben, die hierbei im Spiele sind: Durchmesser und Abstand der kleinsten Teilchen messen nach millionstel Millimetern, ihre Anzahl in 1 cm³ nach 1000 Trillionen (1 mit 21 Nullen!).

Ebenso wie der Übergang von fest zu flüssig ist der von flüssig zu gasförmig von der Temperatur abhängig. Die Wärmebewegung der kleinsten Teilchen wird so groß, daß sie die zusammenhaltenden Kräfte überwindet. Für den so entstehenden Zustand ist es aber eigentümlich, daß er von der stofflichen Natur der Teilchen unabhängig ist und nur bedingt wird durch ihre Bewegungsart, und diese wiederum ist abhängig von Temperatur und Druck. So erklärt sich die Gleichartigkeit des Verhaltens aller Gase gegenüber diesen beiden Faktoren, wie wir sie oben kennengelernt haben. Was aber vielleicht das merkwürdigste ist: Die eingehende Deutung aller Tatsachen, die über das Verhalten der Gase bekanntgeworden sind, führt zu dem Schluß, daß ihre innere Übereinstimmung noch weiter geht. Gleiche Bedingungen des Drucks und der Temperatur vorausgesetzt, *müssen gleiche Raumteile aller Gase,* sei es Luft oder Kohlensäure oder Wasserdampf oder irgendein anderes, *die gleiche Anzahl kleinster Teile enthalten.* Diese Erkenntnis war von grundlegender Bedeutung für das Verständnis der chemischen Zusammenhänge, wie wir bei unseren weiteren Betrachtungen noch sehen werden. —

Kehren wir aber nun zu unserem Ausgangspunkt zurück. Wir hatten die Unentbehrlichkeit der Luft für unser Leben festgestellt und die große Luftmenge errechnet, die täglich durch unsere Lungen geht. Die Rolle, die die Luft in unserem Lebensprozeß spielt, ist naturgemäß bedingt durch die Eigenschaften der Luft und durch die Bedürfnisse unseres Organismus. Hier kann man einige allgemeine Kenntnisse wohl voraussetzen. Die Luft besteht aus Sauerstoff und Stickstoff, sie ist mithin kein einheitlicher Stoff, sondern ein Gemisch, bestehend — in runden Zahlen — aus $^1/_5$ Sauerstoff und $^4/_5$ Stickstoff. Diese Bestandteile sind verhältnismäßig einfach voneinander zu trennen. So läßt sich unter Anwendung von Druck und tiefer Temperatur die Luft verflüssigen, und aus dieser Flüssigkeit entweicht beim Verdampfen zuerst der Stickstoff, so daß schließlich reiner Sauerstoff zurückbleibt. Diese Trennung wird technisch in großem Maßstab durchgeführt. Ist die Luft zerlegbar, so sind ihre Bestandteile im Gegenteil nicht weiter zu zerlegen. Diese Tatsache war nicht an sich erkennbar, sondern mußte hier wie in zahlreichen anderen Fällen durch vielseitige Untersuchungen sichergestellt werden. Durch diese Untersuchungen, deren bedeutsamste etwa in die Zeit vor 100 bis 150 Jahren fallen, wurde eine ganze Klasse unzerlegbarer Stoffe ermittelt. Sie stehen im Gegensatz zu der gewaltigen Mehrzahl aller anderen zusammengesetzten und somit auch zerlegbaren Stoffe. Man faßt die unzerlegbaren Stoffe zusammen unter der Bezeichnung Grundstoffe oder *Elemente*. Von bekannten Stoffen gehören hierher, neben Sauerstoff und Stickstoff, die Metalle Eisen, Kupfer, Silber, Gold usw., der Schwefel sowie der Kohlenstoff, der in besonders reiner Form als Diamant vorkommt. Man kennt im ganzen annähernd 90 Elemente. Von diesen spielen aber im Reiche des Belebten nur vier eine Hauptrolle, etwa weitere zehn sind von geringerer Bedeutung. Zu den vier wichtigsten gehören Sauerstoff und Stickstoff, mit denen wir uns eben beschäftigen, die anderen beiden sind Kohlenstoff und Wasserstoff.

Wenn wir eben den Stickstoff zu den lebenswichtigsten Elementen zählten, so mag es sonderbar klingen, daß der Stickstoff der Luft unmittelbar für uns so gut wie wertlos ist. Unser Körper vermag mit den etwa 8000 Litern Stickstoff, die täglich durch unsere Lungen gehen, nicht das geringste anzufangen. Nur Sauerstoff wird vom Blute aufgenommen. Da indes unser Organismus sich unter den auf Erden herrschenden Bedingungen entwickelt hat, so ist er nicht für die Atmung in reinem Sauerstoff eingerichtet und bedarf des Stickstoffes zur Verdünnung des Sauerstoffes auf das uns zuträgliche Maß. Der Stickstoff trägt seinen Namen also insofern nicht mit Recht, als er nicht durch seine Gegenwart Erstickung verursacht, sondern nur bei Abwesenheit von Sauerstoff. Es gibt dagegen andere Gase, wie das bekannte und gefürchtete Kohlenoxyd, die auch bei Gegenwart von Sauerstoff durch Schädigung des Blutes zur Erstickung führen und darum mit Recht als „Stickstoffe" bezeichnet werden dürften. Der lateinische Name des Stickstoffes, Nitrogenium, kennzeichnet sein Wesen besser, denn er besagt, daß er das Salpeter (Nitrum) bildende Element ist. Hiervon wird später noch die Rede sein.

Konnte uns der Name Stickstoff über die Natur und Bedeutung dieses Elementes wenigstens in negativem Sinne einen gewissen Aufschluß geben, so vermögen wir dem Namen Sauerstoff an sich keine Belehrung zu entnehmen. Auch dieser Name ist nicht glücklich gewählt. Er soll besagen, daß der Sauerstoff bei der Bildung der meisten sauren Substanzen, der sogenannten Säuren, eine wesentliche Rolle spielt. Genau die gleiche Bedeutung hat er indes auch für die Bildung einer großen Körperklasse, die in ausgesprochenem Gegensatz zu den Säuren steht, und somit kennzeichnet sein Name nur *eine* Seite seines Wesens. Der lateinische Name Oxygenium stimmt mit dem deutschen praktisch überein, er bedeutet Säurebildner.

Stickstoff ist chemisch träge, d. h. er vermag sich nur mit wenigen anderen Stoffen und mit diesen meist nur unter besonderen Bedingungen zu vereinigen. Sauerstoff dagegen ist in hohem Maße befähigt, auf andere Stoffe einzuwirken. Hierauf beruht auch seine Bedeutung für unser Leben, und diese steht in naher Beziehung zu einer anderen Erscheinung des Alltags, bei der die Luft gleichfalls unentbehrlich ist. Es handelt sich um den Vorgang der Verbrennung, dessen nähere Betrachtung uns das Verständnis chemischer Vorgänge überhaupt vermitteln helfen soll. Zahlreiche brennbare Stoffe sind allgemein bekannt, wie Leuchtgas, Petroleum, Holz und Kohle. Was aber geschieht bei ihrer Verbrennung? Zunächst müssen mehrere Bedingungen erfüllt sein, damit eine Verbrennung überhaupt stattfinden kann. Das Vorhandensein eines brennbaren Stoffes allein genügt nicht. Das ist recht gut so, denn sonst wäre es nicht möglich, z. B. aus Holz Gebrauchsgegenstände herzustellen oder Kohle in großen Mengen zu lagern. Damit eine Verbrennung eintritt, muß der Brennstoff angezündet werden, d. h. er muß auf eine gewisse Temperatur erhitzt werden, damit er im Verbrennungsprozeß weitere Hitze erzeugen kann. Aber auch das Erhitzen des Brennstoffs allein genügt nicht, um Verbrennung hervorzurufen. So wird in den Gasanstalten Kohle in geschlossenen Apparaten, den sogenannten Retorten, auf hohe Temperatur erhitzt, ohne dabei zu verbrennen. Vielmehr entsteht hierbei bekanntlich Leuchtgas, Teer und Koks. Außer dem Brennstoff muß also, bei genügend hoher Temperatur, noch ein gewisses Etwas zugegen sein, damit eine Verbrennung stattfinden kann, ein Etwas, das stets vorhanden ist und sich doch nicht bemerkbar macht. Es ist die Luft, und zwar im besonderen der Sauerstoff, denn im Stickstoff erstickt eine Flamme ebenso wie ein Lebewesen. Setzt man eine kleine brennende

Kerze unter eine Glasglocke, so erlischt sie nach kurzer Zeit, obwohl noch hinreichend Brennstoff vorhanden ist und die Flamme ursprünglich zweifellos die notwendige Temperatur besitzt. Die beschränkte Luftmenge unter der Glocke reicht nur zur Verbrennung einer kleinen Menge des Kerzenmaterials aus.

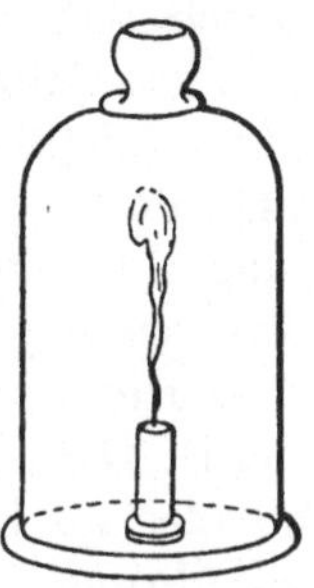

Abb. 4.

Um uns darüber klarzuwerden, was eigentlich bei der Verbrennung geschieht, müssen wir zunächst zwei weitere Fragen aufwerfen: wo bleibt der Brennstoff, und welche Rolle spielt der Sauerstoff? Wenn der Brennstoff auch vor unseren Augen verschwindet, so wissen wir doch, daß dies nur scheinbar sein kann. Besagt doch ein Grundgesetz all unserer Naturerkenntnis und Technik, das Gesetz von der Erhaltung von Kraft und Stoff, daß diese beiden weder aus nichts entstehen, noch jemals in nichts vergehen können. Das Verschwinden der Brennstoffe kann also ohne weiteres dahin erklärt werden, daß andere Stoffe aus ihnen entstehen müssen, die wir nur nicht wahrnehmen können, weil sie farb- und geruchlose Gase sind. Eins davon können wir freilich leicht sichtbar machen. Wir brauchen nur einen Topf mit kaltem Wasser auf eine nicht leuchtende Gasflamme zu stellen, um alsbald festzustellen, daß er sich außen mit zahlreichen, schnell an Größe zunehmenden Wassertropfen bedeckt. Hieran erkennen wir, daß die Verbrennungsgase beträchtliche Mengen von Wasserdampf enthalten müssen. Das gleiche ist beim Verbrennen von Spiritus, Petroleum und Holz, in geringerem Maße bei Kohle zu beobachten. Da dieser Wasserdampf weder in der Luft noch in dem Brennstoff vorher vorhanden war, so muß er bei der Verbrennung entstanden sein. Wir werden später noch des näheren sehen, daß Wasserdampf entsteht, wenn Wasserstoff und Sauerstoff sich chemisch vereinigen. So können wir aus seiner Bildung in unserem Falle schließen, daß in den Brennstoffen Wasserstoff vorhanden ist, der sich mit dem Sauerstoff der Luft vereinigt.

Bringen wir in eine leuchtende Flamme von Gas, Petroleum oder Holz einen kalten Porzellanscherben, so finden wir daran einen schwarzen Niederschlag von Ruß, d. h. einer

ziemlich reinen Form von Kohlenstoff. Der Ruß befindet
sich in Form feiner Stäubchen in der Flamme und bewirkt
durch sein Glühen das Leuchten. Er verschwindet aber im
äußeren Saum der Flamme, sofern durch hinreichende Luftzufuhr dafür gesorgt ist, daß die Flamme nicht „rußt". Sorgt
man durch geeigneten Bau des Brenners dafür, daß das Gas
oder der Flüssigkeitsdampf sich mit Luft mischt, ehe er zur
Verbrennung gelangt, so kommt kein fester Kohlenstoff zur
Abscheidung; man erhält eine nicht leuchtende Flamme (Gas-
herd). Die Brennstoffe enthalten Kohlenstoff, der unter Umständen als Ruß in der Flamme in Erscheinung tritt und in
Berührung mit Luft als solcher verschwindet. Aus dem
Kohlenstoff und Sauerstoff entsteht dabei ein neues Gas, das
man gemeinhin als Kohlensäure bezeichnet. Sie gehört zu
jenen Stoffen, deren Bildung der Sauerstoff seinen Namen
verdankt, und verleiht dem Wasser, in dem sie sich zu lösen
vermag, den bekannten leicht säuerlichen Geschmack. Auch
Kohlensäure kann der Chemiker sichtbar machen, indem er
sie in eine eigentümliche Flüssigkeit, das Kalkwasser, einleitet.
Es scheiden sich in der Flüssigkeit dann feine weiße Flocken
von kohlensaurem Kalk ab.

Indem wir dem Verbleib der Brennstoffe bei der Verbrennung nachspürten, kamen wir zu einer ersten Erkenntnis
über ihre eigene Natur. Wir fanden, daß sie als wesentliche
Bestandteile Kohlenstoff und Wasserstoff enthalten. In welcher Weise diese beiden jeweils vereinigt sind, wird uns später noch ausführlich beschäftigen. Was aber die Rolle des
Sauerstoffs anlangt, so sahen wir seine Vereinigung mit den
Bestandteilen der Brennstoffe. Gerade in dieser Vereinigung
haben wir das Wesentliche des Verbrennungsvorgangs zu
erblicken; sie ist eine chemische Erscheinung und mit der
Entwicklung großer Wärmemengen verbunden. In dieser aber
liegt ihre große praktische Bedeutung.

Wenn wir oben sagten, daß die Verbrennung in naher Beziehung zu unserem Leben steht, so können wir das jetzt
näher begründen. Die Luft, die wir ausatmen, enthält reich-
liche Mengen Wasserdampf, wie jeder weiß, sie enthält aber
auch Kohlensäure, wovon man sich durch Einblasen der

Atemluft in das oben erwähnte Kalkwasser überzeugen kann. An trockenen Nährstoffen nehmen wir täglich mehr als ein Pfund zu uns, nach Abrechnung der Stoffe, die unseren Körper als unverdaulich wieder verlassen. Wenn trotzdem unser Gewicht im Laufe der Jahre annähernd gleichbleibt, so muß die aufgenommene Nahrung unseren Körper auf einem unsichtbaren Wege wieder verlassen. Unsere Nährstoffe sind durchweg brennbar, und unsere Atemluft enthält die Stoffe, die wir als Produkte der Verbrennung oben kennengelernt haben. Tatsächlich findet in unserem Körper ein der Verbrennung völlig gleichzusetzender Vorgang statt, der vor allem dadurch merkwürdig ist, daß er bei niedriger Temperatur und viel gelinder verläuft als andere Verbrennungsvorgänge. In der Erzeugung unserer Körperwärme und Körperkraft ist er indes durchaus etwa einer Kesselheizung an die Seite zu setzen.

Die Sauerstoffmengen, die zur Verbrennung der verschiedenen Stoffe notwendig sind, sind recht beträchtlich. Holz braucht etwas mehr als das gleiche, Petroleum das $3^1/_2$fache seines eigenen Gewichtes an Sauerstoff, von den Nährstoffen ähneln in dieser Hinsicht Zucker und Stärke dem Holz, Fette und Öle dem Petroleum. Die Gewichtsverhältnisse der beteiligten Stoffe spielen bei allen chemischen Vorgängen eine wichtige Rolle und werden uns noch weiterhin beschäftigen. Hier sollte nur gezeigt werden, warum wir so große Luftmengen benötigen. Bedenken wir, daß unser Blut jeweils nur einen Teil des eingeatmeten Sauerstoffs aufnimmt und daß dieser nur den fünften Teil der Luft ausmacht, so wird unser großer Luftbedarf ohne weiteres verständlich.

II. Das Wasser.

Nächst der Luft ist das Wasser unser wichtigstes Lebensmittel. Wir nehmen davon täglich wohl $2^1/_2$ bis 3 Liter, das sind ebensoviel Kilogramm, zu uns. Man darf dabei nicht nur an das Wasser denken, das wir als solches oder in Form irgendwelcher Getränke aufnehmen. Auch unsere festen Nahrungsmittel bestehen zu einem sehr großen Teil aus Wasser. Viele, wie Obst, Gemüse und Fleisch, enthalten, wie unser eigener Körper, an sich große Mengen davon. Andere, wie Getreide- und Mehlprodukte sowie Hülsenfrüchte, genießen wir nur in stark gequollener, wasserhaltiger Form. Ein wesentlicher Teil des Verdauungsvorganges besteht darin, die Nährstoffe wasserlöslich zu machen und ihnen so den Übertritt aus dem Darm in die Körpersäfte zu ermöglichen. Im Körper sorgt dann das Blut, gleichfalls eine wässerige Flüssigkeit, dafür, daß die frischen Baustoffe allen Stellen zugeführt werden, die dessen bedürfen. Andererseits sorgt es durch Zuführung von Sauerstoff unter anderem für die Zerstörung unbrauchbar gewordener Stoffe, deren Verbrennungsprodukte, wie oben gezeigt, größtenteils durch die Lungen den Körper verlassen. Ein gewisser Rest jedoch, der zumal aus dem Fleisch stammt, wird den Nieren zugeführt und hier zusammen mit überflüssigen Salzen und einigen anderen Stoffen als Harnstoff zur Abscheidung gebracht. Er verläßt, wie dem Namen zu entnehmen ist, in dem Harn den Körper. So haben wir in großen Zügen den Lauf des Wassers durch unseren Körper und seine wichtige Rolle gezeichnet.

Unter den Eigenschaften, denen das Wasser seine besondere Stellung in unserem Leben wie im gesamten Haushalt der Natur verdankt, sei vor allem seine große Fähigkeit hervorgehoben, andere Stoffe aufzulösen. Sie ist die Ursache davon, daß es nur schwierig gelingt, wirklich reines Wasser herzustellen. Gewöhnliches Brunnen- oder Leitungswasser enthält wechselnde Mengen von Luft, außerdem enthalten die natürlichen Wässer verschiedene salzartige Stoffe, die sie aus dem durchflossenen Boden aufnehmen. Wie ist nun ein wirklich reines Wasser zu gewinnen und an welchen Eigenschaften ist es als solches zu erkennen? Beim Verdampfen von Wasser bleiben die darin gelösten Stoffe zurück; das Wasser, das sich am Deckel einer Suppenschüssel niederschlägt, ist fade, es enthält nichts von den anderen Bestandteilen der Suppe und verdunstet restlos, ohne auch nur einen Rand zu hinterlassen; es muß also einen hohen Grad von Reinheit besitzen. Somit ergibt sich der Weg zur Reinigung des Wassers von selbst: man muß es verdampfen und den Dampf durch Abkühlen wieder zu Wasser verdichten. Dieses

Verfahren nennt man *Destillation*. Zu ihrer Durchführung bedarf man eines im Prinzip einfachen Apparates, der im wesentlichen aus drei Teilen besteht: einem Gefäß, in dem das Wasser zum Sieden erhitzt wird, einem Kühlrohr, durch das der entwickelte Dampf abgeleitet und verdichtet wird, und einem zweiten Gefäß, in dem das verdichtete Wasser aufgefangen wird (Abb. 5).

Dieses Verfahren der Destillation wird in Wissenschaft und Technik in großem Maßstab angewandt, wo es sich darum handelt, eine Flüssigkeit rein darzustellen oder ein Flüssigkeitsgemisch in seine Bestandteile zu zerlegen. Seine bekann-

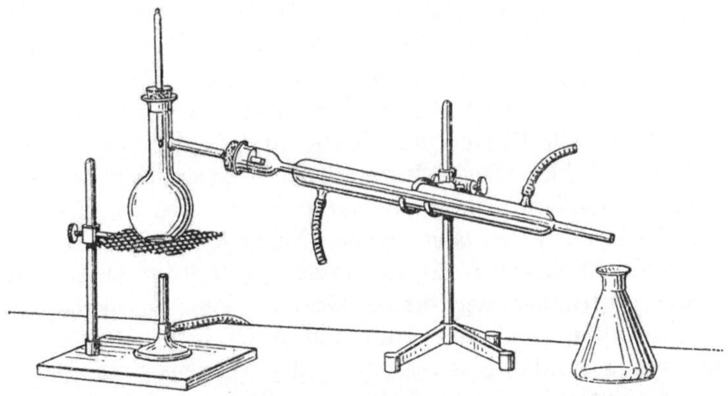

Abb. 5. Destillationsapparat.

teste Anwendung ist die Spiritusbrennerei, deren Wesen darin besteht, aus Spiritus-Wasser-Gemischen, wie sie bei der Gärung (Wein usw.) entstehen, durch Destillation in besonders wirksam gebauten Apparaten den Spiritus in mehr oder weniger reiner Form — Weingeist, Weinbrand — zu gewinnen.

Das in der angedeuteten Weise gereinigte Wasser ist als destilliertes Wasser bekannt. Wie kann man nun die Reinheit des Wassers erkennen, oder allgemein, woran erkennt man die Reinheit eines beliebigen Stoffes? Je nach Art und Herkunft eines Stoffes wird man verschiedene Anforderungen an seine Reinheit stellen können und müssen. Bei einem von Natur einheitlichen Stoff, wie dem Wasser, liegen die Dinge anders als bei einem uneinheitlichen, wie z. B. Wein. Wenn der Chemiker von reinen Stoffen spricht, so hat er meistens einheitliche im Auge, und von diesen soll hier die Rede sein.

Wir unterscheiden die Stoffe nach ihren verschiedenen Eigenschaften. Betrachten wir etwa die Metalle. Da kennen wir das gelbe Gold, das rote Kupfer, denen eine große Mehrzahl weißer Metalle, Aluminium, Eisen, Zinn, Silber und etliche andere gegenüberstehen. Wir wissen, daß ihre spezifischen Gewichte sehr verschieden sind. Den technisch wichtigsten Metallen Eisen und Kupfer mit den spezifischen Gewichten 7,5 und 9 (abgerundete Zahlen) stehen das Leichtmetall Aluminium, spez. Gew. 2,7, an schweren Metallen Blei, spez. Gew. 11,4, u. a. gegenüber. Blei und Zinn schmelzen schon bei mäßiger Erhitzung, Eisen und Nickel weit über 1000 ^{0}. Schließlich werden die edlen Metalle, wie Gold und Silber, von Luft und Feuchtigkeit nicht angegriffen, während das unedle Eisen rostet, das Kupfer dunkel anläuft und Grünspan bildet. Diese Eigenschaften lassen sich in zwei Gruppen sondern. Die zweite Gruppe, die sich in unserem Beispiel in der edlen oder unedlen Natur der Metalle äußert, ist die der chemischen Eigenschaften. Sie tritt im Alltag sehr zurück gegenüber der ersten Gruppe, den physikalischen Eigenschaften, weil ihre Äußerung meist nicht unmittelbar und wenig sinnfällig ist. Auch in der Wissenschaft werden die physikalischen Eigenschaften, wie Farbe, spezifisches Gewicht, Schmelzpunkt, in erster Linie zur Kennzeichnung der Stoffe herangezogen. Alle diese Eigenschaften werden von dem Reinheitsgrad der Stoffe beeinflußt. In besonders ausgeprägtem Maße ist dies der Fall beim Schmelzpunkt und beim Siedepunkt. Nur ein wirklich reines Wasser (als Eis) schmilzt genau bei 0 ^{0} und siedet bei 100 ^{0}. Enthält ein Stoff Verunreinigungen, so wird der Schmelzpunkt (oder Gefrierpunkt) erniedrigt, der Siedepunkt dagegen erhöht. Beide Punkte sind mit Hilfe empfindlicher Thermometer mit großer Genauigkeit feststellbar. Dabei ist zu beachten, daß der Siedepunkt vom jeweils herrschenden Luftdruck merklich abhängig und dieser deshalb zu berücksichtigen ist. Zur Prüfung der Reinheit eines Stoffes verfährt man daher vielfach so, daß man beobachtet, ob Schmelzpunkt oder Siedepunkt nach wiederholter Reinigung unverändert bleiben. Solche Reinigung kann beispielsweise durch Destillation stattfinden.

Schon im vorigen Kapitel hatten wir erwähnt, daß Wasser bei der Vereinigung von Wasserstoff und Sauerstoff entsteht. Dies besagt zugleich, daß Wasser in diese beiden Bestandteile zu zerlegen ist. Daher leitet sich der Name des Wasserstoffs ab. Die Art, wie Wasserstoff und Sauerstoff sich zu Wasser verbinden, ist grundlegend verschieden von der, in der Stickstoff und Sauerstoff zur Luft vereinigt sind. Die Luft ist ein bloßes Gemisch, dessen Zusammensetzung zwar auf der ganzen Erde gleichmäßig ist, indessen nichts Zwangsläufiges in sich trägt. Stickstoff und Sauerstoff lassen sich ebensogut in irgendeinem anderen Verhältnis mischen, und solche Gemische zeigen ein Verhalten, das von dem der Luft in keiner Weise grundsätzlich verschieden ist. Auch Wasserstoff und Sauerstoff lassen sich in gleicher Weise *mischen*, und das Gemisch ist ein Gas wie jeder seiner Bestandteile. Beim bloßen Mischen zweier Stoffe bleiben die kleinsten Teilchen jeder Art weitgehend unabhängig von denen der anderen. Für chemische Vorgänge dagegen ist es kennzeichnend, daß die kleinsten Teilchen aufeinander wirken, beispielshalber sich vereinigen. Es bilden sich dann kleinste Teilchen einer neuen Art, d. h. aber nichts anderes, als daß ein neuer Stoff entsteht, denn die kleinsten Teilchen sind die Träger der Eigenschaften der Stoffe. Eine besondere Frage ist es, *ob* zwei Stoffe chemisch aufeinander wirken und unter welchen Bedingungen. Dies lehrt ausschließlich die Erfahrung. Aus ihr hat die Chemie im Laufe der Zeit die Kenntnis vom Verhalten der Stoffe und dessen Gesetzmäßigkeit gewonnen. So ist das Wasser eine chemische Verbindung, zu deren Verständnis wir einige Betrachtungen über chemische Verbindungen überhaupt einschalten müssen. Leider ist es hierbei nicht möglich, Erfahrungen und Tatsachen des täglichen Lebens anzuführen oder wichtige Vorgänge und Beziehungen im Bilde darzustellen.

Die chemische Vereinigung zweier oder mehrerer Elemente geschieht ausschließlich nach ganz bestimmten, meist ziemlich einfachen Gewichtsverhältnissen. Diese überaus wichtige

Tatsache ist erst verhältnismäßig spät erkannt worden. Haben doch selbst bedeutsame Industrien, deren Wesen in stofflichen Umsetzungen besteht, wie die Metallgewinnung, jahrhundertelang bestanden, ohne daß man diesen Zusammenhängen auf die Spur gekommen wäre. Erst in der zweiten Hälfte des 18. Jahrhunderts haben systematische wissenschaftliche Untersuchungen diese wichtigen und verhältnismäßig einfachen Beziehungen aufgedeckt und damit Licht über ein Gebiet verbreitet, das bis dahin im Dunkel mystischer Vorstellungen gelegen hatte. Wir können auf die Einzelheiten dieser Untersuchungen nicht eingehen, können aber die Ergebnisse verstehen und als naturnotwendig erkennen, wenn wir auf die Vorstellung vom Aufbau aller Stoffe aus kleinsten Teilen zurückgreifen.

Versuchen wir, uns die kleinsten Teilchen der Luft zu vergegenwärtigen, so leuchtet wohl ohne weiteres ein, daß diese nicht einheitlicher Natur sein können. Bestehen doch darin nebeneinander unabhängig die kleinsten Teilchen von Sauerstoff und Stickstoff, und wenn wir sie auszählen könnten, so würden wir entsprechend der bekannten Zusammensetzung auf je 4 Stickstoff- 1 Sauerstoffteilchen finden. Entsprechend liegen die Verhältnisse, wenn wir ein Gemisch von Sauerstoff und Wasserstoff betrachten. Die Zahl der Teilchen wird jeweils das Verhältnis widerspiegeln, in dem wir die beiden Gase gemischt haben. Anders liegen die Dinge beim Wasser oder Wasserdampf. Hier finden wir als kleinste selbständige Teilchen nur wieder Wasserteilchen. Dies können wir mit aller Sicherheit behaupten, obwohl noch niemand diese kleinsten Teilchen gesehen hat, deren Größe weit unter jeder Sichtbarkeitsgrenze liegt. Neben dem Gegensatz von zerlegbaren und unzerlegbaren Stoffen tritt hier noch der von einheitlichen und uneinheitlichen zutage. Die unzerlegbaren sind naturgemäß auch einheitlich. Die zerlegbaren dagegen können einheitlich oder uneinheitlich sein; sie sind einheitlich, wenn sie aus gleichartigen kleinsten Teilchen bestehen, wie das Wasser, uneinheitlich, wenn sie ein Gemisch verschiedenartiger kleinster (oder gröberer) Teilchen sind, wie die Luft.

Wasserstoff besitzt, wie schon erwähnt, die Fähigkeit, sich

mit Sauerstoff unter bedeutender Wärmeentwicklung zu vereinigen. Auch hier ist zur Einleitung des Vorgangs eine Entzündung notwendig. Lassen wir reinen Wasserstoff aus einer Brenneröffnung ausströmen, so brennt er, entzündet, mit nichtleuchtender, sehr heißer Flamme in gleicher Weise wie Leuchtgas. Entzünden wir dagegen ein Gemisch von Wasserstoff und Sauerstoff, so verbrennt es momentan mit großer Gewalt, es explodiert, und daher nennt man ein solches Gemisch Knallgas. Das Ergebnis der Verbrennung ist in beiden Fällen Wasserdampf, der sich leicht zu Wasser verdichten läßt. Aus der Heftigkeit der Erscheinung und aus dem Auftreten eines Stoffes, der von den ursprünglichen in seinen Eigenschaften stark abweicht, muß man auf eine tiefgreifende Wirkung schließen. Sie beruht eben auf der chemischen Vereinigung. Im Gegensatz zu dem Gemisch, das man in jedem *beliebigen* Verhältnis herstellen kann, findet die chemische Vereinigung nur in einem ganz *bestimmten* Verhältnis statt: Wasserstoff vereinigt sich jeweils mit der achtfachen Gewichtsmenge Sauerstoff, oder anders ausgedrückt: 1 Gewichtsteil Wasserstoff mit 8 Gewichtsteilen Sauerstoff. Bringen wir z. B. 2 Gewichtsteile Wasserstoff mit 8 Gewichtsteilen Sauerstoff zur Verbrennung, so bleibt 1 Gewichtsteil Wasserstoff unverbunden; nehmen wir auf 1 Gewichtsteil Wasserstoff 10 Gewichtsteile Sauerstoff, so bleiben 2 Gewichtsteile Sauerstoff unverändert zurück.

Wie wir im ersten Kapitel gesehen haben, entspricht einer gewissen Gewichtsmenge eines jeden Stoffs eine ganz bestimmte Raummenge. Diese Raummenge ist ohne weiteres zu berechnen, sofern das Volumengewicht des betrachteten Stoffs bekannt ist. Man hat die Volumengewichte der verschiedenen Gase mit großer Genauigkeit ermittelt, wie es früher bei der Luft angedeutet worden ist. Sie werden, wie an jener Stelle erwähnt, auf das Volumengewicht des Wasserstoffs als des leichtesten aller Gase bezogen. D. h. das Volumengewicht des Wasserstoffs wird willkürlich gleich 1 gesetzt; dabei ist es gleichgültig, ob man etwa einen Liter Wasserstoff betrachtet und sein Gewicht gleich 1 setzt (wobei diese neue Gewichtseinheit rund 0,09 g entsprechen würde, dem Gewicht eines Liters Wasserstoff), oder ob wir den Raum betrachten, der einem Gramm Wasserstoff entspricht, das sind 11,2 l. Versuchen wir, das Volumengewicht der Luft in dieser neuen Einheit auszudrücken, so können wir entweder das Gewicht eines Liters Luft, 1,29 g, durch 0,09 teilen oder das Gewicht von 11,2 l Luft in Grammen ausrechnen; wir erhalten in beiden Fällen den Wert 14,4, der nunmehr das Volumengewicht der Luft, bezogen auf Wasserstoff = 1, bedeutet. In der gleichen Beziehung beträgt das Volumengewicht des Stickstoffs 14,0, das des Sauerstoffs, auf das es uns hier ankommt, 16,0.

Halten wir nun die verschiedenen Tatsachen nebeneinander: 1. 8 Gewichtsteile Sauerstoff verbinden sich chemisch mit 1 Gewichtsteil Wasserstoff; entsprechend natürlich 16 Gewichtsteile Sauerstoff mit 2 Gewichtsteilen Wasserstoff. 2. 16 Gewichtsteile Sauerstoff nehmen den gleichen Raum ein wie 1 Gewichtsteil Wasserstoff. Hieraus ergibt sich, daß sich ein Raumteil Sauerstoff mit 2 Raumteilen Wasserstoff verbindet. Diese Zahlenbeziehung ist denkbar einfach. *Mischen* können wir die verschiedensten Raumteile von Wasserstoff und Sauerstoff, restlose *chemische Vereinigung* erfolgt *nur*, wenn Wasserstoff in doppeltem Volumen des Sauerstoffs vorhanden ist. Dieser Umstand erscheint nun in einem völlig neuen Licht, wenn wir uns erinnern, daß gleiche Raumteile aller Gase gleich viele kleinste Teile enthalten. Spielen die kleinsten Teilchen bei der Entstehung einer chemischen Verbindung eine wesentliche Rolle, so kann man annehmen, daß im Falle des Wassers je 2 Teilchen Wasserstoff mit 1 Teilchen Sauerstoff sich vereinigen, da ja in 2 Raumteilen des ersteren doppelt soviel kleinste Teilchen vorhanden sind wie in 1 Raumteil des letzteren. Was man im Großen beobachtet, wäre also eine Spiegelung der Vorgänge im Kleinsten. Eine einfache Überlegung setzt uns in die Lage, die Richtigkeit dieser Annahme zu prüfen.

Es erscheint wohl selbstverständlich, daß beim *Mischen* zweier Gase das Gemisch den gleichen Raum einnimmt wie die beiden Bestandteile zusammen. Wenn es dagegen richtig ist, daß 2 Teilchen Wasserstoff sich mit 1 Teilchen Sauerstoff zu 1 Teilchen Wasser vereinigen, so müssen ebensoviel Wasserteilchen entstehen, wie Sauerstoffteilchen vorhanden waren. Der entstandene Wasserdampf muß also denselben Raum einnehmen wie zuvor der Sauerstoff. Um ein Beispiel zu geben: *Mischen* wir 2 l Wasserstoff und 1 l Sauerstoff, so erhalten wir 3 l Knallgas. Lassen wir dagegen 2 l Wasserstoff sich mit 1 l Sauerstoff *verbinden*, so müßte 1 l Wasserdampf das Ergebnis sein. Dieser Schluß muß ohne Schwierigkeit durch den Versuch zu beweisen sein. Hier aber kommt eine große Überraschung. Der Versuch zeigt in der Tat, daß mit Eintritt der chemischen Vereinigung eine gesetzmäßige Änderung des Volumens einhergeht. Nur ist das entstehende Volumen doppelt so groß, wie nach unseren bisherigen Betrachtungen zu erwarten war. Aus 3 l Knallgas entsteht nicht 1 l Wasserdampf, sondern 2 l. Für dieses unerwartete Ergebnis hat man eine im Grunde sehr einfache Deutung gefunden.

Als wir den Begriff der kleinsten Teilchen einführten, mußten wir die Frage nach ihrer inneren Natur offenlassen. Nunmehr sind wir soweit, hierüber einige Betrachtungen anstellen zu können. Ein Wasserteilchen ist offenbar aufgebaut aus zwei Wasserstoff- und einem Sauerstoffteilchen. Für Teilchen, wie die des Wassers, die ihrerseits zusammengesetzter Natur sind, besitzt der Chemiker nun einen eigenen Begriff. Er nennt sie *Moleküle* (lateinisch: kleine Massen), und dieses Wort und seine Bedeutung ist wohl einzuprägen, weil wir uns seiner immer wieder zu bedienen haben werden. Die noch kleineren Teilchen, aus denen ein Molekül sich aufbaut, wie die des Wasserstoffs und Sauerstoffs im Wassermolekül, nennt man *Atome* (griechisch: unteilbar). *Moleküle sind also die kleinsten, für sich daseinsfähigen Teilchen einheitlicher Stoffe, Atome die kleinsten Teilchen der Elemente, mit denen diese am Aufbau eines Moleküls beteiligt sein können.* Nun lehren theoretische Erwägungen der Physik, daß ein Gas, das aus Einzelatomen besteht, sich gegenüber der Wärme in gewisser, zahlenmäßig angebbarer Weise anders verhalten muß als ein solches, dessen kleinste selbständige Teile Moleküle sind, unabhängig davon, woraus diese Atome oder Moleküle bestehen. Bei Gasen zusammengesetzter Natur, wie dem Wasserdampf oder der Kohlensäure, sind natürlich nur Moleküle zu erwarten, Atome dagegen nur bei elementaren Gasen. Bei der physikalischen Prüfung verschiedener elementarer Gase unter diesem Gesichtswinkel wurden nun *verschiedene* Ergebnisse erhalten. Der Dampf des Quecksilbers z. B. verhält sich so, wie es die Theorie beim Vorliegen von einzelnen Atomen erfordert. Die gewöhnlichen Gase Wasserstoff, Sauerstoff und Stickstoff zeigen das Verhalten, wie es beim Vorliegen zusammengesetzter Teilchen, also von Molekülen, zu erwarten ist. Die kleinsten selbständigen Teilchen dieser Gase erwiesen sich als *Moleküle*, von denen jedes aus *zwei* gleichartigen Atomen zusammengesetzt ist.

Wenn wir diese rein physikalischen Erkenntnisse auf unsere chemischen Probleme anwenden, so finden wir, daß beide sich zu einem einfachen, klaren Bilde zusammenfügen. Betrachten wir noch einmal die Vereinigung von Wasserstoff und Sauerstoff. Bezeichnen wir die Zahl der *Moleküle*, wie wir von nun an sagen, die in 1 l Sauerstoff vorhanden sind, mit n, so wissen wir nunmehr, daß ihnen die doppelte Zahl von *Atomen*, also $2 \cdot n$, entspricht. In 2 l Wasserstoff haben wir dann $2 \cdot n$ Moleküle und $2 \cdot 2 \cdot n$ Atome vor uns. Bei der Bildung des Wassers bindet nun jeweils ein Sauerstoffatom zwei Wasserstoffatome. Bezeichnen wir nun vorläufig ein Wasserstoffatom mit W, ein Sauerstoffatom mit S, so können wir ein *Wasser*molekül schematisch darstellen durch den Ausdruck (2 W, 1 S). Überlegen wir nun noch, wieviel solcher Wassermoleküle wir aus $2 \cdot 2 \cdot n$ Atomen Wasserstoff und $2 \cdot n$ Atomen Sauerstoff erhalten können, so ergibt sich ohne Schwierigkeit, daß $2 \cdot n$ Moleküle (2 W, 1 S) das Ergebnis sind. Diese $2 \cdot n$ Moleküle nehmen nun, wie nicht anders zu erwarten, den gleichen Raum ein wie die $2 \cdot n$ Moleküle Wasserstoff, den doppelten wie die n Moleküle Sauerstoff. Ist doch der von einem Gas eingenommene Raum nur abhängig von der Zahl der Moleküle selbst, nicht von der der Atome in den Molekülen. Bei der Vereinigung von 2 l Wasserstoff und 1 l Sauerstoff müssen also, wenn unsere Überlegungen richtig sind, 2 l Wasserdampf entstehen. Gerade dies aber wird, wie wir oben sahen, im Versuch tatsächlich gefunden. Das Ergebnis, das uns früher überraschte, hat sich bei vertiefter Erkenntnis als notwendig herausgestellt.

III. Chemische Grundgesetze und Grundbegriffe.

Wir haben diese Dinge so ausführlich behandelt, weil sie nicht nur für das Verständnis von Bildung und Zusammensetzung des Wassers von Bedeutung sind, sondern als Beispiel für chemische Vorgänge überhaupt. Die Regel, daß die Elemente nur nach ganz bestimmten Gewichtsverhältnissen in chemische Verbindungen einzutreten vermögen, beherrscht die gesamte Chemie. Sie ist zunächst rein erfahrungsgemäß durch Versuche gefunden worden und hat für den Laien vielleicht etwas Gewaltsames. In Verbindung mit der Atomlehre indes wird sie uns vollkommen natürlich erscheinen. Die Atome, wie wir sie eben kennengelernt haben, sind die kleinsten Teile der Elemente, sie sind die Träger ihrer physikalischen und besonders ihrer chemischen Eigenschaften. Als solchen kommt ihnen, was in unserem Zusammenhang besonders wichtig ist, ein ganz bestimmtes Gewicht zu, das von Element zu Element verschieden ist. Können wir auch das Gewicht der einzelnen Atome wegen ihrer Kleinheit nicht feststellen, so besitzen wir doch Mittel, das Verhältnis ihrer Gewichte zueinander zu bestimmen. Setzen wir das Gewicht eines Wasserstoffatoms als das leichteste gleich 1, so können wir nach den Ausführungen der vorhergehenden Abschnitte beispielsweise sagen, daß das Sauerstoffatom das Gewicht 16 haben muß; denn wir hatten ja gesehen, daß 1 Volumen Sauerstoff 16mal soviel wiegt wie das gleiche Volumen Wasserstoff, und daß in beiden die gleiche Anzahl von Atomen vorliegt. Das führt ohne weiteres zu dem Schluß, daß das einzelne Sauerstoffatom 16mal so schwer sein muß wie 1 Wasserstoffatom. Nennen wir das Gewicht eines Atoms Wasserstoff, ohne seinen Wert genau zu kennen[1], sein *Atomgewicht* und setzen dies gleich 1, so ergibt sich hiernach das Atom-

---

[1] Es ist von der Größenordnung Quadrillionstel Gramm; eine Quadrillion ist eine 1 mit 24 Nullen.

gewicht des Sauerstoffs zu 16. In der gleichen Beziehung auf Wasserstoff gleich 1 sind in umfangreichen Arbeiten auch die Atomgewichte der anderen Elemente ermittelt worden.

Bei den Gasen können wir einerseits das Gewichtsverhältnis ermitteln, in dem sie sich verbinden, es ist bei Wasserstoff und Sauerstoff 1 zu 8; andererseits lehrt uns die Messung der Volumenverhältnisse mittelbar, wieviel Atome sich miteinander vereinigen. Bezeichnen wir die Gewichte, nach denen sich die Elemente verbinden, als Verbindungsgewichte und geben dem Wasserstoff wieder das Verbindungsgewicht 1, so erhält der Sauerstoff das Verbindungsgewicht 8. Wie man sieht, stimmt das Verbindungsgewicht des Sauerstoffs mit dem Atomgewicht nicht überein, und zwar aus dem einfachen Grunde, weil sich ein Atom Sauerstoff nicht mit einem, sondern mit zwei Wasserstoffatomen verbindet; somit ist sein Verbindungsgewicht halb so groß wie sein Atomgewicht. In anderen Fällen ist dagegen das Verbindungsgewicht *gleich* dem Atomgewicht, so z. B. bei dem Element Chlor.

Das Chlor ist dem Namen nach und wohl auch durch seinen stechenden Geruch allgemein bekannt. Es ist ein ziemlich schweres, gelblichgrünes Gas. 1 l davon wiegt 35,5mal soviel wie 1 l Wasserstoff, und diese Zahl gibt zugleich das Atomgewicht an. Chemisch ist es ähnlich wirksam wie Sauerstoff; wie bei diesem sind die kleinsten Teilchen Moleküle, die ihrerseits aus zwei Atomen bestehen. Auch Chlor vermag sich leicht mit Wasserstoff zu vereinigen, und zwar erfolgt diese Vereinigung zu *gleichen* Raumteilen; hieraus folgt, daß sich je ein Atom Chlor mit einem Wasserstoffatom verbindet. Mischen wir 1 l Chlor mit 1 l Wasserstoff, so erhalten wir 2 l „Chlorknallgas". Bei Zündung durch einen Funken oder auch schon in direktem Sonnenlicht vereinigen sich die Bestandteile explosionsartig zu einem neuen Gas, das Chlorwasserstoff genannt wird. (Eine Lösung von Chlorwasserstoff in Wasser ist die bekannte Salzsäure.) Vergegenwärtigen wir uns nun, wie früher bei der Bildung des Wassers: In 1 l Wasserstoff wie Chlor ist eine bestimmte Anzahl, n, von Molekülen und doppelt soviel, $2 \cdot n$, von Atomen vorhanden; je 1 Atom Chlor gibt mit 1 Atom Wasserstoff 1 Molekül Chlorwasserstoff. Es entstehen also soviel Moleküle Chlorwasserstoff, wie Atome Chlor (oder Wasserstoff) vorhanden waren, $2 \cdot n$ an Zahl. Diese $2 \cdot n$ Moleküle nehmen den doppelten Raum ein wie die n Moleküle Chlor, d. h. 2 l. In diesem Fall nimmt mithin der neu entstandene Stoff den gleichen Raum ein wie zuvor das Gemisch. Was die Gewichtsverhältnisse anlangt, so verbinden sich 35,5 Gewichtsteile Chlor mit 1 Gewichtsteil Wasserstoff. Hier stimmt also das Verbindungsgewicht mit dem Atomgewicht überein. —

Da wir im weiteren noch viel von Elementen und Atomen, von Molekülen und Verbindungen zu sprechen haben, ist es umständlich, jedesmal die Namen voll auszuschreiben und an die einmal grundsätzlich festgelegten Beziehungen zu erinnern. Man bedient sich deshalb in der Chemie allgemein gebräuchlicher sogenannter *Symbole*. Sie erscheinen dem Nichteingeweihten als bloße Abkürzungen und bleiben ihm unverständlich. Sie erwecken den Eindruck, als wäre die Chemie so kompliziert, daß die Chemiker sich der Symbole bedienen *müßten*, um überhaupt hindurchzufinden. Man kann aber im Gegenteil sagen, daß die Dinge so einfach liegen, daß man sie durch die Symbole darstellen *kann*; sie bedeuten für den Chemiker eine unentbehrliche Ausdrucksweise, mit deren Hilfe er seine Ergebnisse in kürzester und dabei völlig klarer und eindeutiger Form darstellen kann. Wir müssen uns mit ihr vertraut machen, wenn wir nicht von vornherein auf das beste Verständigungsmittel verzichten wollen. Rein äußerlich sind die Symbole allerdings Abkürzungen, insofern sie aus dem (oder den) Anfangsbuchstaben der lateinischen Namen der Elemente gebildet sind. So lautet das Symbol für Wasserstoff H, von Hydrogenium, für Sauerstoff O, von Oxygenium, für Stickstoff N, von Nitrogenium, für Kohlenstoff C, von Carboneum. Ihre eigentliche Bedeutung aber liegt darin, daß sie nicht das Element an sich versinnlichen sollen, sondern jeweils *ein Atom*. H bedeutet nicht Wasserstoff schlechthin, sondern *ein Atom* Wasserstoff. Wasserstoff*gas*, von dem wir wissen, daß es aus zweiatomigen Molekülen besteht, ist dann durch das Symbol H_2

auszudrücken: die Anzahl der im Molekül vereinigten gleichen Atome wird durch einen Zahlenindex rechts unten angegeben. Vereinigen sich die Atome verschiedener Elemente zu Molekülen chemischer Verbindungen — und chemische Verbindungen bilden sich in letzter Linie nur durch Bindung von Atomen —, so schreiben wir beispielsweise den Satz: ein Molekül Wasserstoff ergibt mit einem Molekül Chlor (Symbol Cl) zwei Moleküle Chlorwasserstoff — in der einfachen *Gleichung*

$$H_2 + Cl_2 = 2\,HCl\,.$$

Wir kommen so zu den chemischen *Formeln* für die chemischen Verbindungen, indem wir die Symbole der zusammengetretenen Atome nebeneinander schreiben. So wird HCl zur Formel des Chlorwasserstoffs. Wir sehen zugleich, daß unsere Gleichung auch den Raumverhältnissen (bei Gasen) Rechnung trägt: bei der Vereinigung von 1 Raumteil Wasserstoff mit 1 Raumteil Chlor entstehen 2 Raumteile Chlorwasserstoff; entsprechen doch bei Gasen die Räume der Anzahl der Moleküle. Aber auch die Gewichtsverhältnisse, die für den Verlauf des Vorgangs maßgebend sind, liegen für den zutage, der die Atomgewichte kennt. Jeder, der chemische Vorgänge verstehen und verfolgen will, tut gut, sich die wichtigsten einzuprägen. (Vergl. die Tabelle S. 67.)

Gleichung und Formel für Bildung und Zusammensetzung des Wassers sind hiernach leicht abzuleiten. Zwei Moleküle Wasserstoff, $2\,H_2$ (entsprechend 2 Raumteilen), geben mit einem Molekül Sauerstoff, O_2 (1 Raumteil), zwei Moleküle Wasser, $2\,H_2O$ (2 Raumteile), oder, als Gleichung geschrieben: $2\,H_2 + O_2 = 2\,H_2O$. H_2O ist also die *Formel des Wassers*. Um das Beispiel auch auf die Gewichtsverhältnisse anzuwenden, führen wir einen neuen Begriff ein. Wie jedem Atom, so muß auch jedem Molekül ein ganz bestimmtes Gewicht zukommen, wir nennen es *Molekulargewicht*, und beziehen es, wie die Atomgewichte, auf das Atomgewicht des Wasserstoffs gleich 1. So ist das Molekulargewicht des gasförmigen Wasserstoffs H_2 gleich 2, das des Sauerstoffgases O_2 gleich 32, während sich das des Wassers aus der Summe der Gewichte der vereinigten Atome zu $2 + 16 = 18$ ergibt. Aus der

30

obigen Gleichung folgt dann, daß 4 Gewichtsteile Wasserstoff mit 32 Gewichtsteilen Sauerstoff 36 Gewichtsteile Wasser ergeben. Aus dieser festliegenden Beziehung läßt sich berechnen, wieviel Sauerstoff zur Verbrennung einer gewissen Wasserstoffmenge benötigt wird und wieviel Wasser dabei entsteht, oder wieviel Wasserstoff und Sauerstoff aus einer gegebenen Wassermenge darstellbar ist. (Wer Freude am Zahlenrechnen hat, mag berechnen, wieviel Wasserstoff und Sauerstoff aus 100 kg Wasser zu gewinnen sind. Er wird zugleich die *prozentuale* Zusammensetzung des Wassers dabei feststellen.)

Für die Mengen von Elementen oder Verbindungen, deren Gewicht in Grammen durch den Zahlenwert des Atom- oder Molekulargewichts angegeben wird, hat man eine besondere Bezeichnung eingeführt. 1 g Wasserstoff, 16 g Sauerstoff, 35,5 g Chlor bezeichnet man als je ein *Grammatom* dieser Elemente; entsprechend nennt man 2 g Wasserstoff, 32 g Sauerstoff, 18 g Wasser je ein *Grammolekül* oder abgekürzt ein *Mol*. Erinnern wir uns nun, daß die Gewichte gleicher Raumteile aller Gase und Dämpfe im Verhältnis ihrer Molekulargewichte stehen (wir hatten das früher so ausgedrückt, daß die Volumengewichte aller Gase im Verhältnis der Gewichte ihrer kleinsten Teilchen stehen), so folgt: die gleiche Raummenge, die vom Wasserstoff 2 g wiegt, wiegt beim Sauerstoff 32 g, beim Wasserdampf 18 g usw. Sie beträgt 22,4 l, das Doppelte dessen, was wir früher als den Raum von 1 g Wasserstoff gefunden hatten (S. 24). 22,4 l sind also die Raummenge, deren Gewicht in Grammen für *alle* Gase und Dämpfe den Wert des Molekulargewichts wiedergibt. Die praktische Bedeutung dieses Zusammenhangs liegt darin: hat man das Volumengewicht eines Gases oder Dampfes bestimmt — und das bereitet meist keine übermäßigen experimentellen Schwierigkeiten —, so braucht man nur das Gewicht (in g) von 22,4 l desselben zu berechnen, um sein Molekulargewicht zu erhalten. Wir finden z. B. das Volumengewicht des Chlorwasserstoffs zu 0,00163 (d. h. 1 l Chlorwasserstoff wiegt 1,63 g); 22,4 l wiegen dann 36,5 g, und diese Zahl ist gleich seinem Molekulargewicht, wie es sich nach der Formel HCl aus den Atomgewichten $1 + 35,5$ auch berechnet.

Die Atome sind die eigentlichen Träger der chemischen Wirkungen und haben sich im bunten Lauf chemischen Geschehens als wirklich unteilbar erwiesen. Mithin *können* chemische Vorgänge nur nach *den* Gewichtsbeziehungen vonstatten gehen, wie sie in den Eigengewichten der Atome und ihrem Verhältnis zueinander festliegen. Eine gewisse Freiheit scheint nur darin zu bestehen, ob ein Atom eines Elementes sich mit einem oder mehreren Atomen eines zweiten vereinigt, so wie ein Cl sich mit einem H, ein O aber mit zwei H verbindet. Das Warum dieser Erscheinung ist keine ganz einfache Frage. Die Atomphysik hat in den letzten Jahren hierfür sehr bedeutsame Gründe im inneren Aufbau der Atome selbst gefunden. Für uns genügt es, festzustellen, daß es sich hier um eine besondere Eigenschaft der Elemente, zumal ihrer Atome, handelt. Diese Eigenschaft wird bezeichnet mit dem Wort *Wertigkeit.* Es ist kein Fall bekannt, in dem ein Atom Wasserstoff sich mit mehr als einem Atom eines anderen Elements verbindet; Wasserstoff besitzt also die Wertigkeit 1; an ihr wird die Wertigkeit der übrigen Elemente gemessen. Elemente wie das Chlor heißen in diesem Sinn einwertig, solche wie Sauerstoff zweiwertig, während der Stickstoff sich als dreiwertig erwiesen hat, was also besagt, daß ein Stickstoffatom sich mit drei Wasserstoffatomen zu verbinden vermag. Das wichtigste Element der organischen Chemie schließlich, der Kohlenstoff, ist in der überwiegenden Mehrzahl seiner Verbindungen vierwertig. Verschiedene Elemente gleicher Wertigkeit nennt man *äquivalent* (lat. gleichwertig); Wasserstoff und Chlor sind äquivalent. Man sagt aber auch, daß zwei Wasserstoffatome einem Sauerstoffatom äquivalent sind — der Sinn dieser Ausdrucksweise ist wohl ohne weiteres klar. Diese Beziehungen sind besonders dann wichtig, wenn ein Element mit Wasserstoff keine Verbindung eingeht und seine Wertigkeit somit nicht an ihm zu messen ist. Zink z. B. gehört hierher; es verbindet sich leicht mit Chlor und Sauerstoff, und zwar vereinigt sich ein Atom Zink (Zn) mit zwei Atomen Chlor zu Chlorzink oder Zinkchlorid, $ZnCl_2$; es ist also zweiwertig. Demnach ist es dem Sauerstoff äquivalent, und so verbindet sich ein Zinkatom mit einem Sauerstoffatom zu Zinkoxyd, ZnO. Die Namen Chloride für Verbindungen des Chlors, Oxyde für solche des Sauerstoffs kehren häufig wieder. So heißt die im Alltag als Kohlensäure bekannte Verbindung mit wissenschaftlicher Bezeichnung Kohlendioxyd. Die Silbe -di- besagt, daß *zwei* Sauerstoffatome im Molekül vorhanden sind. Das vierwertige Kohlenstoffatom bindet zwei zweiwertige Sauerstoffatome zu Kohlendioxyd, dessen Formel also CO_2 lautet.

Bei der Wertigkeit und ihrer Äußerung handelt es sich um ganz besondere elektrische Erscheinungen. Da man sich von diesen kaum eine Vorstellung machen kann, sei hier ein mechanischer Vergleich versucht. Es gibt nur ganzzahlige Wertigkeiten, d. h. ein Element kann ein-, zwei-, drei- bis zu achtwertig sein. Gebrochene Zwischenwerte gibt es nicht. Es macht den Eindruck, als hätten die Atome einzelne Organe — der Chemiker spricht von *Valenzen* —, die wir uns etwa wie Hände vorstellen können. Einwertige Atome haben je eine solche Hand, zweiwertige, deren zwei usw. Diese Valenz-Hände *können* nun nicht nur greifen, es ist so, als ob sie greifen *wollten* oder *müßten*. Darum haben wir in den Gasen keine einzelnen Atome vor uns, sondern die Moleküle, in denen sich je zwei Atome mit ihren „Händen" fassen. Nun ist es aber gerade, als ob die Atome Liebe und Abneigung besäßen. Die Atome von Wasserstoff und Chlor, von Wasserstoff und Sauerstoff vereinigen sich leicht, während die von Chlor und Sauerstoff sich nur schwierig vereinigen und leicht wieder trennen lassen. Diese Beziehungen von Element zu Element hat man als *chemische Verwandtschaft* bezeichnet. Je stärker verwandt zwei Elemente sind, mit desto größerer Kraft vereinigen sie sich; ein Maß dieser Kraft ist z. B. die Wärme, die bei der Vereinigung zweier Elemente entsteht, z. B. bei der Verbrennung von Wasserstoff oder von Kohle. Eine entsprechende Kraft ist aufzuwenden, um eine solche Vereinigung wieder zu lösen. Dies gilt auch für den Fall, daß zwei gleichartige Atome miteinander verbunden sind, wie in H_2 und O_2. Die Kraft, die zur Trennung verbundener Atome notwendig ist, kann durch den elektrischen Strom oder durch Erwärmung zugeführt werden. Im Fall von Knallgas kann man sich vorstellen, daß bei gewöhnlicher Temperatur die gleichartigen Atome in den Gasmolekülen H_2 und O_2 sich so festhalten, daß eine Einwirkung auf die der anderen Art nicht stattfindet. Durch örtliche Erhitzung — wir nennen das Entzünden — wird an einer Stelle der Zusammenhalt der gleichartigen Atome so weit gelockert, daß nunmehr die Vereinigung mit denen der anderen Art stattfinden kann. Bei dieser entsteht dann ein so großer Überschuß an Wärme, daß nunmehr alle Moleküle an dem Vorgang teilnehmen.

Noch eine Bewandtnis hat es mit der Wertigkeit. Auf der einen Seite wollen die Valenz-Hände nicht leerbleiben. Eine Verbindung, deren Moleküle aus je nur einem Wasserstoff- und Sauerstoffatom zusammengesetzt wären, ist an sich nicht beständig. Wohl aber findet man die Gruppe —OH, in der ein Sauerstoffatom mit einem Wasserstoffatom vereinigt ist, als Bestandteil zahlreicher chemischer Verbindungen, in denen die hier durch einen Strich angedeutete zweite Hand — Valenz — des Sauerstoffatoms ein anderes Atom festhält. Man hat dieser Gruppe deshalb einen besonderen Namen, *Hydroxylgruppe,* gegeben. Ähnlichen Gruppen, die, an sich nicht beständig, häufig als Bestandteile chemischer Verbindungen wiederkehren, nennt man *Radikale* (lat. radix, Wurzel). Solche wie die Hydroxylgruppe, die *eine* verfügbare Valenz zur Verknüpfung mit anderen Atomen aufweisen, nennt man einwertig, es gibt aber auch zwei- und mehrwertige Radikale. Man könnte hiernach meinen, daß jedes Element, jede Atomart nur mit *einer* Wertigkeit aufzutreten vermag. Dies aber trifft wiederum nicht zu. Sogar die Mehrzahl der Elemente tritt in verschiedenen Wertigkeitsstufen auf, als ob sie unter verschiedenen Bedingungen eine verschiedene Zahl von Händen besäßen. Aus der großen Mannigfaltigkeit der Fälle sei hier nur einer hervorgehoben. Einige Elemente zeigen gegenüber Wasserstoff eine andere Wertigkeit als gegenüber Sauerstoff. Als Beispiel können Stickstoff, Schwefel und Chlor dienen. Gegenüber Wasserstoff ist Stickstoff drei-, Schwefel zwei- und Chlor einwertig; gegenüber Sauerstoff besitzen sie wechselnde Wertigkeit. Von Wichtigkeit sind dabei die Höchstwerte: Stickstoff kann fünf-, Schwefel sechs-, Chlor siebenwertig gegenüber Sauerstoff auftreten. Daß die Zahlen 3 und 5 für Stickstoff, 2 und 6 für Schwefel, 1 und 7 für Chlor jeweils zusammen 8 ergeben, mag als Hinweis darauf genügen, daß auch hier eine besondere Gesetzmäßigkeit obwaltet.

Haben wir uns bisher besonders eingehend mit Elementen befaßt, so besteht doch die überwiegende Mehrzahl der Stoffe aus chemischen Verbindungen oder Gemischen. Daher hat auch der Chemiker meist nicht mit Elementen und ihrer Vereinigung zu tun. Im Gegenteil besteht seine Aufgabe häufig genug darin, zu untersuchen, aus welchen Elementen ein ihm vorliegender Stoff zusammengesetzt ist. Neben der Vereinigung ist also die Zerlegung von hervorragender Wichtigkeit. Für diese beiden Arbeitsgebiete haben wir besondere Bezeichnungen, für das Zusammensetzen Synthese, für das Zerlegen Analyse (wörtlich Auflösen, nämlich in Bestandteile). Beide Ausdrücke werden auch in übertragener Bedeutung angewandt. So spricht man von Synthesen nicht nur da, wo Elemente sich vereinigen, sondern auch in solchen Fällen, in denen aus einfachen komplizierte Stoffe hergestellt werden. (Irreführend ist dabei der wohl allgemein bekannte Ausdruck „synthetischer Stickstoff"; es ist eine abgekürzte Bezeichnung für Stoffe, die künstlich durch Synthese aus Stickstoff und anderen Elementen hergestellt werden; ein Element wie Stickstoff kann natürlich nicht synthetisch erhalten werden.) Ebenso spricht man von Analyse auch da, wo es sich nur um die Erkennung der Bestandteile eines Stoffes handelt, auch wenn dieser dabei nicht in die Elemente zerlegt und diese als solche nicht dargestellt werden. Dieser Fall „reiner" Analyse ist sogar sehr selten. Meist bedient man sich in der Analyse wie auch bei anderen chemischen Arbeiten einer dritten Art von Vorgängen. Chemische Wirkungen finden nicht nur von Element zu Element, sondern auch von Element zu Verbindung und von Verbindungen zueinander statt. *Ob* im einzelnen beim Zusammentreffen zweier Stoffe ein chemischer Vorgang eintritt und unter welchen Bedingungen, hängt wieder von der chemischen Verwandtschaft der einzelnen Stoffe zueinander ab. Da bei einer solchen Einwirkung stets beide beteiligten Stoffe verändert werden, so spricht man hier von

Wechselwirkungen oder *Umsetzungen*. Eine solche Wechselwirkung findet z. B. statt, wenn man Soda mit Essig übergießt. Die Masse schäumt auf, weil hierbei ein Gas entsteht, und zwar Kohlensäure. Zugleich verschwindet der saure Geschmack des Essigs, kurz, es findet eine tiefgreifende Veränderung statt, die wir noch später des näheren betrachten werden. Als umfassenden Ausdruck für jegliche Art chemischer Vorgänge brauchen wir das Wort *Reaktion* (Gegenwirkung). Besteht zwischen zwei Stoffen eine gewisse chemische Verwandtschaft und treffen sie unter geeigneten Bedingungen zusammen — bei sehr tiefen Temperaturen, z. B. —200 °, finden chemische Einwirkungen überhaupt nicht statt —, so *reagieren* sie miteinander. Unsere Ernährung und unser gesamter Stoffwechsel ist eine Kette komplizierter chemischer Reaktionen, die in feinster Weise ineinandergreifen. Wie jedermann aus Erfahrung weiß, welche Stoffe für die Reaktionen unseres Körpers zuträglich sind, so besitzt der Chemiker eine Fülle von Erfahrungen über Reaktionen, die die verschiedensten Elemente und Verbindungen zeigen. Diese Erfahrungen wurden in immer neuen, anfangs nur tastenden Versuchen gesammelt und bilden heute die Grundlage, auf der systematisch weiter aufgebaut wird.

IV. Tier und Pflanze.

Kehren wir zunächst zu unserer ursprünglichen Fragestellung zurück. Der Luft und dem Wasser steht eine große Mannigfaltigkeit fester Nährstoffe gegenüber. Sie lassen sich nach verschiedenen Gesichtspunkten zusammenfassen, etwa nach ihrer Herkunft aus dem Tier- oder Pflanzenreich. Allgemein bekannt ist ihre Einteilung in natürliche chemische Gruppen, nämlich Fette, Zucker nebst Stärke, und Eiweiß. Das Kennzeichnende dieser Gruppen ist nur mit Hilfe der Kenntnis vom Bau der chemischen Moleküle zu verstehen und wird uns später beschäáftigen. Ob den Gliedern einer dieser Gruppen für unsere Ernährung höhere Bedeutung zukommt als denen einer anderen, läßt sich nicht sagen. Der Körper bedarf aller drei; die Eiweißstoffe dienen vornehmlich zum Aufbau und zur Erhaltung unseres Körpers und sind hierfür unersetzlich. Fette und Stärke dienen der Erzeugung von Wärme und Kraft und können sich in diesem Sinne weitgehend vertreten.

Zucker und Stärke werden uns fast ausschließlich von Pflanzen geliefert (Zuckerrübe und -rohr, Getreide, Kartoffeln; dagegen von Tieren Milchzucker), Eiweiß überwiegend von Tieren in Eiern, im Fleisch, in der Milch, daneben auch von Pflanzen, zumal in den Hülsenfrüchten; Fette erhalten wir schließlich aus beiden Reichen, Butter, Schmalz und Talg von Tieren, Öl, Kokosfett und, in verarbeiteter Form, Margarine von Pflanzen. Wir sind also für unsere Ernährung vollkommen auf solche Stoffe angewiesen, die ihrerseits von Lebewesen, von Organismen herstammen. In den Jahrzehnten vor und nach 1800, in denen sich die Chemie zu einer Wissenschaft im heutigen Sinne entwickelte, wandte sich das Interesse naturgemäß auch den Stoffen des Tier- und Pflanzenreichs zu. Während aber die Stoffe der unbelebten Natur sich im Laboratorium des Chemikers in gleicher Weise in ihre chemischen Bestandteile zerlegen und wieder aufbauen ließen, schienen sich die Produkte der belebten Natur grundsätzlich anders zu verhalten. Wohl gelang ihre Zerlegung, die analytische Bestimmung ihrer Zusammensetzung; alle Versuche aber, sie synthetisch herzustellen, blieben zunächst fruchtlos. Man nahm deshalb an, daß diese Stoffe nur von den Organismen dank einer ihnen innewohnenden besonderen Kraft gebildet werden können. Die Wissenschaft von den Stoffen, die dieser „Lebenskraft" der Organismen ihr Dasein verdanken sollten, bezeichnete man als organische Chemie und stellte ihr die anorganische Chemie gegenüber, die alle anderen Stoffe umfaßt. Nun gelang es aber im Jahre 1828 Friedrich *Wöhler*, auf künstlichem Wege den Harnstoff herzustellen, der bis dahin nur als Produkt des tierischen Stoffwechsels bekannt war. Hierdurch erhielten die Versuche zur Darstellung anderer organischer Stoffe einen neuen Anstoß, doch blieben weitere Erfolge zunächst so vereinzelt, daß die Lehre von der Lebenskraft noch etwa zwei Jahrzehnte herrschend blieb. Die Fälle, in denen die künstliche Darstellung organischer Stoffe gelungen war, suchte man durch besondere Annahmen zu erklären. Ungefähr von 1850 an häuften sich aber die synthetischen Erfolge der organischen Chemiker derart, daß eine grundlegende Unterscheidung zwischen organischen und anorganischen Stoffen nicht mehr aufrechtzuerhalten war: es blieb kein Zweifel, daß die Gesetze, die den Ausdruck des chemischen Geschehens in der anorganischen Welt bilden, auch in der organischen volle Gültigkeit besitzen und daß für das Wirken einer besonderen Lebenskraft kein Platz blieb.

Die organische Chemie wurde dennoch weiterhin als besonderer Zweig der Gesamtchemie aus praktischen Gründen getrennt behandelt. Den organischen Stoffen ist nicht nur das äußere Merkmal ihrer Herkunft gemeinsam, sie weisen auch eine innere Übereinstimmung auf, indem sie sämtlich Verbindungen des Elements *Kohlenstoff* sind. Ist schon die Zahl der natürlichen nicht gering, so ging unter den Händen der Chemiker im Laufe der Jahre eine noch viel größere Zahl von künstlichen Kohlenstoffverbindungen hervor. Etwa 40 000 Verbindungen aller anderen Elemente untereinander stehen wohl mehr als 200 000 des Kohlenstoffs allein gegenüber, und von diesen enthält die überwiegende Mehrzahl außer dem Kohlenstoff nur Wasserstoff, Sauerstoff und Stickstoff in den verschiedensten Kombinationen. Diese gewaltige Zahlenfülle bedeutet kein unübersehbares Chaos, sondern das Ganze ist ein nach den Gesetzen der Atomgewichte und Wertigkeiten systematisch aufgebautes, in seinen Grundzügen verhältnismäßig einfaches Gebiet. Die Fülle des Stoffs und die Einheitlichkeit seines Aufbaus rechtfertigt es vollkommen, wenn auch heute noch die *Chemie des Kohlenstoffs* unter dem von früher übernommenen Namen *organische Chemie* als ein Sondergebiet behandelt wird.

Die Stoffe, die Tier- und Pflanzenreich uns bieten, sind meist recht verwickelter Zusammensetzung. Die Hauptschwierigkeit bei ihrer Untersuchung liegt nicht darin, welche Elemente am Aufbau beteiligt sind — ihre Zahl ist gering, ihre Anwesenheit leicht feststellbar —, sondern darin, in welcher Weise sie im Molekül angeordnet sind. Hierüber vermag das Studium der einfachsten Verbindungen, die man im Laboratorium herzustellen gelernt hat, einwandfreien Aufschluß zu

geben. Verweilen wir aber zunächst noch bei den Naturstoffen
selbst. Unsere Nahrungsmittel stammen, wie wir sahen, sämtlich von Lebewesen her. Dabei sind die Tiere, deren Produkte
wir genießen, überwiegend Pflanzenfresser. Im Grunde sind
also ausschließlich die Pflanzen direkt oder indirekt die Liefe-
ranten unserer Nahrung. Wenn wir Pflanzen selbst auf
armem Sandboden gedeihen sehen, so kann kein Zweifel bestehen: die Pflanzen vermögen, in ausgesprochenem Gegensatz zu den Tieren, mit Hilfe mineralischer Nährstoffe ihr
Leben zu erhalten, aus anorganischem Material ihren Organismus aufzubauen. Dieser Gegensatz zwischen Pflanze und
Tier ist tiefgehend und gerade vom chemischen Standpunkt
recht merkwürdig. Der Mensch nimmt, wie die Tiere, mit der
Nahrung organische Stoffe auf, mit der Atmung aber Sauerstoff, durch den die ersteren zu Wasser und Kohlensäure —
einfachsten anorganischen Stoffen — abgebaut werden. Wie
der Mensch im Magen und in den Lungen zwei unabhängige
Organe besitzt, durch die er die zum Leben wichtigen Stoffe
aufnimmt, so verfügt auch die Pflanze über zwei selbständige
Organe oder Organsysteme zu dem gleichen Zweck: die Wurzeln in der Erde, das Laub in der Luft. Die Wurzeln nehmen vor allem Wasser auf, in diesem gelöst auch gewisse
salzartige Stoffe, die, an sich von höchster Wichtigkeit, doch
mengenmäßig neben dem Wasser stark zurücktreten. Die
Blätter dagegen haben die Aufgabe, den eigentlichen Baustoff
aller organischen Substanz, den Kohlenstoff, zu beschaffen.
Daß die Wurzeln hierbei unbeteiligt sind, läßt sich beweisen,
indem man Pflanzen in Nährlösungen wachsen läßt, die zweifellos frei von Kohlenstoffverbindungen sind. Sie gedeihen
dabei völlig normal. Die Blätter aber können den Kohlenstoff
natürlich nur aus der Luft aufnehmen.

Wenn wir früher gesagt haben, daß die Luft aus Sauerstoff und Stickstoff besteht, so müssen wir diese Angabe nun
berichtigen. Die überwiegende Menge der Luft wird in der
Tat von diesen beiden Gasen gebildet. Es ist aber auch bekannt, daß die Luft stets Feuchtigkeit, das ist aber Wasserdampf, in wechselnden Mengen enthält. Daneben findet sich
nun als regelmäßiger Bestandteil auch noch etwas Kohlen-

säure. Ihre Menge ist verhältnismäßig so gering, daß wir sie bei unseren früheren Betrachtungen vernachlässigen konnten: in 10 000 l Luft sind nur 3 l Kohlensäure enthalten. Die Gesamtmenge der Luft ist aber so ungeheuer groß, daß auch die Kohlensäure darin noch gewaltige Mengen darstellt. So kommt es, daß die Millionen Tonnen Kohlensäure, die jährlich allein durch die Verbrennung von Kohle in der Industrie erzeugt werden, auf den Kohlensäuregehalt der Luft ohne Einfluß sind. Die Luftbewegungen sorgen dafür, daß sie verteilt werden, so daß sie in der Masse verschwinden. Auf der anderen Seite ist es verständlich, daß die Pflanzen aus diesen Kohlensäuremengen Jahr für Jahr Millionen Tonnen von Nahrungsmitteln, Holz usw. erzeugen können. Da ein sehr großer Teil hiervon nach dem Durchgang durch Tier- und Menschenkörper als Kohlensäure in die Luft zurückkehrt, so ist hier zudem für einen fast vollständigen Kreislauf gesorgt. Die Pflanzen als aufbauende Organismen bereiten aus Kohlensäure und Wasser, unter Mitwirkung einiger anderer Stoffe, die Fülle organischer Produkte; die Tiere als abbauende Organismen ernähren sich von ihnen und führen sie in ihrem Lebensprozeß, neben einigen anderen Stoffen, in Kohlensäure und Wasser zurück.

In diesem Kreislauf kommt dem Sauerstoff naturgemäß eine besondere Rolle zu. Wir hatten gesehen, daß der Mensch — und Entsprechendes gilt für die Tiere — beträchtliche Mengen hiervon braucht, um die aufgenommene Nahrung zu „verbrennen". Statt des Wortes verbrennen, das in diesem Zusammenhang befremdend wirkt, wird in der Chemie ein besonderer Ausdruck überall dort gebraucht, wo von Verbindungen mit Sauerstoff die Rede ist. Wir hatten schon früher erwähnt, daß die Verbindungen des Sauerstoffs unter dem Namen Oxyde zusammengefaßt werden. Den Vorgang der Vereinigung mit Sauerstoff nennt man hiernach *Oxydation*. Es gibt Oxyde von der überwiegenden Mehrzahl der Elemente, und viele Elemente kommen in der Natur überwiegend in Form der Oxyde oder von diesen sich ableitender Verbindungen vor. Hierher gehört vor allem die Mehrzahl der technisch wichtigen Metalle wie Eisen, Kupfer, Aluminium und viele andere. Die Entfernung des Sauerstoffs aus solchen

Verbindungen ist daher eine allgemeine, technisch wichtige Aufgabe. Sie wird bezeichnet mit dem Ausdruck *Reduktion*, das ist lateinisch Rückführung, nämlich in den metallischen Zustand, der durch die Oxydation verlorengeht. Sind doch die Oxyde der Metalle erdartige Stoffe, die nichts von den Eigenschaften der Metalle, wie Glanz, Zähigkeit usw., besitzen. Der Rost, der bei Gegenwart von Feuchtigkeit und Luft durch Oxydation aus Eisen entsteht, kann als Beispiel für die Beschaffenheit dieser Oxyde dienen. Reduktionen werden meist mit Hilfe solcher Stoffe wie Kohle oder brennbarer Gase durchgeführt, die eine große chemische Verwandtschaft zum Sauerstoff besitzen. Durch Erhitzen der Oxyde mit solchen *reduzierenden* Stoffen wird ihnen der Sauerstoff unter Bindung an Kohlenstoff oder Wasserstoff entzogen, wobei das Metall als solches gewonnen wird. Reduktion und Oxydation sind nun entgegengesetzte Vorgänge, und zwar vom chemischen wie vom physikalischen Standpunkt aus. Im chemischen Sinn ist die Entfernung des Sauerstoffs aus einer Verbindung naturgemäß das Gegenteil von der Vereinigung. Zum Verständnis der physikalischen Seite des Vorgangs müssen wir aber etwas weiter ausholen.

Alle Stoffe sind in gleicher Weise Träger chemischer und physikalischer Eigenschaften, und zwischen beiden Eigenschaftsgruppen bestehen weitgehende Zusammenhänge. Den wichtigsten davon haben wir bei Betrachtung der Verbrennung schon kennengelernt. Besteht ihr Wesen in der Vereinigung von Sauerstoff mit den Bestandteilen des Brennstoffs, so ist ihr Eintritt abhängig von der Temperatur, und ihr Verlauf wird von Wärmeentwicklung begleitet. Wärme aber ist, wie wir wissen, eine Form der Energie, die sich auch in mechanische Arbeit oder elektrischen Strom verwandeln läßt. Wenn wir einen Sprengstoff bei der Explosion mechanische Arbeit leisten sehen, wenn eine galvanische Batterie elektrischen Strom liefert, so sind dies alles Arbeitsleistungen, die chemischen Vorgängen ihren Ursprung verdanken. So können wir auch direkt von chemischer Energie sprechen, die in einem Stoff aufgespeichert sein kann und unter geeigneten Umständen in anderer Form, z. B. als Wärme, in die Erscheinung tritt. Denn so viel ist ja bekannt, daß in keiner Form Energie neu auftreten kann, die nicht zuvor in anderer Form schon vorhanden war. Wird somit bei einem chemischen Vorgang Wärme oder eine andere Form von Energie frei, so müssen die beteiligten Stoffe die entsprechenden Energiemengen verborgen in sich getragen haben. Hierfür ist die Verbrennung nur das bekannteste und durch die Größe der Wärmemengen hervorragende Beispiel. Auch die Oxydation der Metalle verläuft unter Entwicklung von Wärme, und somit unter Verlust an Energie. Wollen wir also ein Metall aus seinem Oxyd gewinnen, so müssen wir ihm diese Energiemenge wieder zuführen. Ist somit die Oxydation mit Abgabe von Energie verbunden, so ist die Reduktion nur bei Aufnahme von Energie möglich.

Wir hatten früher gesehen, daß die Wertigkeit vieler Elemente gegenüber dem Sauerstoff keine feststehende Größe ist. So bildet der Schwefel (Symbol S) zwei Oxyde, Schwefeldioxyd SO_2, in dem er vierwertig, und Schwefeltrioxyd SO_3, in dem er sechswertig ist. Schwefeldioxyd entsteht bei der Verbrennung von Schwefel in Luft. Es kann auf verschiedenen Wegen durch weitere Zufügung von Sauerstoff in Schwefeltrioxyd verwandelt werden. Diese weitere Sauerstoffzufuhr ist grundsätzlich nicht verschieden von der Oxydation des Schwefels zu Schwefeldioxyd. Man kann auch sie sinngemäß demnach als Oxydation bezeichnen, und so erfährt dieser Begriff eine Erweiterung: man spricht von Oxydation nicht nur dann, wenn ein Element sich mit Sauerstoff vereinigt, sondern auch, wenn Sauerstoff zu einer bestehenden Verbindung hinzutritt, sowohl wenn diese Verbindung schon Sauerstoff enthält, wie auch, wenn dies nicht der Fall ist. Ist, wie im Falle des Schwefels, mit der weiteren Sauerstoffaufnahme eine Erhöhung der Wertigkeit verbunden, so sprechen wir von einem Wechsel der *Oxydationsstufe*. Entsprechendes gilt von der Reduktion. Auch dieser Ausdruck wird in erweitertem Sinn angewandt nicht nur, wenn Sauerstoff aus einer Verbindung entfernt wird, sondern auch dann, wenn nur die Oxydationsstufe herabgesetzt oder der Wasserstoffgehalt erhöht wird. Umgekehrt kommt wieder gerade in der organischen Chemie eine Oxydation häufig auf eine Herabsetzung des Wasserstoffgehalts heraus. Dies wird später an Hand von Beispielen erst ganz verständlich werden. Stoffe, die Sauerstoff abzugeben (oder Wasserstoff aufzunehmen) bestrebt sind, nennt man Oxydations-, solche mit umgekehrtem Verhalten Reduktionsmittel. Je nachdem, ob diese Neigung stärker oder geringer ist — das hängt von der chemischen Verwandtschaft des Stoffes an sich oder in einer bestimmten Oxydationsstufe zum Sauerstoff ab —, gibt es starke und schwache Oxydations- und Reduktionsmittel. Der Chemiker kennt eine große Zahl von Gliedern beider Gruppen und ihr Verhalten und vermag sie bei seinen Arbeiten zur Erzielung bestimmter Oxydations- oder Reduktionswirkungen planmäßig zu verwenden.

Kehren wir nun zu den Organismen zurück, so können wir sagen, daß das tierische Leben unter Oxydation und Energieerzeugung verläuft; das der Pflanzen dagegen, die aus Kohlensäure und Wasser Verbindungen, bestehend aus Kohlenstoff, Wasserstoff und mehr oder weniger Sauerstoff, aufbauen, beruht wesentlich in Reduktionsvorgängen und Energiespeicherung. Die Pflanzen spalten aus Kohlensäure und Wasser den größten Teil des Sauerstoffs als solchen heraus, die Energie aber, die hierfür nötig ist, wird von der Sonne geliefert, einerseits durch Schaffung der Temperatur, die zum Ablauf aller Lebensvorgänge notwendig ist, andererseits durch die Lichtstrahlen, deren Energie zur Abtrennung des Sauerstoffs dient und in den entstehenden Stoffen gespeichert wird.

Ehe wir uns nun der eigentlichen organischen Chemie zuwenden, wollen wir zunächst bei den Nährstoffen der Pflanzen verweilen. Sie sind nicht nur für uns mittelbar von Bedeutung, sondern können uns als verhältnismäßig einfache Stoffe etliche der Zusammenhänge verstehen lehren, die bei zahlreichen chemischen Reaktionen im Spiele sind.

V. Basen, Säuren, Salze.

Auch bei der Ernährung der Pflanzen können wir Luft, Wasser und feste Nährstoffe einander gegenüberstellen. Allerdings ist ihre Rolle eine wesentlich andere als für den Menschen. Daß die Pflanze der *Luft* ihr wichtigstes Aufbauelement, den Kohlenstoff, entnimmt, hatten wir eben gesehen. Daneben findet übrigens auch im Leben der Pflanzen eine Atmung im eigentlichen Sinne, d. h. eine Aufnahme von Sauerstoff und Abgabe von Kohlensäure statt. Auch die Zellen der Pflanzen haben verschiedene Arten Arbeit zu leisten. Die hierfür notwendige Energie wird wie bei den Tieren durch Verbrennung, Oxydation organischer Stoffe, gewonnen; nur erzeugt sich die Pflanze zuvor ihren Brennstoff selbst, und die Verbrennung tritt mengenmäßig stark in den Hintergrund. Somit hat die Luft im Leben der Pflanzen doppelte Bedeutung.

Noch vielseitiger ist die Aufgabe des Wassers. Wie bei Mensch und Tier dient das Wasser auch bei den Pflanzen zur Beförderung der Stoffe von einem Teil des Organismus zum anderen, zumal von den Wurzeln zu den Blättern und umgekehrt. Die festen Nährstoffe der Pflanzen werden ausschließlich nach Lösung in Wasser von den Wurzeln aufgenommen, strömen in stark verdünnter Lösung zu den Blättern, um hier weiter verarbeitet zu werden. Um diese wertvollen Stoffe anzureichern, verdunstet der größte Teil des Wassers und macht zugleich Platz für neue von der Wurzel zuströmende Mengen. Beladen mit den in den Blättern erzeugten organischen Stoffen strömt es in Stamm und Wurzeln zurück, die, während des Sommers in stetem Wachstum begriffen, dauernder Nahrungszufuhr bedürfen. Ein nicht minder wichtiger Teil dient zur Ausbildung der Blüten und Früchte oder wie bei Zwiebeln und Knollen zur Speicherung. Die Wassermengen, die auf diese Weise täglich einen Baum durchströmen, können zumal bei warmem, trockenem Wetter Hunderte von Litern erreichen, die, dem Boden in flüssiger Form entzogen, als Dampf in die Luft entweichen. Nicht minder bedeutsam ist aber der Teil des Wassers, der in der Pflanze verbleibt, und zwar in chemischer Bindung. Die wichtigsten Bau- und Speicherstoffe der Pflanzen, Holz (Zellstoff), Zucker und Stärke, enthalten neben Kohlenstoff Wasserstoff und Sauerstoff, und zwar in dem Verhältnis, wie sie im Wasser vorhanden sind; d. h. zwei Wasserstoffatome auf ein Sauerstoffatom. Da zudem, wie wir sehen werden, der Kohlenstoff weniger als die Hälfte des Gewichts dieser Moleküle ausmacht, so kann man sich leicht vorstellen, welche gewaltigen Wassermengen in Feld und Wald chemisch gebunden werden. Schließlich spielt das Wasser noch eine physikalische Rolle bei der Festigkeit zumal krautartiger Pflanzen. Sie besteht in einem gewissen Druck, den das Wasser in den Zellen der Pflanzen ausübt, wodurch eine elastische Spannung und Verfestigung hervorgerufen wird. Ein Schlauch, der mit Wasser unter Druck gefüllt ist, ist weit weniger biegsam als in leerem Zustand. Woher der recht beträchtliche Druck in den Pflanzenzellen rührt, soll uns zunächst beschäftigen.

Machen wir einen Modellversuch: Aus Pergament formen wir eine Röhre, deren unteres Ende wir fest zubinden. Hinein füllen wir eine etwa 20 prozentige Zuckerlösung und verschließen nun auch das obere Ende. Dies soll der Pflanzenzelle entsprechen. Sie ist umgeben von dem aus den Wurzeln aufsteigenden Wasser, dessen Salzgehalt den unseres gewöhnlichen Leitungswassers kaum übersteigt. Wir bringen unsere Modellzelle also unter ähnliche Bedingungen, wenn wir sie in ein Gefäß mit Leitungswasser einhängen. Wir beobachten dann, daß die Röhre sich allmählich prall füllt und schließlich sogar gesprengt wird. Es muß in ihrem Inneren ein beträchtlicher Druck herrschen, und dieser muß verursacht werden durch den im Röhreninhalt gelösten Zucker; denn bringen wir *in* die Röhre das gleiche Wasser wie außen, so tritt keine Veränderung ein, wohl aber, sobald wir Zucker hinzufügen. Man hat diesen Druck zuerst gerade an den Pflanzen entdeckt, dann aber gefunden, daß es sich um eine allgemeine Eigenschaft der Lösungen handelt, die allerdings nur unter besonderen Bedingungen wahrnehmbar gemacht werden kann. Diese Bedingungen bestehen darin, daß die Wandungen des Behälters, der die Lösung umschließt, durchlässig sind für das Lösungsmittel, undurchlässig aber für den gelösten Stoff. In welcher Form befindet sich nun der gelöste Stoff in der Lösung, und wieso übt er einen inneren Druck aus? Diese beiden Fragen greifen ineinander. Lösen

Abb. 6.

wir ein wenig Zucker in einer größeren Menge Wasser auf,
so schmeckt jeder Teil der Lösung süß. Der Zucker hat sich
also in einem Volumen verteilt, das ein bedeutendes Vielfaches
seines ursprünglichen ausmacht. Er verhält sich hiermit so
wie eine geringe Menge Gas, die sich in einem großen Raum
ausbreitet. Das Wesentliche des Lösungsvorganges besteht
darin, daß die Moleküle des zu lösenden Stoffes den Zusammenhalt verlieren in ähnlicher Weise wie die einer Flüssigkeit
beim Verdampfen: die Moleküle des gelösten Stoffes verteilen
sich im Lösungsmittel so, als ob sie in seinem Volumen verdampft wären. Das ist nun kein bloßes Bild, sondern gibt die
wirklichen Verhältnisse wieder und vermag gerade das Auftreten des merkwürdigen Druckes zu erklären. Es hat sich
nämlich gezeigt, daß die Moleküle eines gelösten Stoffes sich
geradeso verhalten, wie wenn sie in Gasform in dem durch
das Lösungsmittel gegebenen Raum vorhanden wären. Wir
wissen, daß ein Grammolekül eines Gases unter Normalbedingungen den Raum von 22,4 l einnimmt. Es übt in diesem Falle seinerseits den Druck von einer Atmosphäre aus.
Preßt man es auf einen kleineren Raum zusammen, so steigt
sein Druck in dem Maße, wie das Volumen abnimmt. Lösen
wir ein Grammolekül eines festen Stoffes in Wasser auf, so
läßt sich der von ihm ausgeübte Druck mit geeigneten Apparaten messen, und es zeigt sich, daß er gleich 1 at ist, wenn
das Volumen des lösenden Wassers 22,4 l beträgt. Lösen wir
die gleiche Gewichtsmenge — sie beträgt beispielsweise für
Zucker 342 g — in einer geringeren Menge Wasser, z. B. in
2,24 l (worin diese Zuckermenge leicht löslich ist), so steht
dem Stoff nur der zehnte Teil des normalen Raumes zur Verfügung, und so muß er den zehnfachen Druck ausüben. Dies
sahen wir an unserem Versuch mit der Pergamentröhre. Man
nennt diesen Druck *osmotischen* Druck, weil er durch den
Stoß (griech. osmos) der Moleküle verursacht wird. Er ist in
einer Lösung stets vorhanden, kann sich aber nur dann betätigen, wenn sie in Berührung mit reinem Lösungsmittel ist.

Der osmotische Druck steht in unmittelbarem Zusammenhang mit dem Molekulargewicht des gelösten Stoffes und
könnte zur Bestimmung desselben dienen, wenn seine genaue

Ermittelung nicht gewisse technische Schwierigkeiten bereitete. Es stehen indessen mit ihm noch andere Eigenschaften der Lösungen in ursächlicher Verbindung, die für den genannten Zweck geeigneter sind. Wir hatten schon früher erwähnt, daß Schmelzpunkt und Siedepunkt eines Stoffes durch die Gegenwart von Fremdstoffen beeinflußt werden. Daß der Siedepunkt einer Flüssigkeit vom Druck abhängig ist, indem er mit steigendem Druck ansteigt, ist bekannt. So wirkt sich auch der innere, osmotische Druck nach außen in einer Erhöhung des Siedepunkts der Lösung gegenüber dem des reinen Lösungsmittels aus. Entsprechend wird der Schmelzpunkt herabgesetzt, und zwar in ganz gesetzmäßiger Weise.

Den Gehalt einer Lösung an gelöstem Stoff bezeichnet man als Konzentration und spricht bei hohem Gehalt von konzentrierten, bei geringem von verdünnten Lösungen. (Lösungen sind eine besondere Art von Mischungen, deren Zusammensetzung in weiten Grenzen schwanken kann.) Beim osmotischen Druck und den damit zusammenhängenden Erscheinungen ist nun nicht die rein gewichtsmäßige Zusammensetzung der Lösungen das Wesentliche, sondern der Gehalt an Molekülen. Betrachten wir beispielsweise den Harnstoff, dessen Molekulargewicht 60 ist, und den Zucker vom Molekulargewicht 342, so besagt obiger Satz, daß eine Harnstofflösung von 60 g im Liter und eine Zuckerlösung von 342 g im Liter den gleichen osmotischen Druck, die gleiche Gefrierpunktserniedrigung und Siedepunktserhöhung aufweisen müssen. Die Harnstofflösung ist 6prozentig, die Zuckerlösung 34prozentig. Beide Lösungen sind aber „äquimolekular", enthalten gleich viele Moleküle und zeigen daher übereinstimmende Eigenschaften. Das gleiche ist der Fall, wenn wir jeweils die Hälfte oder ein Viertel oder sonst einen Bruchteil eines Grammoleküls auflösen, nur beträgt dann osmotischer Druck, Gefrierpunktserniedrigung und Siedepunktserhöhung die Hälfte, den vierten Teil usw. der im ersten Fall beobachteten Werte. Somit geben diese Erscheinungen ein Mittel an die Hand, das Molekulargewicht von solchen löslichen Stoffen zu bestimmen, die nicht in gasförmigen Zustand zu überführen sind.

Allerdings gelten diese Beziehungen nur dann, wenn Lösungsmittel und gelöster Stoff nicht chemisch aufeinander wirken, die Moleküle beim Lösungsvorgang keine Veränderung erleiden. Das ist indessen sehr häufig der Fall, und zwar gerade bei den Stoffen, die uns jetzt als die festen Nährstoffe der Pflanzen beschäftigen sollen.

Die Pflanzen nehmen aus dem Boden feste, aber in Wasser lösliche anorganische (mineralische) Stoffe auf. Ein in Wasser lösliches Mineral ist das Salz, genauer als Kochsalz zu bezeichnen, und es kann uns als Musterbeispiel für die Nährstoffe der Pflanzen dienen, die von ähnlichem Charakter sind, während es selbst nicht eigentlich dazugehört. Für den Chemiker ist das Kochsalz, abgesehen von etlichen, nur ihm zukommenden Eigenschaften, der Typus einer großen Klasse von Verbindungen, die nach ihm als *Salze* bezeichnet werden. Ein Salz ist z. B. die allbekannte Soda, und zwar steht sie zum Kochsalz in sehr naher Beziehung. Bringt man in eine nichtleuchtende Gasflamme an einem Draht ein Körnchen Kochsalz oder Soda, so leuchtet die Flamme intensiv gelb. Schon hiernach darf man schließen, daß Kochsalz und Soda einen gemeinsamen Bestandteil enthalten, der die Flammenfärbung verursacht. Dieser Schluß wird bestätigt, wenn man etwas Soda mit Salzsäure (der wäßrigen Lösung von Chlorwasserstoff) übergießt; die Soda schäumt auf, es entweicht Kohlensäure, und wenn man die klare Lösung eindunstet, so verbleiben würfelförmige Kristalle, die im Äußeren, in ihrem Geschmack und allen sonstigen Eigenschaften mit Kochsalz vollkommen übereinstimmen. — Erhitzt man das Kochsalz mit konzentrierter Schwefelsäure, so läßt sich die Salzsäure daraus vertreiben wie oben die Kohlensäure, und man erhält ein neues Salz, das gleichfalls die Gelbfärbung der Flamme zeigt. Das gleiche erhält man, wenn man Schwefelsäure auf Soda wirken läßt. Eine ganze Reihe weiterer Salze ist zu erhalten, wenn man Soda mit anderen Säuren (Salpetersäure, Essigsäure usw.) zusammenbringt. In all diesen Salzen sind die verschiedenen Säuren an ein und denselben zweiten Bestandteil gebunden. Wir begnügen uns an dieser Stelle damit, seinen Namen *Natrium* zu nennen.

Jede Säure vermag nun ihrerseits eine Reihe von Salzen

zu bilden, in denen an der Stelle des Natriums andere Stoffe stehen. Lassen wir z. B. die verschiedenen Säuren statt auf Soda auf Marmor oder auf Kreide wirken (beide stimmen chemisch überein und unterscheiden sich nur in der äußeren Form), so entsteht wiederum unter Entwicklung von Kohlensäure eine Gruppe von Salzen, die an Stelle des Natriums *Kalzium* enthalten. Marmor und Kreide sind kohlensaures Kalzium. Erhitzt man dieses auf helle Glut, so entweicht die Kohlensäure, und es bleibt ein neuer Stoff zurück, den man gebrannten Kalk nennt. Er enthält außer Kalzium nur Sauerstoff, ist also das Oxyd des Kalziums. Bringt man es mit Wasser zusammen, so erhitzt es sich und bindet eine beträchtliche Wassermenge chemisch. Es entsteht der gelöschte Kalk, der zur Herstellung des Mörtels in großem Maßstab gebraucht wird. Der gelöschte Kalk ist in Wasser etwas löslich, und diese Lösung ist das Kalkwasser, von dem im ersten Kapitel die Rede war. Nach dieser Herkunft des Kalkwassers können wir nun verstehen, daß beim Einleiten von Kohlensäure wieder kohlensaurer Kalk entsteht.

Natrium und Kalzium sind zwei Elemente, die nur schwer als solche aus ihren Verbindungen abzuscheiden sind. Über ihre Natur können wir bereits eine Vermutung aussprechen, wenn wir uns umsehen, mit welcherlei Stoffen die Säuren sonst noch Salze zu bilden vermögen. Untereinander sind sie hierzu nicht befähigt. Dagegen greifen sie unedle Metalle, wie Zink oder Eisen, lebhaft an, und das Ergebnis dieser Einwirkung sind Salze. Solcher Metallsalze waren viele bekannt, ehe man gelernt hatte, Natrium und Kalzium aus ihren Verbindungen abzuscheiden. So erwartete man, daß auch die dem Kochsalz und dem Kalkstein zugrunde liegenden Elemente Metalle sein müßten, und ihre Darstellung gelang denn auch durch Anwendung eines Verfahrens, das sich schon bei der Gewinnung anderer Metalle bewährt hat, die Einwirkung des elektrischen Stromes. Doch davon später. Erst seien die Metalle und ihre Rolle bei der Salzbildung besprochen.

Einen ersten Anhaltspunkt hierfür gewinnen wir, wenn wir die Einwirkung von einer Säure auf ein Metall betrachten. Bringen wir Zink etwa in der Form von Blech in verdünnte

Salzsäure, so beobachten wir alsbald eine starke Gasentwicklung am Metall; das Gas ist Wasserstoff. Das Zink wird allmählich aufgelöst, und wenn man die Lösung verdampft, so bleibt Zinkchlorid als Salz mit einem gewissen Wassergehalt zurück. Das Salz enthält die dem entwichenen Wasserstoff entsprechende, äquivalente Menge Chlor. Wenn wir Zink zunächst durch Erhitzen an der Luft in sein Oxyd überführen, so vollzieht sich die Salzbildung beim Zufügen von Salzsäure ohne Wasserstoffentwicklung. Da das Zink, wie früher erwähnt, zweiwertig ist, so sind die beiden Vorgänge wiederzugeben durch die Gleichungen:

$$Zn + 2\,HCl = ZnCl_2 + H_2 \quad \text{und} \quad ZnO + 2\,HCl = ZnCl_2 + H_2O.$$

Die erste besagt, daß ein Atom Zink auf zwei Moleküle Chlorwasserstoff so einwirkt, daß ein Molekül Zinkchlorid entsteht, während ein Molekül Wasserstoff entweicht. (Das Wasser, das bei dieser Reaktion zugegen ist, wird in der Gleichung nicht mit angeführt, weil es an der Reaktion nicht selbst teilnimmt.) Die zweite Gleichung zeigt, wie bei der Wirkung der Salzsäure auf das Zinkoxyd wiederum 2 Moleküle der Säure mit einem Molekül des Oxyds reagieren, wobei der Wasserstoff der Säure sich mit dem Sauerstoff des Oxyds zum indifferenten Wasser vereinigt, während Zink und Chlor wieder Zinkchlorid ergeben. Die Ursache der Reaktion ist in der großen Verwandtschaft des Zinks zum Chlor zu erblicken, die ihm die Kraft gibt, den Wasserstoff zu verdrängen. Wir haben hier, nebenbei bemerkt, zwei Fälle von *chemischer Lösung* vor uns; sie unterscheidet sich von gewöhnlichen Lösungsvorgängen dadurch, daß der eigentlichen Lösung eine chemische Reaktion vorangeht, und daß daher der ursprüngliche Stoff aus der Lösung durch Verdampfung des Lösungsmittels nicht zurückzugewinnen ist. Wir werden später noch sehen, daß Wasserstoff der wesentliche Bestandteil aller Säuren ist, und daß die Salzbildung im Grunde stets begleitet ist von einer Vereinigung dieses Wasserstoffs mit dem Sauerstoff eines Metalloxyds. In dieser Weise ist eine Säure befähigt, mit einer ganzen Reihe verschiedener Metalloxyde eine entsprechende Reihe von Salzen zu bilden. Wir sehen also der Gruppe der Säuren die Gruppe der Metalloxyde gegenüberstehen. Ihre Bedeutung, nicht nur für die Salzbildung, kommt der der Säuren vollkommen gleich, und so werden sie gemeinsam mit einem besonderen Namen bezeichnet. Ausgehend von der Vorstellung, daß ein Metalloxyd die Grundlage einer Reihe von Salzen mit den verschiedenen Säuren bildet, hat man die Metalloxyde *Basen* genannt (griech. basis = Grundlage). Etliche von ihnen spielen als Bestandteile der Nährsalze eine ausschlaggebende Rolle im Leben der Pflanzen.

Die Basen stehen in einem ausgesprochenen Gegensatz zu den Säuren. Dies gibt sich in verschiedenen Richtungen kund. So gibt es eine Reihe natürlicher und künstlicher Farbstoffe, die durch Säuren und Basen in verschiedener Weise verändert werden. Der bekannteste von ihnen ist der Lackmusfarbstoff. An sich von violetter Farbe, wird er durch Säuren rot, durch Basen blau gefärbt. Deswegen dient Lackmus zum Erkennen sowohl von Säuren als auch von Basen. Der Gegensatz drückt sich darin aus, daß die blaue Farbe durch vorsichtigen Zusatz von Säure, die rote durch vorsichtigen Zusatz von Base in das ursprüngliche Violett zurückverwandelt wird. Säure und Base heben einander in ihrer Wirkung auf. Man nennt dies neutralisieren, nach dem lateinischen neutrum, keins von beiden. Wie wir sahen, entsteht aus der Zusammenwirkung von Base und Säure ein Salz, und dieses ist keins von beiden, weder sauer noch basisch, sondern neutral. Noch deutlicher kommt der Gegensatz von Säure und Base zum Vorschein, wenn man den elektrischen Strom z. B. eines Akkumulators durch die Lösung eines Salzes schickt. Wie bekannt, besitzt eine Stromquelle zwei Pole, die als positiv und negativ be-

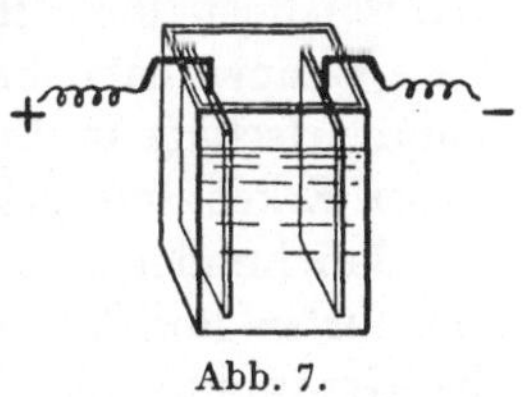

Abb. 7.

zeichnet werden. Leitet man den Strom durch eine Salzlösung, etwa indem man zwei Platinbleche hineintaucht, die mit den Polen der Stromquelle verbunden sind, so wandert der saure Bestandteil des Salzes nach dem entgegengesetzten Pol wie der basische. Man bezeichnet die Stromzuführungen als *Elektroden*, und zwar das mit dem positiven Pol verbundene Blech, das demnach selbst positiv geladen ist, als Anode, das andere negativ geladene als Kathode. Zur Kathode wandern nun die basischen, zur Anode die sauren Bestandteile der Salze, und da wir wissen, daß bei der Elektrizität — wie beim Magnetismus — die entgegengesetzten Pole sich anziehen, so sind offenbar die basischen Anteile selbst positiv, die sauren negativ geladen. Das ist ein Gegensatz, der, wie wir heut wissen, schon im Bau der Atome selbst begründet ist und der erneut zeigt, wie innig physikalisches und chemisches Verhalten ineinandergreifen.

Vier Basen sind im Leben der Organismen von hervorragender Bedeutung. Sie leiten sich von den Metallen Natrium (Na), Kalium (K), Magnesium (Mg) und Kalzium (Ca) ab. Das Natrium ist überall auf Erden gegenwärtig, und so wird es auch von den Pflanzen in geringen Mengen aufgenommen, ohne indes hier eine nennenswerte Rolle zu spielen. Wichtiger ist es für Mensch und Tier, in deren Körper es in größerer Menge gespeichert wird, wesentlich wohl, um den nötigen osmotischen Druck der Körperflüssigkeit aufrechtzuerhalten. Das Kalium dagegen ist für die Pflanzen unumgänglich notwendig. Es spielt eine verwickelte Rolle bei der Energieaufnahme und bei der Assimilation, der Umwandlung des Kohlendioxyds in einfache organische Verbindungen in den Blättern. Da Kalium nicht so allgemein verbreitet ist, die Pflanzen zudem dem Boden dauernd größere Mengen entziehen, so muß es dem Boden bei intensiver Landwirtschaft in Form von Dünger zugeführt werden. Zu dieser Erkenntnis gelangte man um die Mitte des neunzehnten Jahrhunderts, und seitdem gewannen die Kalisalze des Staßfurter Bezirks, die bis dahin lästige Nebenprodukte bei der Gewinnung von Steinsalz (Kochsalz) bildeten, eine überragende Bedeutung für die Landwirtschaft und als Exportware für die Volkswirtschaft überhaupt. Für Mensch und Tier sind Kalisalze in größeren Mengen giftig, und so wird der größte Teil des mit den Pflanzen aufgenommenen Kalis dauernd ausgeschieden. So kommt es, daß die tierischen Verdauungsprodukte die Nährstoffe der Pflanzen angereichert enthalten. — Kalzium bedürfen Pflanzen und Tiere zu ihrem Gedeihen, ohne daß man im allgemeinen mit Sicherheit sagen könnte, welches seine Rolle ist. Für die Wirbeltiere und somit auch den Menschen hat es seine besondere Bedeutung als Bestandteil der Knochen, die wesentlich aus kohlensaurem und phosphorsaurem Kalk bestehen. Magnesium schließlich ist im Chlorophyll enthalten, dem grünen Farbstoff der Blätter, der die chemisch wirksamen Lichtstrahlen auffängt und die Ausnutzung ihrer Energie für die Kohlenstoffaufnahme ermöglicht. Der Vollständigkeit halber sei erwähnt, daß neben diesen vier Basen noch das Eisen (Fe, von ferrum) in allen Organismen gefunden wird; in den Pflanzen dient es bei der Bildung des Chlorophylls, bei Mensch und Tier ist es ein Bestandteil des Blutfarbstoffs, der wesentlich an der Aufnahme und Übertragung des Sauerstoffs beteiligt ist. Mangel an Eisen verursacht beim Menschen wie bei der Pflanze Bleichsucht.

Unter den chemischen Eigenschaften des Natriums — und des Kaliums, das dem Natrium äußerst ähnlich ist — tritt seine große Verwandtschaft zum Sauerstoff hervor. Sie bewirkt, daß Natrium schon von Wasser in der Weise angegriffen wird wie andere Metalle von Säuren. Nur entsteht bei dieser Reaktion kein Salz. Natrium ist einwertig, und so verdrängt ein Na-Atom ein H-Atom aus dem Molekül des Wassers entsprechend der Gleichung: $2\,Na + 2\,H_2O = 2\,NaOH + H_2$. Das Reaktionsprodukt heißt Natriumhydroxyd (im Handel bekannt als Seifenstein); es ist in Wasser sehr leicht löslich, und diese Lösung heißt Natronlauge. Sie zeigt das typische Verhalten einer starken Base. Sie färbt Lackmus blau und wird durch Säuren neutralisiert unter Bildung von Salzen, z. B. $NaOH + HCl = NaCl + H_2O$; treffen Natronlauge $NaOH$ und Salzsäure HCl zusammen, so vereinigen sich die Hydroxylgruppe OH der Base und der Wasserstoff der Säure zu Wasser, Natrium und Chlor zu Natriumchlorid $NaCl$, das ist nichts anderes als unser Kochsalz. — Da Natrium- und Kaliumhydroxyd sowie einige andere Hydroxyde sich außerordentlich ähnlich verhalten, so sind ihre basischen Eigenschaften offenbar bedingt durch die ihnen gemeinsame Hydroxylgruppe $-OH$. $NaOH$ und KOH sind sehr beständige

Verbindungen, die sich auch bei hoher Erhitzung nicht zersetzen, im Gegensatz zu den meisten anderen Metallhydroxyden. Man bezeichnet sie übrigens mit einem gemeinsamen Namen als *Alkalien* (aus dem Arabischen), Na und K als Alkalimetalle, die basische Reaktion als *alkalische*.

Auch Magnesium und Kalzium stehen einander sehr nahe. Sie unterscheiden sich von Na und K vor allem dadurch, daß sie zeitwertig und chemisch wesentlich widerstandsfähiger sind. Kalzium reagiert erst bei Siedehitze mit Wasser unter Bildung des Hydroyds $Ca(OH)_2$. Dieses zersetzt sich beim Erhitzen in Kalziumoxyd und Wasser: $Ca(OH)_2 = CaO + H_2O$. Bei gewöhnlicher Temperatur nimmt das Kalziumoxyd (das auch durch Glühen von Kalkstein, kohlensaurem Kalk, entsteht, daher „gebrannter Kalk") Wasser wieder auf. Es *lagert* die Elemente des Wassers *an*, wie man sagt, unter Bildung des Hydroxyds: $CaO + H_2O = Ca(OH)_2$.

Wir haben hier den interessanten Fall vor uns, daß eine Reaktion bei verschiedenen Temperaturen in entgegengesetztem Sinn verläuft. Erhitzt man in einem geschlossenen Gefäß Kalziumhydroxyd, so gelangt man an einen Punkt, an dem sich die Entstehung von Wasserdampf durch Zunahme des Drucks in dem Gefäß bemerkbar macht. Je höher man mit der Temperatur geht, desto mehr Wasser wird abgespalten, desto höher steigt der Druck. Bleiben wir mit der Erhitzung bei einer mittleren Temperatur stehen, so bleibt auch der Druck in dem Gefäß konstant, d. h. es zerfällt nicht oberhalb einer bestimmten Temperatur das gesamte Kalziumhydroxyd in Oxyd und Wasser (-Dampf), sondern es stellt sich zwischen den drei Stoffen Kalzium-hydroxyd, -oxyd und Wasser ein *Gleichgewicht* ein, das man ausdrückt durch die Schreibweise $Ca(OH)_2 \rightleftharpoons CaO + H_2O$. Wir haben jeweils ein Gemisch vor uns, dessen Gehalt an den einzelnen Bestandteilen von Druck und Temperatur abhängig ist. Bei gewöhnlicher Temperatur verläuft der Vorgang vollkommen im Sinne der Gleichung von rechts nach links. Bei hoher Temperatur besteht zunächst das Gemisch der drei angegebenen Stoffe. Nimmt man die Erhitzung in einem offenen Gefäß vor, so daß der Wasserdampf entweichen kann, so wird das Gleichgewicht dauernd gestört, es bilden sich neue Oxyd- und Wassermengen, bis schließlich sämtliches Hydroxyd in Oxyd übergeführt ist; Gleichung von links nach rechts gelesen. Solche Gleichgewichte spielen bei zahlreichen chemischen Vorgängen besonders auch in der organischen Chemie eine große Rolle. Sie sind bedingt durch den Umstand, daß chemische Vorgänge eine gewisse Zeit zu ihrem Ablauf erfordern. Diese kann sehr kurz sein, in anderen Fällen ist ihr zeitlicher Verlauf, ihre *Reaktionsgeschwindigkeit,* meßbar. Sie ist von der Temperatur abhängig. Haben wir nun zwei Reaktionen, wie Bildung und Zerfall des Kalziumhydroxyds, so besitzt jede von ihnen bei einer bestimmten Temperatur eine bestimmte Geschwindigkeit. Durch das Verhältnis dieser beiden Geschwindigkeiten wird das Gleichgewicht bestimmt, das sich bei den verschiedenen Temperaturen zwischen den Stoffen einstellt. Es besteht offenbar dann, wenn in der gleichen Zeit ebensoviel Moleküle zerfallen, wie sich auf der anderen Seite bilden. Voraussetzung ist dabei natürlich, daß alle an der Reaktion teilnehmenden Stoffe, die *Komponenten,* an Ort und Stelle bleiben. Verschwindet eine Komponente, sei es, daß sie als Gas entweicht, sei es, daß sie sich als unlöslicher Stoff aus einer Lösung ausscheidet, so wird das Gleichgewicht gestört, und die Reaktion verläuft einseitig bis zu Ende. Die Abhängigkeit eines Gleichgewichts von der Menge der einzelnen im Reaktionsgemisch vorhandenen Komponenten nennt man Massenwirkung. Mit ihrer Hilfe hat man es in der Hand, das Gleichgewicht willkürlich zu beeinflussen und durch Zusatz einer Komponente in gewünschter Richtung zu verschieben. Hiervon macht man gerade in der organischen Chemie ausgiebigen Gebrauch. — Zerfallsreaktionen wie die des Kalziumhydroxyds bezeichnet man als *Dissoziation.* —

Wie die Basen sich von metallischen Elementen ableiten, so stehen die Säuren in Zusammenhang mit nichtmetallischen. Von solchen kennen wir bereits Sauerstoff und Stickstoff, Kohlenstoff, Chlor und Schwefel. Auch Wasserstoff gehört hierher, doch nimmt er gerade durch die eigentümliche Rolle, die er als Bestandteil der Säuren spielt, eine Sonderstellung unter sämtlichen Elementen ein. Als lebenswichtig ist noch der Phosphor anzuschließen, der wenigstens dem Namen nach wohl jedem geläufig ist.

Eine Sondergruppe unter den nichtmetallischen, säurebildenden Elementen bildet das Chlor (Cl) mit drei weiteren, ihm nahestehenden Elementen, Fluor (F), Brom (Br) und Jod (J), und zwar dadurch, daß ihre Verbindungen mit Wasserstoff allein bereits starke Säuren sind, während die Säuren der übrigen sich von Sauerstoffverbindungen, von Oxyden der Elemente ableiten. Dem Chlorwasserstoff oder der Salzsäure HCl stehen die Verbindungen Fluor-, Brom- und Jodwasserstoff völlig analog zur Seite: HF, HBr und HJ. Sie sind alle vier Gase, die sich leicht in Wasser lösen, indem sie ihm stark saure Reaktion erteilen. Mit Basen bilden sie in der schon erwähnten Weise Salze: $HCl + NaOH = NaCl + H_2O$ (vgl. S. 53). Gerade dieses Natriumchlorid ist ja das typische Salz, an das wir denken, wenn wir im Alltag von Salz (Kochsalz) schlechtweg sprechen; nach ihm hat die Salzsäure ihren Namen. Wie wir sehen, ist im Kochsalz das Metall mit dem Chlor unmittelbar verbunden, und so kam diese Klasse von Salzen durch unmittelbare Vereinigung von Metallen mit den Elementen der Chlorgruppe entstehen, z. B. aus Kalium durch Erhitzen in einem Chlorstrom Kaliumchlorid. $2 K + Cl_2 = 2 KCl$. Kalium und Chlor vereinigen sich Atom mit Atom zu Kaliumchlorid; um die Gewichtsbeziehungen ins Gedächtnis zurückzurufen: 39 Gewichtsteile Kalium benötigen 35,5 Gewichtsteile Chlor, um sich vollständig in KCl zu verwandeln. Wegen dieser Fähigkeit nennt man die Elemente der Chlorgruppe *Halogene*, Salzbildner; ihre Wasserstoffverbindungen heißen Halogenwasserstoffe. Über einige wichtige physikalische und chemische Eigenschaften der Halogene unterrichtet folgende kleine Tabelle:

Halogene

	Zustand	Farbe	Atomgewicht
Fluor . . .	Gas	hellgelbgrün	19
Chlor . . .	Gas	gelbgrün	35,5
Brom . . .	flüssig	braun	80
Jod	fest	schwarz	127
		Dampf violett	

Das Chlor ist besonders in Form von Kochsalz allgemein verbreitet und findet sich daher auch wohl in sämtlichen Organismen. Salzsäure ist ein wesentlicher Bestandteil des Magen-
saftes der höheren Tiere und ist wichtig für die Verdauung
der Eiweißstoffe. Jod kommt im Körper des Menschen in
geringen, aber unentbehrlichen Mengen vor, hauptsächlich
in der Schilddrüse; Mangel wie Übermaß an Jod machen sich
in schweren Störungen der Gesundheit bemerkbar.

Schreiben wir die Formeln von

Wasser	H OH
Natriumhydroxyd	Na OH
Natriumchlorid	Na Cl
Chlorwasserstoff	H Cl und nochmals
Wasser	H OH

untereinander, so sehen wir, in welch auffallender Weise der
Charakter der Verbindungen sich ändert, wenn nacheinander
einzelne Teile des Moleküls durch andere ersetzt werden. Vergleichen wir die Formel des Wassers einmal mit der des
Natriumhydroxyds, dann mit der des Chlorwasserstoffs, so
finden wir die Erklärung, warum es indifferent ist im Vergleich mit diesen beiden Stoffen. Der typische Anteil der Basen ist die Gruppe —OH, der der Säuren der Wasserstoff,
wie wir gleich noch an weiteren Beispielen sehen werden; da
Säuren und Basen entgegengesetzter Natur sind, so heben sich
im Wasser beide Charaktere auf, es ist neutral. Wird sein
Wasserstoff durch Metall ersetzt, so entsteht eine Base, wird
—OH durch ein Halogen ersetzt, eine Säure. Wird in der
Base die OH-Gruppe durch Halogen ersetzt oder in der Säure
der Wasserstoff durch Metall, so entsteht in beiden Fällen
das Salz, das gleichfalls neutral ist.

Wir sahen eben, daß die Sauerstoff-Wasserstoff-Verbin-
dung, das Wasser, neutral ist und somit den Halogenwasser-
stoffen nicht entspricht. Der *Schwefel* (S), der chemisch in
vielfacher Beziehung dem Sauerstoff nahesteht, schließt sich
in dem Punkt den Halogenen an, daß seine Wasserstoffver-
bindung den Charakter einer wenn auch schwachen Säure
besitzt. Da der Schwefel gleich dem Sauerstoff gegenüber

Wasserstoff zweiwertig ist, so ähnelt die Formel des Schwefelwasserstoffs H_2S der des Wassers. Schwefelwassertoff ist ein Gas von höchst unangenehmem, an faule Eier erinnerndem Geruch und sehr giftig. Er ist in Wasser löslich, allerdings weit weniger als die Halogenwasserstoffe, und besitzt schwach saure Reaktion, die jedoch neben dem widerlichen Eigengeschmack mit der Zunge nicht wahrnehmbar ist. Dementsprechend ist er zur Salzbildung befähigt; so entstehen die Sulfide (lat. sulfur = Schwefel), z. B.:

$$2\,KOH + H_2S = K_2S + 2\,H_2O.$$

Beide H-Atome des Schwefelwasserstoffs sind durch Metall ersetzbar, und so entstehen aus zwei Molekülen Kaliumhydroxyd und einem Molekül Schwefelwasserstoff ein Molekül Kaliumsulfid und zwei Moleküle Wasser. — Schwefel ist ein Bestandteil vieler organischer Stoffe, besonders Eiweißstoffe, und so tritt Schwefelwasserstoff und ihm nahestehende flüchtige organische Verbindungen bei Fäulnisprozessen auf; sie verursachen wesentlich den dabei auftretenden üblen Geruch.

Von den Sauerstoffverbindungen des Schwefels ist schon kurz die Rede gewesen. Bei der Verbrennung von Schwefel in Luft entsteht das Schwefeldioxyd SO_2, ein Gas von dem bekannten stechenden Geruch. Es löst sich ziemlich leicht in Wasser, und dabei bildet sich eine geringe Menge Schwefliger Säure, indem sich ein Molekül Wasser an ein Molekül Schwefeldioxyd anlagert: $SO_2 + H_2O = H_2SO_3$. Diese Säure zerfällt sehr leicht wieder in ihre Bestandteile: kocht man die wässerige Lösung von Schwefeldioxyd, so entweicht dieses wieder vollständig. Fügt man dagegen zu der Lösung Natronlauge und verdampft darauf das Wasser, so erhält man ein beständiges Salz, dessen Zusammensetzung durch die Formel Na_2SO_3 wiedergegeben wird; es heißt Natriumsulfit (Sulfite sind die Salze der Schwefligen Säure). Wie man sieht, sind die zwei Wasserstoffatome der Schwefligen Säure durch zwei Natriumatome ersetzt. Säuren mit zwei durch Metall ersetzbaren Wasserstoffatomen nennt man zweibasisch. Entsprechend gibt es auch drei- und mehrbasische Säuren. Im Neutralisationsvermögen ist ein Molekül einer zweibasischen

58

Säure zwei Molekülen einer einbasischen (wie HCl) äquivalent. In entsprechender Weise spricht man auch von einsäurigen Basen, wie NaOH, zweisäurigen, wie $Ca(OH)_2$ usw.

Leitet man Schwefeldioxyd mit Sauerstoff gemischt über erhitztes fein verteiltes Platin, so tritt eine Anlagerung von Sauerstoff ein, $2\,SO_2 + O_2 = 2\,SO_3$, es entsteht das Schwefeltrioxyd. Bei dieser Reaktion spielt das Platin, an dessen Stelle auch gewisse Metalloxyde treten können, eine sehr merkwürdige Rolle. Es nimmt nämlich selbst an der Reaktion nicht teil, es scheint vielmehr durch seine bloße Gegenwart die Geschwindigkeit der Reaktion zu erhöhen, die Einstellung eines Gleichgewichts zu begünstigen. Diese Wirkung nennt man *Katalyse*, den vermittelnden Stoff Katalysator. Man bedient sich der Katalyse mit größtem Erfolg bei zahlreichen technisch höchst wichtigen Synthesen; auch bei den Lebensprozessen spielt sie eine hervorragende Rolle. — Schwefeltrioxyd vereinigt sich mit größter Begierde mit Wasser zu einer sehr beständigen Verbindung, der Schwefelsäure:

$$SO_3 + H_2O = H_2SO_4 .$$

Sie ist die wichtigste und am längsten bekannte der Mineralsäuren (Salz-, Schwefel-, Salpetersäure u. a.), so genannt zum Unterschied von den organischen Säuren, wie Essig-, Fruchtsäuren u. v. a. —

Unsere gewöhnliche Schreibart der Formeln, die bei kleinen, einfach zusammengesetzten Molekülen in jeder Weise befriedigt, gibt bei größeren, wie dem der Schwefelsäure, das aus 7 Atomen aufgebaut ist, keinen Aufschluß darüber, wie denn die Atome zueinander gruppiert sind. Dies zu wissen, ist für das Verständnis des chemischen Verhaltens oft sehr wichtig, in der organischen Chemie aber geradezu unerläßlich. Auf Grund der bekannten Wertigkeit der am Aufbau beteiligten Atome lassen sich nun einigermaßen anschauliche Bilder ihres Zusammenhanges geben, indem man jede Valenz eines Atoms durch einen von ihm ausgehenden Strich andeutet: H—, O= usw. Das Schwefeldioxyd (mit vierwertigem Schwefel) ist dann zu schreiben O=S=O, das Trioxyd (mit sechswertigem Schwefel) $\overset{O}{\underset{O}{>}}S{=}O$. (Man muß sich gegenwärtig halten, daß diesen Bildern etwas Willkürliches anhaftet, daß sie nur Symbole, keine Abbilder sein wollen. SO_2 könnte auch als $S\!\!<\!\!{}^O_O$ dargestellt werden: das Wesentliche ist die Verteilung der Valenzen.) In den entsprechenden Säuren stehen an Stelle eines Sauerstoffatoms zwei Hydroxylgruppen, und so kann man ihren Bau versinnlichen durch die Formeln $O\!\!=\!\!S\!\!<\!\!{}^{OH}_{OH}$ und ${}^O_O\!\!>\!\!S\!\!<\!\!{}^{OH}_{OH}$. Solche Formeln, die den Bau eines Moleküls im Bild erläutern, nennt man *Struktur-* oder *Konstitutionsformeln*. Ihr großer Wert wird erst bei den organischen Molekülen voll zur Geltung kommen.

Am Beispiel der Schwefligen und Schwefelsäure und ihrer Ableitung von den Schwefeloxyden haben wir eine interessante und wichtige Parallele zu der Beziehung zwischen den Metalloxyden und den Basen, ihren Hydroxyden. Wie aus dem Kalziumoxyd durch Anlagerung von Wasser das Kalziumhydroxyd entsteht, $CaO + H_2O = Ca(OH)_2$, genau so bildet sich aus Schwefeltrioxyd und Wasser die Schwefelsäure:

$$SO_3 + H_2O = H_2SO_4 = SO_2(OH)_2\,.$$

Da die Mehrzahl der Mineralsäuren sich von Oxyden der nichtmetallischen Elemente durch Anlagerung von Wasser ableitet, so nennt man diese Oxyde auch *Säureanhydride* (Anhydrid (griech.) = wasserfreier Stoff). So ist das Schwefeltrioxyd auch als Schwefelsäureanhydrid zu bezeichnen. Etwas ganz anderes ist dagegen wasserfreie Schwefelsäure, es ist das der reine, der Formel H_2SO_4 entsprechende Stoff. Sie ist eine schwere, dickölige Flüssigkeit, die begierig Wasser anzieht und mit ihm in jedem Verhältnis mischbar ist. Das Bestreben der konzentrierten Schwefelsäure zur Aufnahme von Wasser ist so groß, daß sie aus Stoffen wie Zucker, die Wasserstoff und Sauerstoff enthalten, diese Elemente unter Bildung von Wasser herausnimmt, wodurch der Stoff unter Verkohlung zerstört wird.

Von den Verbindungen des Phosphors (P) ist für die Organismen vor allem die Phosphorsäure wichtig. Ihr Vorkommen in den Gehirn- und Nervenzellen sowie in den Geschlechtszellen kennzeichnet am besten ihre Bedeutung. (Der gelbe Phosphor, das freie Element, ist ein gefährliches Gift!) — Der Phosphor tritt wie der Stickstoff, dem er nahesteht wie der Schwefel dem Sauerstoff, drei- und fünfwertig auf. So verbindet er sich mit Chlor zum Phosphortrichlorid PCl_3 und zu Phosphorpentachlorid PCl_5. Da der Phosphor kein Metall ist, so sind seine Chlorverbindungen auch keine Salze. Wichtig ist besonders das Pentachlorid, ein kristallinischer, gelblichweißer, fester Stoff. Kennzeichnend ist sein Verhalten gegenüber Wasser: sein Chlor vereinigt sich mit Wasserstoff zu Chlorwasserstoff, während an seiner Stelle der Phosphor Sauerstoff oder OH-Gruppen bindet. Je nach der Wassermenge liefert das Pentachlorid z. B.

$$PCl_5 + H_2O \; = POCl_3 + 2\,HCl$$
Phosphor-oxychlorid

$$PCl_5 + 4\,H_2O = H_3PO_4 + 5\,HCl, \qquad H_3PO_4 = O\!:\!P(OH)_3$$
Phosphorsäure.

Wir sehen also, daß das Chlor an Stelle von Sauerstoffatomen oder OH-Gruppen der Säuren steht; auch von anderen Säuren leiten sich Verbindungen ab, in denen Chlor an Stelle von OH-Gruppen getreten ist, so z. B. von der Schwefelsäure $SO_2(OH)_2$ die Verbindung SO_2Cl_2, die Sulfurylchlorid genannt wird. Diese Klasse von Verbindungen nennt man *Säurechloride*; sie sind meist unbeständig und liefern mit Wasser wieder die Säure neben Chlorwasserstoff. — Da der Phosphor eine besonders große Neigung besitzt, sich mit Sauerstoff zu vereinigen, so verwendet man seine Chloride besonders in der organischen Chemie dazu, um Sauerstoff aus Verbindungen herauszunehmen und durch Chlor zu ersetzen. Die große Verwandtschaft des Phosphors zum Sauerstoff zeigt sich auch darin, daß er schon beim Erwärmen auf nur 60° sich an der Luft entzündet. Er verbrennt zu einem weißen Stoff, dem Phosphorpentoxyd P_2O_5 (zwei Atome des fünfwertigen Phosphors besitzen zehn Valenzen, die sich mit fünf Atomen des zweiwertigen Sauerstoffs sättigen

$$\begin{smallmatrix} O \\ O \end{smallmatrix}\!\!>\!P\!-\!O\!-\!P\!<\!\!\begin{smallmatrix} O \\ O \end{smallmatrix}\;).$$ Die Neigung des Phosphorpentoxyds, sich mit Wasser zu vereinigen, ist noch größer als die des Schwe-

feltrioxyds. Mit drei Molekülen Wasser entsteht die gewöhnliche Phosphorsäure: $P_2O_5 + 3\,H_2O = 2\,H_3PO_4$. (Man achte darauf, daß bei chemischen Gleichungen die Summe der Atome auf beiden Seiten des Gleichheitszeichens stets übereinstimmen muß!) Die Phosphorsäure besitzt drei Hydroxylgruppen und ist dementsprechend dreibasisch. Sie kann somit drei Reihen von Salzen bilden, in denen ein, zwei oder drei Wasserstoffatome durch Metall ersetzt sind. So kennt man das Mono-, Di- und Trinatriumphosphat: NaH_2PO_4, Na_2HPO_4, Na_3PO_4. Das beständigste ist das mittlere, das daher auch als Natriumphosphat schlechtweg bezeichnet wird. Technisch wichtig sind große Vorkommen von Trikalziumphosphat, als Mineral Phosphorit genannt. Es ist in Wasser unlöslich und wird auch von den schwachen Pflanzensäuren nicht in Lösung gebracht. Um es für Düngezwecke nutzbar zu machen, wird es mit Schwefelsäure behandelt, wobei ein Teil des Kalziums als Gips gebunden wird, während der Rest als Mono- (und Di-) Kalziumphosphat nunmehr in einer Form vorliegt, die von den Pflanzen aufgenommen werden kann. Es ist dies das unter dem Namen Superphosphat bekannte Düngemittel.

Wir hatten schon früher gesehen, daß das Gas, das wir im Alltag als Kohlensäure zu bezeichnen pflegen, seiner Zusammensetzung nach als Kohlendioxyd CO_2 zu bezeichnen ist. Nachdem wir nun die Säureanhydride: Schwefeltrioxyd als Anhydrid der Schwefelsäure, Phosphorpentoxyd als das der Phosphorsäure, kennengelernt haben, können wir leicht verstehen, daß auch das Oxyd des Kohlenstoffs als eines Nichtmetalls ein Säureanhydrid ist. Die Kohlensäure selbst entsteht aus Kohlendioxyd durch Anlagerung von Wasser: $CO_2 + H_2O = H_2CO_3$. Sie ist wie die Schweflige Säure H_2SO_3, der die Formel vollkommen ähnelt, als solche ganz unbeständig. Sie zerfällt schon bei gewöhnlicher Temperatur in ihre Bestandteile. Basen gegenüber verhält sie sich indes wie eine zweibasische Säure; so bildet sie mit Natronlauge das Natriumbikarbonat $NaHCO_3$ (Karbonat = Salz der Kohlensäure), gemeinhin doppelt kohlensaures Natron genannt, das in Wasser nur wenig löslich ist, und das gewöhnliche Natriumkarbonat Na_2CO_3, das wir als Soda schon kennengelernt haben.

Aus dem großen Gebiet der Säuren, Basen und Salze, das
den meisten Raum in der ganzen anorganischen Chemie einnimmt, haben wir hier einen kurzen Überblick über die für
die Organismen wichtigsten Elemente und ihre hauptsäch-
lichsten Verbindungsformen gegeben, mit Ausnahme des
Stickstoffs, dem das nächste Kapitel gewidmet ist. Es erübrigt
sich, noch einige allgemeine Tatsachen hervorzuheben. Wir
hatten im Anfang dieses Kapitels gesehen, daß zwischen Säuren und Basen ein Gegensatz besteht, der sich unter anderem
im physikalischen Verhalten gegenüber dem elektrischen
Strom kundgibt. Reinstes Wasser leitet den elektrischen
Strom so gut wie gar nicht. Löst man aber darin geringe
Mengen einer Säure, einer Base oder eines Salzes, so erlangt
die Lösung eine Leitfähigkeit, die zwar nicht die eines metallischen Leiters erreicht, die des Wassers aber um ein Vielfaches übertrifft. Indifferente Stoffe, wie Harnstoff oder
Zucker, beeinflussen die Leitfähigkeit des Wassers *nicht*.
Schickt man einen elektrischen Strom durch einen metallischen Leiter, z. B. einen Kupferdraht, so bleibt dieser unverändert. Leitet man dagegen den Strom durch eine Lösung,
indem man ihn, wie früher beschrieben, mittels zweier Bleche
einführt, so treten sehr charakteristische Veränderungen auf.
(Das hier Gesagte bezieht sich nur auf die als Gleichstrom
bekannte Form des elektrischen Stromes.) Man faßt die
Stoffe, die an sich oder in Lösung den Strom unter solchen
Veränderungen leiten, als *Elektrolyte* zusammen. Diese Veränderungen hängen zusammen mit der früher erwähnten
Wanderung der basischen Bestandteile zum negativen Pol,
zur Kathode, der sauren zum positiven Pol, zur Anode. Die
Teilchen, die hier unter der Wirkung des elektrischen Stromes wandern, sind weder Atome noch Moleküle im gewöhnlichen Sinn. Man hat sie deshalb mit einem besonderen Namen *Ionen* (Wanderer) bezeichnet und unterscheidet Kationen, die zur Kathode, und Anionen, die zur Anode wandern.
So ist in einer Kochsalzlösung Na Kation, Cl Anion. Sie
unterscheiden sich von gewöhnlichen Atomen und Molekülen
vor allem dadurch, daß sie Träger ganz bestimmter elektrischer Ladungen sind, die sich in der Lösung das Gleich-

gewicht halten. Wenn sie aber die Ladungen durch Entladung an den Elektroden verlieren, erlangen sie die Eigenschaften gewöhnlicher Atome und Moleküle und reagieren dann wie diese. Je nach der Natur der Ionen und den Bedingungen, unter denen der Strom wirkt, finden dabei verschiedene Vorgänge statt. Viele Metalle, wie z. B. Kupfer, scheiden sich als solche aus ihren Lösungen ab; oft aber treten verwickelte Nebenerscheinungen auf, die wir hier nicht erörtern können.

Diese Wirkungen des elektrischen Stromes werden unter der Bezeichnung *Elektrolyse* zusammengefaßt. Sie ist von gleich großer praktischer wie theoretischer Bedeutung. Praktisch wendet man sie zur Gewinnung und Reinigung von Metallen sowie für andere chemische Verfahren an. Theoretisch wichtig ist z. B. die Betrachtung der Mengen verschiedener Stoffe, die durch den gleichen elektrischen Strom in der gleichen Zeit abgeschieden werden; es zeigt sich nämlich, daß sie im Verhältnis der Äquivalentgewichte stehen. Der gleiche Strom, der in einer gegebenen Zeit ein Grammatom Wasserstoff abscheidet, fördert in der gleichen Zeit ein Grammatom Natrium oder Chlor, ein halbes Grammatom Kalzium oder Sauerstoff. Somit entspricht jeder Valenz eine ganz bestimmte Elektrizitätsmenge, und jedes zweiwertige Ion trägt unabhängig von seiner übrigen Natur genau die doppelte elektrische Ladung wie ein einwertiges, ein dreiwertiges die dreifache usw. Der chemischen Äquivalenz entspricht eine elektrische, so daß man allgemein von einer elektrochemischen Äquivalenz spricht. Da ein abgeschiedenes chemisches Äquivalent, z. B. von Silber, durch Wägung genau feststellbar ist, so dient diese Beziehung zur Messung elektrischer Ströme.

Woher weiß man nun, daß in einer Lösung nicht nur die Moleküle, wie NaCl usw., vorhanden sind, sondern auch Ionen, wie Na und Cl? Es könnte doch sein, daß erst der elektrische Strom die Zerlegung und dann die Bewegung der Ionen zu den Elektroden bewirkt. Verschiedene chemische und physikalische Erscheinungen beweisen, daß dies nicht der Fall ist, daß Ionen von vornherein in einer Lösung vorhanden sind und daß der Strom nur die Bewegung der Ionen bewirkt.

Von den zahlreichen Beweisen sei hier nur einer angedeutet. Wenn Kochsalz vom Molekulargewicht 58,5 (Na = 23, Cl = 35,5) sich in gleicher Weise in Wasser auflöste wie z. B. Harnstoff vom Molekulargewicht 60, so müßten äquimolekulare Lösungen von beiden gleichen osmotischen Druck, gleichen Gefrierpunkt usw. zeigen. Entstehen dagegen bei der Auflösung von Kochsalz in Wasser Na- und Cl-Ionen, so enthält die Lösung eine größere Zahl selbständiger Teilchen, je 2 Ionen statt eines Moleküls, ihr osmotischer Druck muß also höher sein, die Gefrierpunktserniedrigung größer als bei der Harnstofflösung. Das ist nun tatsächlich der Fall, ein Umstand, auf den wir zu Beginn dieses Kapitels (S. 48) hinwiesen. Dieser Zerfall eines Stoffes in Ionen wird als elektrolytische Dissoziation bezeichnet. In ihr liegen wie bei anderen Dissoziationen Gleichgewichte vor. Wenn Natriumchlorid in Wasser gelöst wird, so zerfallen nicht sämtliche Moleküle in Na- und Cl-Ionen, sondern nur ein gewisser Anteil, der von der Konzentration der Lösung und ihrer Temperatur abhängt. Das gleiche ist der Fall bei den Lösungen von Säuren und Basen. Dieser Dissoziationsgrad läßt sich durch elektrische Messungen ermitteln, und er kann nun einen Maßstab abgeben für die Stärke von Säuren und Basen, die wir früher als eine gegebene Tatsache hingestellt haben. Je weitergehend eine Säure oder Base in verdünnter Lösung dissoziiert ist, je stärker ist sie. So hat sich gezeigt, daß Salzsäure etwas stärker ist als Schwefelsäure, Phosphorsäure dagegen wesentlich schwächer, Schweflige Säure und Kohlensäure sehr schwach.

Das Kennzeichnende der Säuren ist, wie wir nun sagen können, nicht der Wasserstoff schlechtweg, sondern die von ihnen in Lösung gebildeten Wasserstoff*ionen*. Es gibt eine große Anzahl organischer Säuren, die mehrere Wasserstoffatome enthalten, von denen aber nur eins oder zwei als Ionen abgespalten werden können; die übrigen gehören dem Anion an und treten weder elektrisch noch chemisch unmittelbar in die Erscheinung. Entsprechend ist das wesentliche Merkmal der Basen die Bildung von Hydroxyl*ionen*. — Eigentümliche Verhältnisse treten auf, wenn ein Salz einer starken Säure mit einer schwachen Base (oder umgekehrt) in Wasser

gelöst wird. Der primären Dissoziation in die Ionen folgt
hier eine sekundäre Reaktion mit den im Wasser stets, wenn
auch in geringer Menge, vorhandenen Wasserstoff- und Hydr-
oxylionen. Im Falle einer starken Säure und schwachen Base
vereinigt sich ein Teil der (basischen) Kationen mit Hydroxyl-
ionen zu nichtdissoziierten Hydroxydmolekülen, während zugleich eine entsprechende Zahl von Wasserstoffionen frei
wird. Sie stehen nun den Säureanionen gegenüber und bewirken saure Reaktion der Lösung. Bei schwacher Säure und
starker Base tritt entsprechend ein Überschuß von OH-
Ionen auf, die basische Reaktion zur Folge haben. Diese Erscheinung heißt *Hydrolyse* (Lösung durch Wasser; griech.
hydor) und wird uns bei den Seifen noch begegnen.

Abschließend sei noch auf die natürliche Ordnung der
Elemente oder, wie die Chemiker sagen, das periodische System mit einigen Worten hingewiesen. Nachdem man erkannt hatte, daß alle Stoffe sich aus Elementen aufbauen,
wurden zahlreiche Untersuchungen vorgenommen, um diese
Elemente kennenzulernen. Dabei konnte man sich über ihre
Zahl und Art zunächst keinerlei Vorstellung machen. Als man
dann besonders im ersten Viertel des neunzehnten Jahrhunderts eine größere Anzahl ermittelt hatte, zeigte es sich, daß
es einige natürliche Gruppen von Elementen gibt, deren Glieder eine überraschende Übereinstimmung in wesentlichen Zügen ihres chemischen Charakters besitzen. Als Beispiel können wir die Halogene, zumal Chlor, Brom und Jod anführen.
Entsprechenden Gruppen gehören die Metalle Natrium und
Kalium, Magnesium und Kalzium, die Nichtmetalle Sauerstoff und Schwefel, Stickstoff und Phosphor an, Gruppen,
deren übrige Glieder wir hier übergehen müssen. Diese zunächst unabhängigen Einzelgruppen fügten sich nun von
selbst zu einer natürlichen Ordnung zusammen, als man auf
den ebenso einfachen wie genialen Gedanken kam, die bis
dahin bekannten Elemente in ganz einfacher Weise, nämlich
nach dem Atomgewicht, zu ordnen. Wenn man von dem
Wasserstoff absieht, der eine Sonderstellung einnimmt, so
beginnt die natürliche Reihe der Elemente mit dem einwertigen Lithium, Atomgewicht 7, es folgt das zweiwertige Beryl-

lium vom Atomgewicht 9, das dreiwertige Bor, der vierwertige Kohlenstoff usw., wie es aus nebenstehender Tabelle zuersehen ist. Auf das Fluor mit dem Atomgewicht 19 folgte das Natrium mit dem Atomgewicht 23. Schreibt man dieses unter das Lithium, dem es chemisch sehr nahesteht, und setzt die Reihe fort, so kommen ganz von selbst die in Gruppen zusammengehörigen Elemente untereinander. Von den uns hier interessierenden das Magnesium unter das Beryllium, der Phosphor unter den Stickstoff, der Schwefel unter den Sauerstoff, das Chlor unter das Fluor. Es würde zu weit führen, das ganze System hier durchzugehen oder auch nur anzuführen. Wir haben noch die für uns wichtigen Elemente Kalium und Kalzium, Brom

Periodisches System der Elemente

Gruppe	0	I	II	III	IV	V	VI	VII	VIII
Wertigkeit gegen H	0	1	2	3	4	3	2	1	
Höchste Wertigkeit gegen O	0	1	2	3	4	5	6	7	8
Element Symb. Atomgew.	Helium He = 4	Lithium Li = 7	Beryllium Be = 9	Bor B = 11	Kohlenstoff C = 12	Stickstoff N = 14	Sauerstoff O = 16	Fluor F = 19	
Element Symb. Atomgew.	Neon Ne = 20	Natrium Na = 23	Magnesium Mg = 24	Aluminium Al = 27	Silizium Si = 28	Phosphor P = 31	Schwefel S = 32	Chlor Cl = 35,5	
Element Symb. Atomgew.	Argon A = 40	Kalium K = 39	Kalzium Ca = 40					Brom Br = 80	Eisen Fe = 56
								Jod J = 127	

und Jod sowie Eisen an die ihnen zukommenden Stellen geschrieben. Außerdem sind vor Lithium, Natrium und Kalium noch die drei „Edelgase" Helium, Neon und Argon angeführt, die bei der Entdeckung des Systems noch nicht bekannt waren. Sie kommen in ganz geringen Mengen in der Luft vor. Chemisch sind sie vollkommen indifferent und bilden so quasi Marksteine zwischen den stark elektropositiven Halogenen und der stark elektronegativen Natriumgruppe. Es liegt auf der Hand, daß diese natürliche Ordnung nicht einem Zufall ihr Dasein verdankt, und so haben die Untersuchungen der letzten Jahrzehnte erwiesen, daß sie im inneren Aufbau der Atome begründet ist. Wir müssen uns damit begnügen, auf die eigentümlichen Regelmäßigkeiten der Wertigkeitsverhältnisse hinzuweisen, wie sie am Kopf der Tabelle zu ersehen sind. Ferner darauf, daß die lebenswichtigsten Elemente, einerseits Natrium, Kalium, Magnesium und Kalzium, andererseits Kohlenstoff, Stickstoff und Sauerstoff, Phosphor, Schwefel und Chlor, im System nächst benachbart sind.

VI. Der Stickstoff.

So wichtig und unentbehrlich die im vorigen Kapitel besprochenen Elemente für das Leben der Organismen sind, so haben sie meist doch nur einzelne Sonderaufgaben zu erfüllen. Eigentliche Träger des Lebensprozesses scheinen sie jedoch nicht zu sein, zumindest treten sie mengenmäßig stark zurück. Diese Träger sind vielmehr vom biologischen Standpunkt aus die lebenden Zellen, aus denen sich bekanntlich alle Organismen aufbauen. Vom chemischen Standpunkt ist es das Protoplasma, das den wesentlichen Inhalt dieser Zellen bildet. Es ist ein eigentümlicher, stark wasserhaltiger Stoff, wohl von nicht einheitlicher Zusammensetzung. Seine wichtigsten Bestandteile sind jedenfalls Eiweißstoffe, und diese enthalten neben Kohlenstoff, Wasserstoff und Sauerstoff auch *Stickstoff*. Um die Rolle des Stickstoffs verstehen zu können, müssen wir uns etwas ausführlicher mit seinem chemischen Verhalten im allgemeinen beschäftigen. Es ist dies um so notwendiger, als der Stickstoff nicht nur im chemischen Betrieb

68

der Organismen, sondern auch im technischen Großbetrieb von höchster Bedeutung ist. Finden wir ihn doch als maßgebenden Bestandteil von Farbstoffen, Heilmitteln, Sprengstoffen — Hauptprodukten der organisch-chemischen Industrie.

Der Stickstoff an sich ist, wie schon früher erwähnt, chemisch träge. Er vereinigt sich unter gewöhnlichen Bedingungen weder mit Wasserstoff noch mit Sauerstoff oder Chlor. Liegt er aber erst einmal in Bindung mit Wasserstoff oder Sauerstoff vor, so ist er vielseitiger weiterer Umsetzungen fähig. Lange Zeit war man auf natürliche Quellen von Stickstoffverbindungen angewiesen. Dies waren einerseits die großen Salpetervorkommen in Chile, andererseits die Steinkohlen, die geringe Mengen gebundenen Stickstoffs enthalten, der beim Erhitzen der Kohlen neben anderen Gasen (Leuchtgas) mit Wasserstoff verbunden als *Ammoniak* entweicht. Dieses Ammoniak, besser bekannt unter dem Namen Salmiakgeist, ist die einfachste Verbindung des Stickstoffs mit Wasserstoff. Es ist ein farbloses Gas von stechendem Geruch, in Wasser außerordentlich leicht löslich. Sein Molekulargewicht beträgt 17 ($14 + 3 \cdot 1$). Man kann es auf verschiedene Weise in seine Bestandteile zerlegen, und dabei erhält man aus zwei Volumen Ammoniak ein Volumen Stickstoff und drei Volumen Wasserstoff. Hieraus geht hervor, daß im Ammoniak ein Stickstoffatom mit drei Wasserstoffatomen vereinigt ist: $2\,NH_3 = N_2 + 3\,H_2$. Auch dieser Zerfallsreaktion liegt ursprünglich ein Gleichgewicht zugrunde zwischen Stickstoff, Wasserstoff und Ammoniak. Dieses ist naturgemäß von Druck und Temperatur abhängig, und seine Einstellung wird durch die Gegenwart gewisser Stoffe stark beeinflußt, die dabei als Katalysatoren wirken. Die wissenschaftliche Erforschung dieses Gleichgewichts über einen großen Temperatur- und Druckbereich lehrte Bedingungen kennen, unter denen die künstliche Herstellung, die Synthese des Ammoniaks aus den Elementen, auch im technischen Großbetrieb möglich ist. Durch Überleiten eines Stickstoff-Wasserstoff-Gemisches 1 : 3 über gewisse Metalloxyde bei einem Druck von etwa 200 at zwischen 400 und 500° werden jetzt große Mengen von Ammoniak fabriziert, das die Grundlage der sogenannten

Industrie des synthetischen Stickstoffs bildet. Eine bedeutende Menge davon hergeleiteter Produkte verbraucht die Landwirtschaft als wertvolle Düngemittel.

Das Ammoniak selbst als flüchtiges Gas kommt hierfür naturgemäß nicht in Frage. Es ist aber leicht in einfache feste Verbindungen überzuführen. Schreiten wir in der natürlichen Reihe der Elemente (S. 67) vom Chlor rückwärts über Sauerstoff zum Stickstoff, so begegnen wir einem überraschenden Wechsel der chemischen Eigenschaften. Während das Chlor mit dem Wasserstoff die starke Salzsäure, der Sauerstoff das indifferente Wasser bildet, liefert der Stickstoff im Ammoniak zwar nicht selbst einen basischen Stoff; aber das Ammoniak ist merkwürdigerweise befähigt, durch Anlagern von Wasser eine ziemlich starke Base zu bilden. Da, wie wir wissen, die Hydroxylgruppe —OH der kennzeichnende Bestandteil der Basen ist, so formulieren wir die Vereinigung von Ammoniak und Wasser in der Weise: $NH_3 + H_2O = NH_4 \cdot OH$. Diese Reaktion ist ganz besonders eigenartig. Sie kann nicht etwa verglichen werden mit der Anlagerung von Wasser an ein Oxyd. Hier treten an die Stelle eines zweifach gebundenen Sauerstoffatoms zwei Hydroxylgruppen mit je einer Valenz. Im Fall des Ammoniaks dagegen betätigt der Stickstoff nach Anlagerung des Wassers zwei Valenzen mehr als zuvor. Die dabei entstehende Verbindung heißt Ammoniumhydroxyd. Sie ist an sich so unbeständig wie z. B. die Schweflige Säure. Beim Erwärmen zerfällt sie glatt in Ammoniak und Wasser, und so ist das Ammoniakgas durch Kochen vollkommen aus seiner Lösung auszutreiben. Wie aber die Schweflige Säure mit Basen beständige Salze bildet, so auch das Ammoniumhydroxyd mit Säuren: $NH_4OH + HCl = NH_4Cl + H_2O$. Das entstehende Salz heißt mit gewöhnlichem Namen Salmiak (von sal ammoniacum, Ammonssalz; daher Ammoniak und Salmiakgeist). Chemisch ist es als Ammoniumchlorid zu bezeichnen. Wie bei der Salzbildung von metallischen Basen ist das Chlor an die Stelle der Hydroxylgruppe getreten, während die NH_4-Gruppe ein Metallatom vertritt. Man hat ihr deshalb in Anlehnung an die Namen der Metalle den Namen *Ammonium* gegeben. Das Ammonium verhält sich in den Salzen auch genau wie ein einwertiges Metall, es wandert mit dem elektrischen Strom zur Kathode, vermag schwächere Basen aus ihren Salzen zu verdrängen. Nur ist es an sich nicht beständig. Versucht man, es in Freiheit zu setzen, z. B. durch Elektrolyse, so zerfällt es in Ammoniak und Wasserstoff.

Die Ammoniumsalze, wie der Salmiak oder wie das in großem Maßstabe hergestellte Ammoniumsulfat $(NH_4)_2SO_4$, gleichen äußerlich weitgehend den Natrium- und Kaliumsalzen; sie sind farblos und in Wasser leicht löslich. Sie unterscheiden sich aber dadurch, daß sie sich beim Erhitzen zersetzen. Dies ist auf folgende Weise zu erklären. Betrachtet man z. B. die Formel des Salmiaks NH_4Cl, so sieht man, daß sie sich von der des Ammoniaks NH_3 unterscheidet um ein Plus von HCl. Tatsächlich bildet sich Salmiak auch durch unmittelbare Vereinigung von Ammoniak- und Chlorwasserstoffgas. Stellt man z. B. starken Salmiakgeist und konzentrierte Salzsäure in offenen Gefäßen nebeneinander, so bilden sich in der Luft dicke weiße Nebel von Chlorammonium: $NH_3 + HCl = NH_4Cl$. Die Reaktion entspricht vollkommen der Vereinigung von Ammoniak und Wasser. Beim Erhitzen wird sie rückläufig, Salmiak zerfällt in Ammoniak und Salzsäure, die sich beim Abkühlen wieder vereinigen. — Versetzt man ein Ammoniumsalz mit einer starken Base, so wird Ammoniumhydroxyd in Freiheit gesetzt, das in Wasser und Ammoniak zerfällt; dieses ist dann am Geruch leicht zu erkennen: $NH_4Cl + NaOH = NaCl + NH_3 + H_2O$. Der Name Salmiakgeist rührt daher, daß auf diese Weise das Ammoniak als flüchtiger Bestandteil, „Geist" des Salmiaks, ausgetrieben wird.

Wie sich vom Wasser H_2O durch Abtrennung eines Wasserstoffatoms die Hydroxylgruppe —OH herleitet, die, an sich nicht daseinsfähig, doch als wesentlicher Bestandteil in zahlreichen Verbindungen wiederkehrt, so leitet sich auch vom Ammoniak NH_3 durch Abtrennung eines Wasserstoffatoms ein einwertiges Radikal, die *Aminogruppe* —NH_2 ab. Auch sie ist an sich nicht beständig. Sie findet sich aber in zahlreichen organischen Verbindungen, und zwar besonders in den Eiweißstoffen, deren Stickstoff meist in Form von Aminogruppen gebunden ist. Auch in einigen anorganischen Verbindungen finden wir die Aminogruppe, wenn auch bei weitem nicht so häufig wie die Hydroxylgruppe. Zwei von ihnen seien kurz erwähnt, weil wir ihnen in der organischen Chemie wieder begegnen werden. Sie sind beide nicht leicht darstellbar und wenig beständig. Die eine stellt die Vereinigung zweier Aminogruppen dar, wird also wiedergegeben durch die Formel $H_2N \cdot NH_2$ und wird Hydrazin genannt. Man kann sie auffassen als ein Ammoniak, in dem an Stelle eines Wasserstoffatoms die Aminogruppe getreten ist:

$$H_2NH \rightarrow H_2N \cdot NH_2 \,.$$

In der anderen ist die Aminogruppe mit Hydroxyl vereinigt, sie heißt demnach Hydroxylamin, ihre Formel ist $NH_2 \cdot OH$. Beide stehen in ihren chemischen Eigenschaften, wie Salzbildung usw., dem Ammoniak nahe.

Dem Ammoniak als der Verbindung von Stickstoff und Wasserstoff steht eine ganze Reihe von Stickstoff-Sauerstoff-Verbindungen gegenüber. Bei ihnen tritt der Unterschied zwischen chemischer Verbindung und einfachem Gemisch besonders deutlich hervor. Ein Gemisch von Stickstoff und Sauerstoff, die Luft, ist für unser Leben unentbehrlich. Ihm vermag das Blut ohne weiteres den nötigen Sauerstoff zu entnehmen. Die Verbindungen von Stickstoff und Sauerstoff dagegen vermögen nicht nur die Atmung nicht zu unterhalten, sondern sie sind geradezu giftig. Das niedrigste Oxyd, dessen Zusammensetzung der Formel N_2O entspricht, mit chemischem Namen Stickoxydul[1], wirkt betäubend unter Erzeugung eines rauschartigen Zustandes. Es wird darum auch Lach- oder Lustgas genannt. Wichtiger ist das folgende, Stickoxyd, von der Zusammensetzung NO, in dem der Stickstoff ausnahmsweise zweiwertig erscheint. Es entsteht bei zahlreichen Umsetzungen der höheren Stickstoffoxyde, bildet sich aber auch aus Luft im elektrischen Lichtbogen. Dabei wird nicht wie bei den meisten sonstigen Oxydationen Energie in Form von Wärme frei, sondern es wird im Gegenteil eine beträchtliche Menge davon gebunden. Das Stickoxyd, ein farbloses Gas, vereinigt sich außerordentlich leicht mit Sauer-

---

[1] Die lateinische Silbe ul bedeutet eine Verkleinerung: Oxydul ist ein niederes Oxyd.

stoff. Sobald es nur mit Luft in Berührung kommt, tritt diese Vereinigung ein. Sie ist mit merklicher Wärmeentwicklung verbunden, ohne allerdings zur Flammenbildung zu führen. Das entstehende Stickstoffdioxyd N_2O_4 besitzt tiefbraune Farbe, so daß seine Bildung ohne weiteres mit den Augen wahrnehmbar ist. Es ist dadurch merkwürdig, daß es bei niederer Temperatur aus braunen Doppelmolekülen N_2O_4, bei hoher aus einfachen NO_2-Molekülen besteht, die farblos sind. Mit der Entfärbung bei steigender Temperatur geht eine Abnahme des Volumengewichts auf die Hälfte einher, an der die Abnahme des Molekulargewichts zu erkennen ist; es beträgt bei 0^0 92, bei 150^0 nur noch 46 (NO_2: $14 + 2 \cdot 16$).

Vom Stickstoffdioxyd gelangt man in einfacher Weise zu den wichtigen Säuren des Stickstoffs. Bei tiefer Temperatur, unter -20^0, vereinigt sich Stickstoffdioxyd mit Stickoxyd zum Stickstofftrioxyd: $N_2O_4 + 2\,NO = 2\,N_2O_3$. Vermischt man das Trioxyd mit wenig kaltem Wasser, so entsteht eine Lösung, die wahrscheinlich Salpetrige Säure enthält:

$$N_2O_3 + H_2O = 2\,HNO_2\ (HO{-}N{=}O)\,.$$

Die Salpetrige Säure ist noch unbeständiger als die Schweflige Säure, liefert aber auch beständige Salze, die Nitrite heißen. Die Salpetrige Säure zerfällt nun nicht, wie die Schweflige Säure, in ihr Anhydrid und Wasser, sondern es tritt beim Erwärmen eine Umsetzung in der Art ein, daß ein Teil der Salpetrigen Säure zu Salpetersäure oxydiert wird, während ein entsprechender Teil Stickstofftrioxyd zu Stickoxyd reduziert wird:

$$3\,HNO_2 = HNO_3 + 2\,NO + H_2O\,.$$
Salpetersäure

Das Stickoxyd entweicht und vermag nun mit Sauerstoff wieder Dioxyd zu liefern, das ebenfalls mit Wasser zu reagieren vermag. In der Kälte entsteht dabei Salpetersäure und Salpetrige Säure: $N_2O_4 + H_2O = HNO_3 + HNO_2$. In der Wärme dagegen entspricht die Umsetzung der Gleichung:

$$3\,NO_2 + H_2O = 2\,HNO_3 + NO\,.$$

Auch hier kann das Stickoxyd nach Umwandlung in Stickstoffdioxyd wieder mit Wasser reagieren, bis schließlich die Gesamtmenge in Salpetersäure übergeführt ist. Während der

73

Stickstoff in der Salpetrigen Säure dreiwertig ist, erscheint er in der Salpetersäure fünfwertig: $HO-N{\overset{O}{\underset{O}{<}}}$. Die Salpetersäure ist die wichtigste der sauerstoffhaltigen Verbindungen des Stickstoffs. Früher diente als wichtigste Quelle für ihre Gewinnung der natürlich vorkommende Salpeter, das Natriumsalz der Salpetersäure, $NaNO_3$, Natriumnitrat. Beim Erhitzen mit Schwefelsäure wird daraus Salpetersäure freigemacht. In neuerer Zeit gewinnt man die Salpetersäure durch Oxydation aus synthetischem Ammoniak, indem man dieses mit Sauerstoff bei höherer Temperatur über geeignete Katalysatoren führt.

In der Salpetersäure oder vielmehr ihren Salzen, den Nitraten, haben wir die Verbindungsform des Stickstoffs vor uns, in der er vornehmlich von den Pflanzen aufgenommen wird. Auch hier liegt wieder ein recht merkwürdiges Verhältnis vor. Die Pflanze nimmt den Stickstoff in seiner höchsten Oxydationsstufe auf, um ihn dann bis zur Ammoniakstufe zu reduzieren. Mit den tierischen Abfallprodukten gelangt der Stickstoff wieder in der Ammoniakform in den Boden, und hier besorgen nun gewisse eigentümliche Bakterien die Umwandlung in die Nitratform, wie sie die höheren Pflanzen benötigen. Einige Bakterienarten sind sogar befähigt, den Stickstoff der Luft selbst in ihrem Organismus mit Sauerstoff zu vereinigen. Im künstlichen Dünger kann man den Stickstoff als Ammoniumsalz, wirksamer aber in Nitratform verabreichen.

VII. Der Kohlenstoff und der Aufbau der organischen Verbindungen.

Wenn wir uns jetzt dem Kohlenstoff und seinen Verbindungen zuwenden, so sind wir in der glücklichen Lage, den Weg mit einfachen und allgemeinen Betrachtungen beginnen zu können, zuvor den Plan des Gebietes zu überblicken, das wir durchwandern wollen. Wir dürfen dabei aber nicht vergessen, daß der Weg der Wissenschaft und ihrer Entwicklung ungefähr in entgegengesetzter Richtung geführt hat. Am

Beginn dieser Entwicklung steht die verwirrende Fülle der verschiedenartigsten Stoffe, wie sie die Natur bietet. Schritt für Schritt dringen die Chemiker mit den bescheidenen Mitteln einer unentwickelten Technik, ohne die Leitgedanken umfassender und wohlbegründeter Theorien nach verschiedenen Seiten tastend vor. Langsam erweitern sich die Kenntnisse, oft auf Irrwegen und in Sackgassen aufgehalten. Erst spät führt gerade das Studium der organischen Verbindungen auf die Erkenntnis von der Wertigkeit der Elemente und bringt die Lehre vom Aufbau der Stoffe aus Atomen und Molekülen zu einem gewissen Abschluß; ihm folgt dann ein überraschender Aufstieg unserer Wissenschaft. Immer klarer treten nun ihre Grundlinien zutage, denen folgend systematische Arbeit immer neue Tatsachen ans Licht fördert. Zuweilen aber stören unerwartete Ergebnisse das Bild und zwingen dazu, die theoretischen Vorstellungen immer wieder umzuarbeiten, um sie mit den Tatsachen in möglichst vollständige Übereinstimmung zu bringen. Dieser Prozeß ist auch heute noch keineswegs abgeschlossen. War es früher die Art der Verknüpfung der Atome im Molekül, die den breitesten Raum in der chemischen Forschung einnahm, so sind es heute das Wesen der Valenz und ihre Betätigung, die im Vordergrund des Interesses stehen. Hier ist noch alles in vollem Fluß. Für uns genügt es indes, die Valenz als etwas Gegebenes hinzunehmen.

Was zunächst den reinen, elementaren Kohlenstoff anlangt, so ist er vom Standpunkt des Chemikers eigentlich weniger interessant als von dem des Physikers. Er kommt in der Natur in zwei Formen vor, als Diamant und als Graphit. Als Diamant bildet er den härtesten überhaupt bekannten Stoff. Diese Eigenschaft ist der Ausdruck eines besonders festen Zusammenhalts der kleinsten Teilchen und überrascht bei einem Element, dessen Verbindungen vielfach gasförmig und flüssig, soweit sie aber fest sind, meist weich und leicht zu zerkleinern. Auch in chemischer Beziehung ist er recht widerstandsfähig: man muß ihn in reinem Sauerstoff auf etwa 700° erhitzen, um ihn zu Kohlendioxyd zu verbrennen. Auch der Graphit ist allgemein bekannt. Aus ihm besteht im we-

sentlichen die Seele unserer Bleistifte, die also ihren von
früher übernommenen Namen nicht mehr zu Recht führen.
Er ist im Gegensatz zum Diamant undurchsichtig, grau-
schwarz, weich, von metallähnlichem Glanz und ist wie die
Metalle ein guter Leiter für Wärme und Elektrizität. Er wird
von stark wirkenden Chemikalien, wie rauchender Salpetersäure, chemisch verändert.

Was wir im täglichen Leben als Kohle bezeichnen, ist
durch Verkohlung pflanzlicher Stoffe früherer Erdperioden
entstanden. Sie stellen sämtlich keinen reinen Kohlenstoff
dar. Am reinsten sind die geologisch ältesten Produkte, die
Anthrazite, die etwa 95% Kohlenstoff enthalten. Der Kohlen-
stoffgehalt der gewöhnlichen Steinkohlen liegt über 80%, der
von Braunkohle und Torf bei 70 und 60%. Wie man sieht,
nimmt er mit dem geologischen Alter merklich ab. In wirtschaftlicher Beziehung sind sie vor allem wichtig für die Erzeugung von Wärme und Kraft; vom chemischen Standpunkt
dagegen als Ausgangsstoffe für die verschiedensten chemischen Verbindungen, ein Verwendungszweck, der in neuester
Zeit zu wachsender Bedeutung gelangt ist. Die Verarbeitung
in diesem Sinne beschränkte sich bis vor kurzem auf die Erhitzung der Kohlen für sich, die sogenannte *trockene Destillation*. Sie wurde ursprünglich eingeführt zur Erzeugung
von Leuchtgas, bei der ein stark kohlenstoffhaltiger Rück-
stand, der Koks, verbleibt. Als sich dann zeigte, daß dieser
Koks ein ausgezeichnetes Brennmaterial für die Gewinnung
der Metalle darstellt, wurde die Herstellung von Koks als
Selbstzweck in großen Kokereien durchgeführt. Hier erscheinen die gleichen Gase als Nebenprodukte. Die Brennbarkeit
der Kohlen beruht wesentlich darauf, daß sie schon bei verhältnismäßig niedriger Temperatur diese brennbaren Gase
und Dämpfe abgeben. Diese entzünden sich leicht und liefern
dabei die Wärme, die zur weiteren Entgasung und Verbrennung der Kohle notwendig ist. Bei hinreichender Luftzufuhr
wird der Brennstoff vollständig in Wasserdampf und Kohlendioxyd übergeführt, und zurück bleibt nur die Asche, mineralische Bestandteile, die teils aus den ursprünglichen Pflanzen,
teils aus Gesteinsmaterial stammen. Ist die Luftzufuhr da-

76

gegen unzureichend, so entsteht neben oder statt Kohlendioxyd ein anderes Gas, Kohlenmonoxyd (griech. monos, einzel) oder einfach *Kohlenoxyd* genannt.

Der Name ist dem Laien vielleicht geläufig, ist doch das Kohlenoxyd ein gefährliches Gift, das häufig Unfälle verschuldet hat. Das Kohlenoxyd bildet sich nicht so sehr durch einfache Vereinigung von Kohlenstoff und Sauerstoff, entsprechend der Gleichung $2\,C + O_2 = 2\,CO$, sondern es entsteht überwiegend durch Einwirkung von Kohlendioxyd auf Kohle bei hoher Temperatur: $CO_2 + C = 2\,CO$. Von größter technischer Bedeutung ist die Reaktion von Kohlenstoff mit Wasserdampf, gleichfalls bei heller Glut. Es vereinigt sich Kohlenstoff mit dem Sauerstoff des Wassers unter Bildung von Kohlenoxyd, während gleichzeitig der Wasserstoff in Freiheit gesetzt wird: $C + H_2O = CO + H_2$. Das Gemisch von Kohlenoxyd und Wasserstoff wird Wassergas genannt; man benutzt es teils zur Erzeugung von Wärme und Kraft, teils aber zur Gewinnung des Wasserstoffs und Kohlenoxyds für chemische Zwecke.

Vom chemischen Standpunkt ist das Kohlenoxyd darum bemerkenswert, weil es eine von den ganz wenigen Verbindungen ist, in denen der Kohlenstoff zweiwertig erscheint; es steht somit außerhalb des Rahmens der übrigen Kohlenstoffverbindungen. Sein Molekulargewicht beträgt 28, wie es der Formel CO entspricht. Es brennt mit blauer Flamme, indem es sich mit Sauerstoff zu Kohlendioxyd vereinigt. Auch sonst besitzt es eine ziemlich große Neigung, in Verbindungen des vierwertigen Kohlenstoffs überzugehen. So lagert es unter der Wirkung des Lichtes Chlor an, wobei ein neues Gas, Phosgen („im Licht entstehend"), gebildet wird: $CO + Cl_2 = COCl_2$. Es läßt sich leicht verflüssigen und ist ein bekanntes Giftgas. Seine Giftigkeit beruht darauf, daß es mit Wasser reagiert: $COCl_2 + H_2O = CO_2 + 2\,HCl$, unter Bildung von Salzsäure, die zerstörend auf die Gewebe wirkt. Das Chlor *und* Sauerstoff enthaltende Phosgen kann als Chlorid der Kohlensäure $CO(OH)_2$ aufgefaßt werden; als solches reagiert es naturgemäß mit Wasser unter Bildung von Chlorwasserstoff. Ganz anders ist die Giftwirkung des Kohlenoxyds selbst. Es lagert sich chemisch an den Blutfarbstoff an und macht ihn dadurch unfähig zur Aufnahme von Sauerstoff. —

Ehe wir uns nun den eigentlichen organischen Verbindungen — im erweiterten Sinne des Wortes — zuwenden, seien über das Kohlenstoffatom und seine Besonderheiten einige allgemeine Bemerkungen vorausgeschickt, die zugleich eine Übersicht über das ganze Gebiet vermitteln sollen.

Der Kohlenstoff nimmt unter sämtlichen Elementen eine eigenartige Stellung ein. Er steht in der natürlichen Ordnung (s. S. 67) genau in der Mitte zwischen dem stark elektropositiven, basischen Lithium und dem stark elektronegativen, sauren Fluor. Diesem Platz entspricht sein chemisches Verhalten in weitestem Maße: er ist vierwertig sowohl gegenüber Wasserstoff wie auch gegenüber Sauerstoff. Die Wasserstoffverbindungen sind außerordentlich indifferent; sie zeigen keine Andeutung von saurem Charakter wie Chlorwasserstoff oder Schwefelwasserstoff, noch von basischem wie Ammoniak. Sein Dioxyd liefert nur eine ganz schwache Säure, die Kohlensäure. Auch seine Verbindungen mit Chlor sind indifferent; während die Verbindungen des Chlors mit den Metallen Salzcharakter zeigen, mit den Nichtmetallen aber den von Säurechloriden (die sich mit Wasser zersetzen), sind seine sauerstofffreien Verbindungen mit Kohlenstoff, dank der Mittelstellung dieses Elements, gegen Wasser recht beständig; sie ähneln in ihrem Verhalten am meisten den Kohlenstoff-Wasserstoff-Verbindungen. Vor allem aber ist aus seiner Mittelstellung die wichtigste und charakteristischste Eigenschaft des Kohlenstoffatoms zu erklären, seine außerordentliche Fähigkeit, sich mit seinesgleichen zu langen Ketten zu vereinigen. Kein anderes Element besitzt diese auch nur in entfernt ähnlichem Maße. Auf ihr beruht sein einzigartiges Vermögen zur Bildung der zahlreichen Verbindungen, von denen wir im folgenden wenigstens die wichtigsten Gruppen kennenlernen wollen. Zunächst sei hier das Prinzip dieser Verkettungen entwickelt und angedeutet, wie überhaupt aus verhältnismäßig wenigen Bauelementen durch die verschiedenartigen Kombinationsmöglichkeiten eine fast unendliche Fülle verschiedener Stoffe hergeleitet werden kann.

Die Mehrzahl der Moleküle, die wir bisher besprochen haben, ist in der Weise aufgebaut, daß ein Atom höherer Wertigkeit mit einer größeren oder geringeren Zahl anderer Atome niederer Wertigkeit verknüpft ist. Nur im Hydrazin $H_2N \cdot NH_2$ hatten wir den Fall, daß zwei gleiche Atome in völlig gleichartiger Form miteinander verbunden sind. Diese Bindungsart, die in der anorganischen Chemie eine Ausnahme bildet, ist in der organischen Chemie die Regel. Wie die N-Atome im Hydrazin können auch C-Atome miteinander verbunden sein, aber nicht nur paarweise, sondern in ganzen

Reihen $-\overset{|}{\underset{|}{C}}-\overset{|}{\underset{|}{C}}-\overset{|}{\underset{|}{C}}-\overset{|}{\underset{|}{C}}-\overset{|}{\underset{|}{C}}- - -$; man kennt Gliederzahlen

bis zu 60. Bei der Vierwertigkeit des Kohlenstoffs hat dabei jedes C-Atom zwei (die beiden endständigen drei) verfügbare Valenzen, die im einfachsten Fall sämtlich mit Wasserstoff gesättigt sind. Aber nicht nur in geraden Ketten, sondern auch mit Verzweigungen können die C-Atome angeordnet sein:

Noch andere Sonderfälle der Verknüpfung werden später zur Sprache kommen; schon jetzt aber ist ersichtlich, daß der Zusammentritt von C-Atomen in verschiedener Anzahl und mit verschiedener Anordnung eine Quelle zahlreicher Verbindungsmöglichkeiten darstellt. Eine zweite Quelle nicht minder vielseitiger Mannigfaltigkeiten liegt nun darin, daß mit den nicht zur Kettenbildung beanspruchten Valenzen der C-Atome nicht nur Wasserstoff, sondern auch verschiedene andere Atome, vor allem aber auch Atomgruppen, Radikale, verknüpft sein können. Um die hier möglichen Kombinationen anzudeuten, seien die wichtigsten Elemente und Radikale und ihre verschiedenen Bindungsarten durchgegangen.

1. Ein H-Atom kann ersetzt werden durch ein einwertiges Chloratom. Im selben Molekül können aber auch mehrere H-Atome durch Cl-Atome ersetzt werden, und zwar können z. B. zwei Cl-Atome am gleichen oder an zwei verschiedenen C-Atomen haften; daß und wie dies nachzuprüfen ist, wird später gezeigt werden. 2. Statt mit einem H-Atom kann eine Valenz eines C-Atoms mit einer Valenz eines zweiwertigen

Sauerstoffatoms gebunden sein (1). Die zweite Valenz
des O-Atoms kann dann wieder ein H-Atom tragen — dann
haben wir die Hydroxylgruppe vor uns (2); oder auch die
zweite Valenz des O-Atoms ist mit Kohlenstoff verbunden;
hierfür kommt in Frage das gleiche Atom (3) oder ein anderes C-Atom des gleichen Moleküls, so daß mehrere Glieder
der Kohlenstoffkette durch das O-Atom zu einem Ring zusammengeschlossen werden (4), oder ein C-Atom eines zweiten Moleküls, so daß zwei unabhängige C-Ketten vermittels
des O-Atoms verknüpft werden (5).

$$
\underset{(1)}{-\overset{|}{\underset{|}{C}}-O-} \qquad
\underset{(2)}{-\overset{|}{\underset{|}{C}}-O-H} \qquad
\underset{(3)}{>C=O} \qquad
\underset{(4)}{-\overset{|}{C}-C\!\!<\!\!\begin{matrix}C< \\ O \\ C< \end{matrix}}
$$

$$
\underset{(5)}{-\overset{|}{\underset{|}{C}}-\overset{|}{\underset{|}{C}}-O-\overset{|}{\underset{|}{C}}-\overset{|}{\underset{|}{C}}-}
$$

Dann können im gleichen Molekül mehrere O-Atome in gleicher
oder verschiedener Bindungsart vorhanden sein — eine Fülle
von Möglichkeiten, für die alle wir Reihen von Beispielen zugleich mit den Beweisen für ihre Struktur kennenlernen werden.

3. Ganz entsprechende Betrachtungen für den Stickstoff
werden durch bloße Formelskizzen verständlich sein:

$$
\text{a } -\overset{|}{\underset{|}{C}}-N= \qquad
\text{a } \begin{matrix}\equiv C\\ \equiv C\end{matrix}\!\!>N- \qquad
\text{a } \begin{matrix}\equiv C\\ \equiv C\end{matrix}\!\!>N-C\equiv \qquad
\begin{matrix}\equiv C\\ \equiv C\\ \equiv C\end{matrix}\!\!>N- \qquad
\equiv C-N\equiv
$$

$$
\text{b } -\overset{|}{\underset{|}{C}}-NH_2 \qquad
\text{b } =C=N- \qquad
\text{b } \quad -C\equiv N \qquad\qquad
\equiv C-N\!\!<\!\!\begin{matrix}O\\ O\end{matrix}
$$

$$
\text{c } -\overset{|}{\underset{|}{C}}-N=O \qquad
\text{c } \begin{matrix}\overset{||}{C}-\overset{||}{C}\\ \underset{||}{C}-\underset{||}{C}\end{matrix}\!\!>N-
$$

I   II   III   IV   V

Der dreiwertige Stickstoff bietet naturgemäß noch weitere
Verschiedenheiten, teils dadurch, daß er selbst wieder nach
Festlegung einer Valenz an einem C-Atom noch zwei Valenzen besitzt (I a), die mit Wasserstoff (I b) und Kohlenstoff in
verschiedener Weise gebunden sein können (II und III), teils

dadurch, daß er statt Wasserstoff auch Sauerstoff (I c) binden kann. Schließlich gibt es auch organische Abkömmlinge des fünfwertigen Stickstoffs sowohl von der Art, wie sie in den Ammoniumverbindungen (IV), als auch von der Art, wie sie in der Salpetersäure vorliegen (V). Nehmen wir hinzu, daß der Chemiker aus der Erfahrung zahlreiche Mittel und Wege besitzt, um den Bau der Moleküle bis ins einzelne zu klären, um Atome und Radikale in einem Molekül gegen andere auszutauschen, die Moleküle stufenweise zu zerlegen und auch wieder aufzubauen, so können wir schon ahnen, daß hier in einem riesigen Gebiet zahllose innere Zusammenhänge bestehen, die den Überblick über das Ganze und seine Grundlinien ermöglichen.

Ein Umstand kommt hierbei besonders zustatten. Der Zahl nach herrschen die C- und H-Atome in den meisten organischen Verbindungen bei weitem vor, und sie bestimmen mit der Größe des Moleküls weitgehend das physikalische Verhalten der Stoffe (so das spezifische Gewicht, Schmelz- und Siedepunkt). Sie bilden sozusagen den Kern oder Stamm der organischen Verbindungen. Die hinzutretenden andersartigen Atome, ganz besonders Sauerstoff und Stickstoff, bestimmen dagegen wesentlich den chemischen Charakter der Stoffe, und zwar derart, daß z. B. nur eine Hydroxylgruppe auf 5, 15 und selbst 30 C-Atome das chemische Bild der betreffenden Verbindung maßgebend beeinflußt. Unter den chemischen Charakteren gibt es nun eine verhältnismäßig nicht große Reihe von grundlegenden Typen, die wir am besten an den einfachsten Vertretern kennenlernen können, die jeweils nur ein C-Atom im Molekül enthalten; sie sollen uns zunächst beschäftigen. Danach sollen die verschiedenen Verkettungsarten der C-Atome betrachtet werden, dann folgen die wichtigsten Reihen von Verbindungen, die Sauerstoff in verschiedener Bindungsart enthalten, darauf die stickstoffhaltigen. Schließlich bleibt noch eine große Gruppe von Verbindungen, die durch den inneren Bau der Moleküle und durch andere Besonderheiten der Beachtung wert sind, deren Behandlung aber besser außerhalb des oben entwickelten Gesamtplanes geschieht.

VIII. Methan und seine Abkömmlinge.

Über das Molekül der einfachsten organischen Verbindung können wir uns nach dem, was wir über das Kohlenstoffatom schon wissen, folgendes Bild machen: den Kern des Moleküls bildet *ein* C-Atom, seine vier Valenzen tragen je ein H-Atom; das Molekül wird wiedergegeben durch die Formel CH_4. Diese Verbindung schließt sich der Reihe Fluorwasserstoff HF, Wasser H_2O, Ammoniak NH_3 folgerichtig an. Sie ist ein Gas, das mit wissenschaftlichem Namen *Methan* heißt (die Bedeutung des Namens kann erst später erklärt werden). Es ist allgemeiner bekannt als Sumpfgas oder Grubengas; als Sumpfgas, weil es sich im faulenden Schlamm der Gewässer, als Grubengas, weil es sich bei der Entstehung der Steinkohlen in der Erde bildet und in den Bergwerken, den Gruben, zuweilen in beträchtlichen Mengen auftritt. Im Erdgas, das stellenweise, besonders in den Petroleumgebieten Amerikas, dem Boden massenhaft entströmt, ist es ein Hauptbestandteil. Mit Luft bildet es ein Gemisch, das ähnlich dem Knallgas durch einen Funken zur Explosion gebracht werden kann. Durch solche „schlagenden Wetter" sind zahlreiche Unfälle im Bergbau vorgekommen, die völlig zu verhindern noch nicht gelungen ist. — Auch künstlich kann Methan hergestellt werden; die unmittelbare Vereinigung von Kohlenstoff und Wasserstoff findet zwar, gleich der von Stickstoff und Wasserstoff, nur schwierig statt. Dagegen gelingt die Synthese des Methans auf dem Umweg über das Kohlenoxyd, das selbst leicht aus den Elementen C und O zu erhalten ist. Leitet man ein Gemisch von Kohlenoxyd und Wasserstoff bei nicht zu hoher Temperatur (etwa 300^0) über Katalysatoren (wie fein verteiltes Nickel), so entsteht Methan. Das Methan ist ein farb- und geruchloses Gas, mit heißer, nichtleuchtender Flamme brennbar. Es besitzt von allen Kohlenstoffverbindungen den höchsten Wasserstoffgehalt: mehr als vier H-Atome können nicht auf ein C-Atom gebunden sein; da das Atomgewicht des Kohlenstoffs 12 ist, so folgt das Molekulargewicht des Methans zu $12 + 4 = 16$. Ein Viertel hiervon, d. h. 25%, kommt also auf den Wasserstoff. Nach den Ausführungen auf S. 31 müssen 16 g Methan den Raum von 22,4 l einnehmen, so wie es auch tatsächlich gefunden wird.

Abgesehen von der Brennbarkeit, ist das Methan chemisch recht widerstandsfähig. Die Bindung des Wasserstoffs an den Kohlenstoff ist sehr fest, und so finden chemische Mittel, die sich in anderen Fällen als sehr wirksam erweisen, hier keinen Angriffspunkt. Das Methan steht mit dieser Eigenschaft an der Spitze der Reihe von Verbindungen, die gleich ihm nur aus Kohlenstoff und Wasserstoff bestehen. Man bezeichnet sie daher als *Kohlenwasserstoffe*, von denen also das Methan der einfachste ist. Der einzige Stoff, der mit dem Methan reagiert, ist das Chlor (wenn wir von dem minder wichtigen Brom absehen), und zwar entsteht hier eine Reihe von interessanten und auch wichtigen Verbindungen. Setzt man ein Gemisch von Methan mit der doppelten Raummenge Chlor direktem Sonnenlicht aus, so explodiert es; es bildet sich Chlorwasserstoff unter Abscheidung von Kohlenstoff in Form von Ruß: $CH_4 + 2 Cl_2 = 4 HCl + C$. Läßt man dagegen Chlor in geringen Mengen bei gewöhnlichem Tageslicht auf Methan einwirken, so werden allmählich nacheinander alle vier H-Atome durch Chlor ersetzt. Die erste Stufe dieser Reaktion verläuft folgendermaßen: ein Molekül Chlor wirkt auf ein Molekül Methan so, daß ein Chloratom mit einem Wasserstoffatom Chlorwasserstoff bildet und das andere an die Stelle dieses Wasserstoffatoms in das Methan eintritt: $CH_4 + Cl_2 = CH_3Cl + HCl$. Die weiteren Stufen verlaufen in entsprechender Weise. Diese Reaktion kann uns als Musterbeispiel dienen für die Ersetzung eines Atoms in einem Molekül durch ein andersartiges. Man nennt solche Vorgänge *Substitutionen* (an die Stelle setzen). Solche Substitutionen spielen in der gesamten organischen Chemie sowohl bei der Aufklärung des Aufbaus von Naturstoffen wie bei der künstlichen Herstellung der verschiedensten Produkte eine große Rolle. Das eintretende Atom oder Radikal nennt man *Substituent*.

Der Stoff CH_3Cl heißt Monochlormethan oder Methylchlorid. Es ist ein Gas von süßlichem Geruch, das sich bei —24° zu einer leicht beweglichen Flüssigkeit verdichten läßt.

Vergleicht man die Formel des Methylchlorids mit der des Chlorwasserstoffs HCl oder Chlornatriums NaCl, so scheint die Gruppe $-CH_3$ an Stelle des Wasserstoff- oder Natriumatoms zu stehen. Der chemische Charakter des Methylchlorids ist von dem der beiden anderen Verbindungen recht verschieden — es ist verhältnismäßig indifferent, in Wasser kaum löslich, weder sauer noch salzartig; in seinen chemischen Reaktionen erscheint die Gruppe $-CH_3$ in sich geschlossen. Man bezeichnet sie deshalb mit einem besonderen Namen, und zwar als *Methyl*gruppe, und hat in ihr das einfachste organische Radikal zu erblicken. Es wird uns in den verschiedensten Kombinationen als Baustein zahlreicher Verbindungen begegnen. — Im Methylchlorid ist das Chloratom leicht „beweglich", d. h. es ist befähigt, mit verschiedenen Stoffen, darunter besonders mit Metallen, zu reagieren. Als Beispiel einer solchen Reaktion sei die Einwirkung von Natrium erwähnt. Läßt man Natrium auf Metallchloride wirken, so vereinigt sich in zahlreichen Fällen das Natrium mit dem Chlor unter Freisetzung des anderen Metalls; so hat man z. B. vor 100 Jahren das Aluminium zuerst dargestellt. In ähnlicher Weise glaubte man auf diesem Wege aus dem Methylchlorid das „Methyl" gewinnen zu können, von dessen Natur man damals nur unbestimmte Vorstellungen hatte. Der Versuch schien auch zunächst den erwarteten Erfolg zu haben; es entstand ein neues Gas, in dem auf 12 Gewichtsteile Kohlenstoff 3 Gewichtsteile Wasserstoff kommen, wie es der Formel CH_3 entspricht. Das Molekulargewicht dieses Gases ergibt sich aber aus seinem Volumengewicht zu 30, entsprechend $(CH_3)_2$. Das Methylradikal ist an sich nicht beständig — müssen doch die vier Valenzen des Kohlenstoffs normalerweise stets abgesättigt sein —, und wo es entsteht, schließen sich zwei davon zusammen, indem jedes die freie Valenz des anderen sättigt: H_3C-CH_3. Dieser Stoff, *Aethan* genannt, zeigt den einfachsten Fall der Verkettung zweier Kohlenstoffatome.

Die Anordnung der Atome im Methylchlorid erscheint nicht zweifelhaft. Drei Valenzen des vierwertigen Kohlenstoffs tragen einwertige Wasserstoffatome, die vierte ein einwertiges Chloratom. Wir wollen nun beizeiten beginnen, diesen Verhältnissen unser Augenmerk zuzuwenden, um durch klares Erfassen des Einfachsten den Blick für die Betrachtung verwickelterer Beziehungen zu schulen. Wenn wir eben sagten, daß die Anordnung der Atome im Methylchlorid nicht zweifelhaft ist, so haben wir dabei stillschweigend eine Annahme gemacht, die zwar zutreffend, aber doch nicht selbstverständlich ist. Wir haben nämlich vorausgesetzt, daß die vier Valenzen des Kohlenstoffatoms im Methan einander gleichwertig sind. Dies ist auch wirklich der Fall, und daher sind auch die vier Wasserstoffatome einander gleichwertig; wir werden aber bald andere Kohlenwasserstoffe kennenlernen, bei denen letzteres nicht zutrifft. Bezeichnet man die vier Wasserstoffatome mit Nummer 1 bis 4 und nimmt an, daß eines davon, z. B. Nummer 1, fester gebunden ist als die drei anderen, so dürfte ein Chloratom, das an dessen Stelle tritt, sich anders verhalten, als wenn es an Stelle eines der drei anderen getreten wäre. Es könnte dann zwei oder mehr Arten von Methylchlorid geben, es ist aber nur eine einzige bekannt. Man hat die Mühe nicht gescheut, an anderen geeigneten Abkömmlingen des Methans diese Verhältnisse genau zu prüfen und dabei festgestellt, daß in der Tat ein und dieselbe Verbindung entsteht, gleichgültig, an welche der vier möglichen Stellen das hinzukommende Atom oder Radikal tritt.

Wir können uns hier auch schon die weitere Frage vorlegen, wie denn wohl in Wirklichkeit die vier Wasserstoffatome um das Kohlenstoffatom angeordnet sein mögen. Für eine übersichtliche Darstellung auf dem Papier bedient man sich allgemein einer ebenen, symmetrischen Anordnung, indem man die vier Wasserstoffatome im Kreuz um ein mittleres Kohlenstoffatom anordnet, wobei die Valenzen durch

$$\mathrm{Striche\ angedeutet\ werden:}\quad H\!-\!\overset{\displaystyle H}{\underset{\displaystyle H}{\mathrm{C}}}\!-\!H\,.\quad \mathrm{Hier\ erscheinen\ die}$$

vier Wasserstoffatome gleichwertig, und wenn man in dieser Form das Chlormethyl darstellen will, so ist es gleichgültig, welches der vier Wasserstoffatome durch Chlor ersetzt wird.

Dennoch ist diese Schreibweise nur ein Behelf, eine einfache
Überlegung sagt, daß die Atome, so klein sie sind, doch
räumliche Gebilde sein müssen, und daß somit ihre Anordnung zueinander auch räumlich sein dürfte. Alle Beobachtungen sprechen dafür, daß dem so ist. Lassen wir z. B. auf
Methylchlorid erneut Chlor einwirken, so wird zunächst ein
weiteres Wasserstoffatom durch Chlor ersetzt:

$$CH_3Cl + Cl_2 = CH_2Cl_2 + HCl\,.$$

Versuchen wir, dieses „Methylēnchlorid" (oder Dichlor-
methan) in unserer ebenen Schreibweise darzustellen, so finden wir, daß dies auf zweierlei Weise möglich ist, indem die
beiden Chloratome entweder benachbart oder über Kreuz
stehen:

$$
\begin{array}{ccc}
\text{H} & & \text{H}\\
| & & |\\
\text{H}-\text{C}-\text{Cl}, & & \text{Cl}-\text{C}-\text{Cl}.\\
| & & |\\
\text{Cl} & & \text{H}
\end{array}
$$

Es gibt aber nur *ein* Methylēnchlorid, und somit kann die
ebene Anordnung keine getreue Wiedergabe der wirklichen
Lage sein. Versuchen wir nun eine symmetrische Gruppie-
rung im Raum — die Gleichwertigkeit der Valenzen setzt eine
symmetrische Verteilung voraus —, so müssen wir zunächst
den allgemeinen Fall betrachten: Wie lassen sich vier Punkte
symmetrisch im Raum anordnen? Das ist nur in einer
Weise möglich, und zwar indem man die Punkte als Ecken

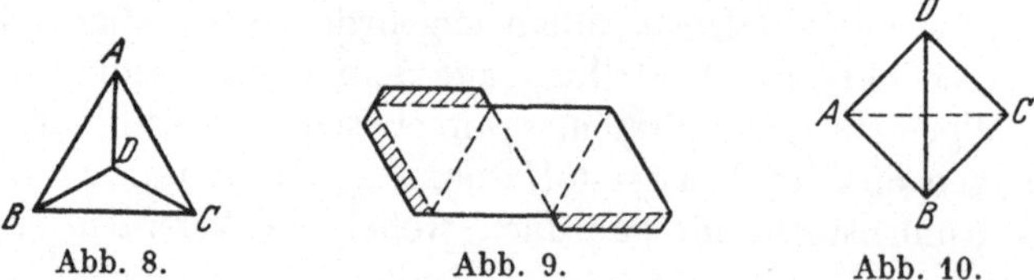

Abb. 8. Abb. 9. Abb. 10.

einer dreiseitigen Pyramide setzt, wie es die Abbildung in der
Ansicht von oben zeigt. (Ein Modell kann man sich aus
festem Papier nach Abb. 9 leicht herstellen, indem man die
Kontur ausschneidet, in allen Linien sorgfältig knifft und die
schraffierten Zungen nach Bestreichen mit Klebstoff an die
entsprechenden Kanten klebt.) Denkt man sich das Kohlen-

stoffatom in der Mitte dieses *Tetraëder* (Vierflächner) genannten, völlig symmetrischen Körpers, die Wasserstoffatome in den vier Ecken, so ist es ganz gleich, welche zwei dieser Wasserstoffatome wir durch Chlor ersetzen, um zum Methylēnchlorid zu gelangen. Nimmt das erste z. B. den Platz A ein, so liegt das zweite in B, C oder D am Ende einer von A ausgehenden Kante. Diese Anordnung läßt nur *eine* Verbindung CH_2Cl_2 erwarten, befindet sich also mit den Tatsachen in bester Übereinstimmung. Da die räumliche Darstellung besonders bei größeren Molekülen Schwierigkeiten bereitet, hat man für die Formeln der organischen Chemie die ebene Schreibweise beibehalten, in dem Bewußtsein, daß sie ein Behelf ist, der in den meisten Fällen die beobachteten Beziehungen mit hinreichender Deutlichkeit wiederzugeben gestattet. Betrachtet man das Tetraeder genau gegen eine Kante, z. B. BD, so erscheinen (Abb. 10) die vier Punkte $ABCD$ genau über Kreuz, so daß die kreuzweise ebene Anordnung als Grundriß der räumlichen gelten kann. Vergegenwärtigt man sich, daß die Punktpaare A und C, B und D in zwei verschiedenen Ebenen liegen, so kann das ebene Bild als nahezu vollwertiger Ersatz des räumlichen dienen.

Wenden wir uns aber nun weiteren Umsetzungen des Methylchlorids zu. Dabei kann es natürlich nicht unsere Aufgabe sein, alle Reaktionen und Eigenschaften der Stoffe in ihren Einzelheiten darzustellen, vielmehr kommt es uns auf die wesentlichen Zusammenhänge an. Es ist z. B. für uns von untergeordneter Bedeutung, daß der Chemiker in der Praxis bei vielen der folgenden Reaktionen dem Methylchlorid das Methyljodid CH_3J vorzieht. Das Methyljodid ist dem Chlorid vollkommen analog, nur handhabt es sich leichter, weil es bei gewöhnlicher Temperatur flüssig ist und weil Jod weniger fest am Kohlenstoff haftet als Chlor und daher chemischen Umsetzungen leichter zugänglich ist. — Behandelt man Methylchlorid mit Wasserdampf, so vereinigt sich das Chlor mit Wasserstoff des Wassers zu Chlorwasserstoff, und man findet nach dem Abkühlen einen neuen Stoff von der Zusammensetzung CH_4O. Er ist in Wasser löslich, kann aber durch Zufügen von festem Kaliumkarbonat zur Abscheidung als Flüssigkeit gebracht werden. Man nennt diesen Vorgang *Aussalzen*. Durch Destillation ist diese Flüssigkeit zu reinigen (Siedepunkt 65^0). Der Stoff verdankt seine Entstehung der Umsetzung des Methylchlorids mit Wasser im Sinne der Gleichung $CH_3Cl + HOH = CH_3OH + HCl$. Die Konstitu-

$$H$$
$$|$$
tionsformel $H-C-OH$ zeigt die Art, wie diese Atome bei der
$$|$$
$$H$$

gegebenen Wertigkeit jedes einzelnen allein verknüpft sein können; es ist die Vereinigung der Methyl- mit der Hydroxylgruppe. Wir haben hier also den ersten Vertreter der sauerstoffhaltigen, im besonderen der hydroxylhaltigen Verbindungen vor uns. Die wichtigste der hydroxylhaltigen Verbindungen ist der allbekannte Alkohol, und nach ihm hat man die ganze Reihe als *Alkohole* bezeichnet. Man hat den einzelnen Gliedern teils nach ihrer natürlichen Herkunft, teils nach ihrer chemischen Beziehung zu anderen Verbindungen besondere Namen gegeben; so heißt der vorliegende erste Vertreter *Methylalkohol*, nach seinem Vorkommen in den Produkten der trockenen Destillation des Holzes ($=$ griech. hyle; von Methyl leitet sich dann die Bezeichnung Methan ab). Er ist wesentlich giftiger als der gewöhnliche Alkohol und daher zu Genußzwecken nicht zu verwenden; die Wirkung äußert sich häufig im Erblinden, in schweren Fällen führt sie zum Tod. Sein chemisches Verhalten kann im großen und ganzen als Beispiel für das der Alkohole überhaupt gelten.

Trotz seiner Hydroxylgruppe hat der Methylakohol weder Basen- noch Säurecharakter, er zeigt vielmehr eine Reihe eigentümlicher Reaktionen. Wenn die Formel CH_3OH richtig ist, muß eines seiner H-Atome von den übrigen dadurch abweichen, daß es nicht an Kohlenstoff, sondern an Sauerstoff gebunden ist. Es weist nun in der Tat ein besonderes chemisches Verhalten auf: läßt man Natrium auf den Methylalkohol wirken, so reagiert es ähnlich wie mit Wasser unter Austritt von Wasserstoff: $CH_3OH + Na = CH_3ONa + H$; der Alkohol wirkt ähnlich wie eine Säure, indem Wasserstoff durch Metall ersetzt wird, der entstehende Stoff, *Natrium-methylat*, ähnelt aber in seinem Verhalten nicht einem Salz, sondern vielmehr einer Base; etwa so, als ob im Natrium-hydroxyd HONa das Wasserstoffatom durch die Methyl-gruppe ersetzt wäre. Läßt man selbst einen großen Über-schuß von Natrium auf den Alkohol wirken, so wird doch keins von den übrigen Wasserstoffatomen durch das Metall verdrängt.

Der Methylalkohol ist nun zu zahlreichen weiteren Um-setzungen befähigt. Zunächst läßt er sich mit Hilfe von Phosphorenpentachlorid in Methylchlorid zurückverwandeln: $CH_3OH + PCl_5 = CH_3Cl + POCl_3 + HCl$; hier macht man sich die große Verwandtschaft des Phosphors zum Sauer-stoff zunutze. — Behandelt man Methylalkohol mit konzen-trierter Schwefelsäure, so entsteht ein Gas von ätherartigem Geruch; das gleiche bildet sich, wenn man Chlormethyl auf Natriummethylat wirken läßt:

$$CH_3ONa + CH_3Cl = CH_3 \cdot O \cdot CH_3 + NaCl;$$

an Stelle des Natriums tritt die Methylgruppe, und es ent-steht eine Verbindung, in der nach ihrem Ursprung zwei Methylgruppen durch ein Sauerstoffatom verknüpft sind. Derartige Verbindungen heißen *Äther*, der vorliegende im besonderen Dimethyläther. Vergleicht man seine Formel mit denen des Methylalkohols und des Wassers, so ist zweierlei hervorzuheben. Ist der Methylalkohol aufzufassen als Ab-kömmling des Wassers, indem ein Wasserstoffatom durch die Methylgruppe ersetzt ist, so der Dimethyläther entsprechend durch Ersatz beider Wasserstoffatome. Außerdem ist aber der Äther aufzufassen als Anhydrid des Alkohols, indem zwei Alkoholmoleküle sich vereinigen unter Wasseraustritt:

$$CH_3 \cdot OH + HO \cdot CH_3 = CH_3 \cdot O \cdot CH_3 + H_2O.$$

Diese Reaktion vollzieht sich bei der Einwirkung der Schwe-felsäure auf den Alkohol. Der Äther besitzt nur an Kohlen-stoff gebundene Wasserstoffatome und vermag daher nicht mit Natrium zu reagieren; hierin liegt zugleich ein Beweis dafür, daß das Molekül den angegebenen Bau besitzt. Er ist das einfachste Beispiel der sauerstoffhaltigen Verbindungen, bei denen die Valenzen des Sauerstoffs mit je einer Valenz zweier unabhängiger C-Atome verbunden sind, die verschiedenen (hier eingliedrigen) Ketten angehören. (Vgl. S. 80 [5].)

Säuren gegenüber verhält sich die OH-Gruppe des Alkohols wie die einer Base, indem sie mit einem Wasserstoffatom der Säure unter Wasserbildung sich vereinigt, während die Methylgruppe an Stelle dieses Wasserstoffs tritt, z. B.

$$CH_3OH + HO \cdot NO_2 = CH_3 \cdot O \cdot NO_2 + H_2O \,.$$

Die entstehenden Stoffe sind nicht salzartig, in Wasser nicht löslich; man bezeichnet sie als *Ester*; so haben wir hier den Salpetersäure-methyl-ester, eine Flüssigkeit von ätherischem Geruch; in Anlehnung an die Bezeichnung der Salze nennt man sie auch Methylnitrat. Zweibasische Säuren wie die Schwefelsäure bilden „saure" Ester: $CH_3 \cdot O \cdot SO_2 \cdot OH$, Methylschwefelsäure genannt, die durch ein ionisierbares Wasserstoffatom Säurenatur besitzt, und neutrale Ester: Dimethylsulfat (Schwefelsäure-dimethyl-ester), $SO_2(OCH_3)_2$, das eine indifferente Flüssigkeit ist, da seine Wasserstoffatome nicht ionisierbar sind. Es wird durch Wasser oder Basen besonders beim Erwärmen leicht in Methylalkohol und Säure gespalten (daher die Dämpfe giftig!). In diesem Zusammenhang sei darauf hingewiesen, daß auch das Methylchlorid — wie schon der Name andeutet — als Methylester der Salzsäure aufgefaßt werden kann; vermag es sich doch auch aus Methylalkohol und Chlorwasserstoffgas zu bilden:

$$CH_3OH + HCl = CH_3Cl + H_2O \,.$$

Wir haben hier einen ausgesprochenen Fall von Massenwirkung vor uns: sind zunächst annähernd gleiche Mengen z. B. von Alkohol und Salzsäure vorhanden, so stellt sich ein Gleichgewicht zwischen diesen beiden, Chlorid und Wasser ein; fügt man zu Alkohol einen großen Überschuß von Salzsäuregas, so wird das Gleichgewicht nach der Seite des Chlorids verschoben, gibt man zu Chlorid viel Wasser, so wird es praktisch vollständig in Alkohol verwandelt:

$$CH_3 \cdot OH + HCl \rightleftharpoons CH_3 \cdot Cl + H_2O \,.$$

Sehr wichtig ist das Verhalten des Methylalkohols bei vorsichtiger Oxydation. Hierbei verliert er zwei Wasserstoffatome und liefert einen neuen Stoff der Zusammensetzung H_2CO, in dem zwei Valenzen des Kohlenstoffs mit zwei Wasserstoffatomen, die anderen beiden mit *einem* Sauerstoffatom verbunden sind: $H_2C = O$. Er führt den Namen Form-aldehyd (die Silbe Form- geht auf das lateinische formica, die Ameise, zurück; s. u. Ameisensäure), als Desinfektions- und Schnupfenmittel auch Formalin benannt. Es ist ein stechend riechendes Gas, in Wasser leicht löslich. Seine Entstehung ist auf zweierlei Weisen zu deuten: entweder spaltet der Methylalkohol zwei Atome Wasserstoff ab, die sich dann mit Sauerstoff zu Wasser vereinigen:

$$\begin{array}{c} H \\ H \end{array}\!\!>\!\!C\!\!<\!\!\begin{array}{c} O \\ H \end{array}\!\!H \; + \; O = H_2C:O + H_2O\,;$$

daher rührt der Name Aldehyd; er ist abgekürzt aus *Al*kohol *dehyd*rogenatus, wasserstoffberaubter Alkohol. Nach der anderen Deutung tritt Sauerstoff zunächst in das Molekül ein, indem er sich zwischen den Kohlenstoff und ein Wasserstoffatom schiebt: $\begin{array}{c} H \\ H \end{array}\!\!>\!\!C\!\!<\!\!\begin{array}{c} OH \\ H \end{array} + O = \begin{array}{c} H \\ H \end{array}\!\!>\!\!C\!\!<\!\!\begin{array}{c} OH \\ OH \end{array}$. Diese angenommene Verbindung spaltet dann Wasser ab unter Bildung des Form-aldehyds. Diese Annahme ist darum berechtigt, weil bis auf wenige, ganz bestimmte Ausnahmen ein Kohlenstoffatom niemals zwei Hydroxylgruppen zu tragen vermag; wo die Bildung einer solchen Verbindung zu erwarten ist, wird stets Wasser abgespalten, und es entsteht eine Verbindung, in der ein Sauerstoffatom mit zwei Valenzen an ein Kohlenstoffatom gebunden ist. Dem dadurch geschaffenen Radikal $>\!C:O$ (s. a. S. 8o [3]), das zwei Valenzen zur Verknüpfung mit Wasserstoff, wie im Formaldehyd, oder auch mit organischen Radikalen besitzt, hat man den Namen *Carbonyl*gruppe gegeben. Sie erteilt den Stoffen, in denen sie vorkommt, eine Reihe von kennzeichnenden Eigenschaften.

Formaldehyd ist höchst wahrscheinlich das erste Produkt der Assimilation der Kohlensäure in den Pflanzen. Der Mechanismus des Vorgangs ist noch unbekannt; ihr Ergebnis läßt sich wiedergeben durch die Gleichung:

$$CO_2 + H_2O = H_2CO + O_2\,;$$

tatsächlich atmet die Pflanze auf jedes eingeatmete Kohlensäuremolekül ein Sauerstoffmolekül aus. Der Formaldehyd ist sehr reaktionsfähig; vor allem vermag er sich mit sich selbst zu größeren Molekülen zu vereinigen, teils unter Verknüpfung der Kohlenstoffatome durch Sauerstoffatome, teils unter unmittelbarer Verknüpfung der Kohlenstoffatome, wobei zuckerartige Stoffe entstehen. Diese werden in den Pflanzen teils als solche, teils nach Umwandlung in Stärke oder Zellstoff in großen Mengen gespeichert. Die Verwandlung des Formaldehyds in Zucker folgt seiner Bildung in den Pflanzenzellen unmittelbar, so daß man ihn selbst in Blättern noch nicht mit Sicherheit nachgewiesen hat, sondern nur seine Umwandlungsprodukte. Das muß schon aus dem Grunde so sein, weil Form-aldehyd ein starkes Gift ist, das zumal auf Eiweiß derart verändernd wirkt, daß es unlöslich wird und an Lebensprozessen nicht mehr teilnehmen kann; daher auch die desinfizierende, keimtötende Wirkung des Formalins.

In rein chemischer Beziehung ist es vor allem der doppelt gebundene Sauerstoff, der vielseitiger Umsetzungen fähig ist. Er vermag Wasserstoff oder wasserstoffhaltige Moleküle anzulagern, wobei er selbst ein Wasserstoffatom bindet unter Bildung der OH-Gruppe, während ein zweites Wasserstoffatom oder der Rest des wasserstoffhaltigen Moleküls an den Kohlenstoff gebunden wird; so läßt er sich zum Methylalkohol reduzieren: $H_2C : O + H_2 = H_3C \cdot OH$. In einer anderen Reihe von Reaktionen vereinigt sich der Sauerstoff mit zwei Wasserstoffatomen eines anderen Moleküls zu Wasser, während die so am Form-aldehyd und an dem fremden Molekül freigewordenen Valenzen sich gegenseitig absättigen; so entsteht aus Form-aldehyd und dem im Kapitel VI erwähnten Hydroxylamin das Form-aldoxim:

$$H_2C : O + H_2N \cdot OH = H_2C : N \cdot OH + H_2O \, .$$

(S. 80, Typ IIb.) (Wird dem einwertigen Aminradikal —NH_2 noch ein Wasserstoffatom entzogen, so bleibt das zweiwertige *Imin*radikal : NH, das an Stelle eines zweiwertigen Sauerstoffatoms treten kann; wird in ihm das Wasserstoffatom durch die Hydroxylgruppe ersetzt, so erhält man die *oxy*dierte *Imin*gruppe :NOH, die kurz als Oximgruppe bezeichnet wird.) Das Form-aldoxim ist darum bemerkenswert, weil es beim Erhitzen Wasser abspaltet und dabei in Blausäure übergeht: $H_2C : NOH = H \cdot C \vdots N + H_2O$; von ihr wird weiter unten noch näher die Rede sein.

Es ist eine allgemeine Erscheinung, daß ein Kohlenstoffatom, das nur mit Wasserstoff- oder anderen Kohlenstoffatomen verbunden ist, eine beträchtliche Widerstandskraft gegen Oxydation aufweist. Ist erst ein Sauerstoffatom in Form einer Hydroxylgruppe mit ihm verbunden, so ist es weiterer Oxydation wesentlich zugänglicher, wie der Übergang vom Methylalkohol zum Form-aldehyd beweist. Noch viel stärker neigt nun dieser selbst zur Oxydation. Sein Bestreben zur Vereinigung mit Sauerstoff ist so groß, daß er ihn anderen Verbindungen zu entziehen vermag; er ist ein kräftiges Reduktionsmittel. So vermag er aus gewissen Silberlösungen metallisches Silber zur Abscheidung zu bringen, aus alkalischen blauen Kupferlösungen gelbrotes, unlösliches Kupferoxydul. Hierdurch unterscheidet er sich wesentlich vom Methylalkohol. Starke Oxydation führt den Formaldehyd in Kohlendioxyd und Wasser über, die letzten Oxydationsprodukte aller organischen Stoffe: $H_2CO + 2\,O = CO_2 + H_2O$. Mäßige Oxydation liefert dagegen einen Stoff, der ein Sauerstoffatom mehr enthält als der Formaldehyd:

$$H_2CO + O = H_2CO_2.$$

Es ist die *Ameisensäure*, die in den Ameisen, aber auch sonst im Tier- und Pflanzenreich gefunden wird, in wasserfreiem Zustand eine stechend riechende Flüssigkeit. Sie ist eine ziemlich starke einbasische Säure, d. h. nur eines ihrer Wasserstoffatome ist durch Metall ersetzbar; die so entstehenden Salze heißen Formiate. Versuchen wir, uns ein Bild von der Konstitution der Ameisensäure zu machen, indem wir uns vergegenwärtigen, daß ein Wasserstoffatom an Kohlenstoff direkt gebunden ist und daher durch Metall nicht ersetzbar, das andere aber an Sauerstoff, so ergibt sich zwanglos die Formel $O : C {\displaystyle <_{OH}^{H}}$, vereinfacht $H \cdot CO\,OH$ geschrieben, die das Verhalten der Säure völlig befriedigend wiedergibt. Sie ist die einfachste *organische Säure* und verdient schon darum eine nähere Betrachtung. Ihr saurer Charakter wird offenbar bedingt durch die Häufung von Sauerstoff, wie wir dies bei allen Nichtmetallen finden. Sie zeigt die meisten der allen Säuren gemeinsamen Reaktionen; so vermag sie neben den Salzen (z. B. Natriumformiat $H \cdot CO \cdot ONa$) auch Ester zu bilden: $H \cdot C : O \cdot OCH_3$, Ameisensäuremethylester, eine angenehm riechende, leicht flüchtige Flüssigkeit. Schreiben wir seine Formel ohne Rücksicht auf die Verknüpfung der Atome als sogenannte Bruttoformel $H_4C_2O_2$, so sehen wir, daß diese genau das Doppelte von der des Formaldehyds ist. Beide Verbindungen enthalten also in 100 Teilen gleich viel Kohlenstoff, Wasserstoff und Sauerstoff, nämlich 40% C, 6,7% H und 53,3% O. Das Volumengewicht (im Dampfzustand) des Esters ist aber doppelt so groß wie das des Formaldehyds, mithin auch sein Molekulargewicht; sein chemisches Verhalten aber ist vollkommen anders. Er zeigt keine der Reaktionen des Formaldehyds, ist vielmehr ziemlich indifferent; durch Basen ist er in Alkohol und Säure zu spalten. — Ähnlich dem Form-aldehyd neigt die Ameisensäure zur Aufnahme von Sauerstoff, wobei sie in die Kohlensäure übergeht:

$$H \cdot C : O \cdot OH + O = C : O(OH)_2 \, .$$

Nach dem, was wir über das Haften zweier OH-Gruppen an einem Kohlenstoffatom gehört haben, überrascht es nun nicht mehr, daß die Kohlensäure Wasser abspaltet und in ihr Anhydrid, das Kohlendioxyd, übergeht.

Eine interessante Reaktion zeigt das Ammoniumformiat $H \cdot C : O \cdot ONH_4$. Erhitzt man es über 200^0, so verliert es Wasser und liefert nach dem Abkühlen eine Flüssigkeit der Zusammensetzung H_3CON. Sie läßt sich durch Kochen mit Wasser in Ammoniak und Ameisensäure spalten; wenn somit durch Zufügen von HOH diese beiden Stoffe entstehen, so müssen sie in dem Stoff H_3CON quasi vorgebildet sein. Das Ammonium des Formiats hat bei der Wasserabspaltung den Wasserstoff, die Ameisensäure den Sauerstoff geliefert, und so ist das neue Molekül $O = C {\textstyle <} {NH_2 \atop H}$ entstanden. In ihm ist die Hydroxylgruppe der Ameisensäure durch die Amingruppe

94

ersetzt, man nennt es deshalb Form-amid. Seine Spaltung durch Wasser leuchtet ohne weiteres ein. Vergleicht man das Formamid mit dem oben besprochenen Form-aldoxim, so zeigt sich, daß beide durch die gleiche Formel H_3CON wiederzugeben sind. Sie besitzen also gleiche quantitative Zusammensetzung, hingegen sehr verschiedene Struktur:

$$H_2C=N-OH \quad \text{und} \quad O=C{<}^{NH_2}_{H}\,.$$

Dem entspricht ihr verschiedenes chemisches Verhalten: Form-aldoxim läßt sich durch verdünnte Säuren wieder in Formaldehyd und Hydroxylamin spalten, Formamid gibt bei der gleichen Behandlung Ameisensäure und Ammoniak. Hier mag der bloße Hinweis auf die Tatsache genügen; wir kommen auf sie im IX. Kapitel ausführlich zurück. — Behandelt man das Formamid mit stark wasseranziehenden Mitteln (wie Phosphorpentoxyd), so verliert es wiederum Wasser und liefert nun die Verbindung $HC\!:\!N$, die wir oben bereits als Blausäure kennengelernt haben:

$$H\cdot C:O\cdot NH_2 = HC\!:\!N + H_2O$$

(S. 8o, Typ IIIb.) Sie hat ihren Namen von ihrer Beteiligung an der Bildung der als Berlinerblau bekannten Farbe. Blausäure ist eine Flüssigkeit von bittermandelähnlichem Geruch, als Säure nur sehr schwach, von furchtbarer Giftigkeit. Chemisch ist sie merkwürdig als eine sauerstofffreie Säure; der dreifach gebundene Stickstoff nähert sich in seiner Wirkung dem Sauerstoff. Vergleicht man die Formel der Blausäure mit der der Salzsäure HCl, so sieht man, daß die Gruppe $-CN$ an Stelle des Chloratoms steht. Man hat ihr, da sie in vielen Verbindungen wiederkehrt, den Namen Cyan (griech. kyaneos, blau) gegeben; so heißt die Blausäure auch Cyanwasserstoff, ihre Salze Cyanide. Beim Erwärmen mit Wasser (in Gegenwart von Mineralsäure) nimmt die Blausäure Wasser auf unter Bildung von Ameisensäure und Ammoniak; dies ist die Umkehrung ihrer oben geschilderten Entstehung: $HCN + 2\,H_2O = H\cdot C:O\cdot OH + NH_3\,.$

Läßt man Wasserstoff, wenn er sich z. B. durch Einwirkung von Zink auf Salzsäure entwickelt, auf Blausäure wirken, so lagert diese vier Atome Wasserstoff an, von denen zwei am Kohlenstoff, zwei am Stickstoff gebunden werden. So entsteht der Stoff $H_3C \cdot NH_2$, Methylamin genannt (S. 80, Typ I b). Er stellt, wie man sieht, die Vereinigung der Methyl- mit der Aminogruppe dar und kann aufgefaßt werden als ein Ammoniak, in dem ein Wasserstoffatom durch die Methylgruppe ersetzt ist. Dieser Auffassung entspricht das chemische Verhalten in weitestem Maße. Das Methylamin ist ein Gas von ammoniakähnlichem Geruch, in Wasser leicht löslich mit alkalischer Reaktion. Es bildet Salze, die dem Salmiak usw. völlig ähnlich sind:

$$CH_3 \cdot NH_2 + HCl = CH_3 \cdot NH_3 \cdot Cl .$$

Dieses salzsaure Salz entsteht nun auch, wenn man Chlormethyl auf Ammoniak wirken läßt:

$$NH_3 + CH_3Cl = H_3C \cdot NH_3 \cdot Cl ,$$

d. h. das Chlormethyl lagert sich hier genau so an wie Chlorwasserstoff:

$$H_3N{<}{\begin{array}{l}H\\Cl\end{array}} \quad \text{und} \quad H_3N{<}{\begin{array}{l}CH_3\\Cl\end{array}} .$$

Läßt man auf dieses salzsaure Methylamin eine starke Base wirken, so wird nicht das Chlormethyl, sondern Chlorwasserstoff abgespalten. Genau genommen entsteht zunächst das Methyl-ammonium-hydroxyd, das entsprechend dem Ammoniumhydroxyd in Wasser und Methylamin zerfällt:

$$H_3C \cdot NH_3Cl \rightarrow H_3C \cdot NH_3 \cdot OH \rightarrow H_3C \cdot NH_2 + H_2O .$$

Dies vermag erneut Chlormethyl anzulagern:

$$H_3C \cdot NH_2 + CH_3Cl = (H_3C)_2NH_2Cl .$$

Hier sind zwei Wasserstoffatome des Ammoniumchlorids durch Methylgruppen ersetzt. Auch aus diesem Dimethyl-ammonium-chlorid wird durch Basen Salzsäure abgespalten, und es entsteht das Dimethylamin $(CH_3)_2NH$ (S. 80, Typ II a). Aus diesem ist in gleicher Weise noch das Trimethylamin $N(CH_3)_3$ zu erhalten (S. 80, Typ III a). In Wirklichkeit verläuft die Reaktion nicht so glatt, es entstehen vielmehr beim Zusammenbringen von Chlormethyl und Ammoniak alle drei Amine gleichzeitig neben Ammoniumchlorid. Di- und Trimethyl-amin ähneln in ihren Eigenschaften völlig dem Methylamin, sie finden sich stellenweise in der Natur, z. B. in Heringslake, an die daher ihr Geruch erinnert. Man unterscheidet die drei Amine auch als primär, sekundär und tertiär. Von dem letzteren gelangt man noch zu quartären Verbindungen durch eine letzte Anlagerung von Chlormethyl:

$$N(CH_3)_3 + CH_3Cl = N(CH_3)_4Cl$$

(S. 80, Typ IV). Es entsteht Tetra-methyl-ammonium-chlorid, das sich vom Salmiak NH_4Cl durch Ersatz aller vier Wasserstoffatome durch Methyl herleitet. Es vermag keinen Chlorwasserstoff mehr abzuspalten, da es keinen direkt an Stickstoff gebundenen Wasserstoff mehr enthält. Aus ihm läßt sich das Tetra-methyl-ammonium-hydroxyd $N(CH_3)_4 \cdot OH$ gewinnen, das im Gegensatz zum Ammoniumhydroxyd eine recht beständige Verbindung ist. Es ist nicht flüchtig, läßt sich vielmehr in fester Form darstellen und besitzt selbst die Eigenschaften einer starken Base.

Ein Gemisch der drei flüchtigen Basen ist schwierig zu zerlegen, da sie nahezu den gleichen Siedepunkt besitzen und auch ihre Salze einander sehr ähneln. Zu ihrer Unterscheidung und teilweisen Trennung kann die Einwirkung der Salpetrigen Säure dienen. Auf das primäre Amin wirkt sie unter Bildung von Wasser, Stickstoff und Methylalkohol:

$$H_3C \cdot N H_2 + O N \cdot OH = H_2O + N_2 + CH_3 \cdot OH\,;$$

so ist also das Methylamin in den Alkohol zu überführen. Auf das sekundäre Amin wirkt die Salpetrige Säure unter Bildung eines „Nitrosamins":

$$(CH_3)_2N H + HO \cdot NO = (CH_3)_2N \cdot NO + H_2O\,.$$

Die Gruppe NO, die verschiedentlich in organischen Verbindungen wiederkehrt, heißt Nitrosogruppe, obige Verbindung demnach Nitroso-dimethyl-amin. Es ist bemerkenswert dadurch, daß bei Reduktion der Sauerstoff durch Wasserstoff ersetzt wird, wobei ein Abkömmling des Hydrazins, das Dimethylhydrazin $(CH_3)_2N \cdot NH_2$ entsteht. Auf Trimethylamin wirkt Salpetrige Säure nur unter Salzbildung:

$$(CH_3)_3NH \cdot NO_2\,.$$

Im Anschluß an diese wichtigsten Abkömmlinge des Methans sei noch auf zwei weitere kurz hingewiesen. Eine dem Kaliumhydroxyd entsprechende Verbindung ist das Kaliumhydrosulfid KSH, ein Halbsalz des Schwefelwasserstoffs. Läßt man auf dieses Methylchlorid wirken, so findet in der nun schon bekannten Weise einerseits die Vereinigung des Kaliums mit dem Chlor statt, andererseits die Verknüpfung des Methyls mit der Gruppe —SH. Es entsteht ein Gas von widerlichem Geruch, $H_3C \cdot SH$, Methylmerkaptan genannt. (Es bildet mit Quecksilber eine unlösliche Verbindung; von dem lateinisch-alchemistischen Namen des Quecksilbers „Mercur" ist der Name Merkaptan hergeleitet.) Es zeigt die Art, in der Schwefel vielfach in organischen Stoffen gebunden ist.

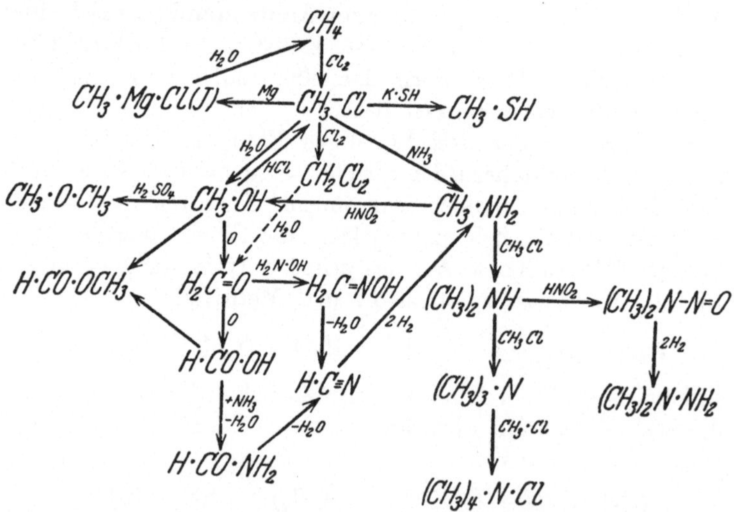

Löst man das früher erwähnte Jodmethyl $CH_3 \cdot J$ in Äther und fügt metallisches Magnesium hinzu, so findet eine eigenartige Reaktion statt. Das zweiwertige Magnesium schiebt sich quasi zwischen die Methylgruppe und das Jod unter Bildung von Methyl-magnesium-jodid $CH_3 \cdot Mg \cdot J$. Die Fähigkeit zu dieser Reaktion zeichnet das Magnesium vor den übrigen Metallen aus, und sie zeigt, daß ihm eine besondere Verwandtschaft zum Kohlenstoff eigen ist. Das Methyl-magnesium-jodid ist ein außerordentlich reaktionsfähiger Stoff, von dem später noch die Rede sein wird. Hier sei nur seine Reaktion mit Wasser angeführt:

$$CH_3 \cdot Mg \cdot J + HOH = CH_4 + HO \cdot Mg \cdot J.$$

Neben einem basischen Magnesiumjodid entsteht *Methan*. So finden die zahlreichen Wechselbeziehungen, die dieses Kapitel uns zeigt, ihren natürlichen Abschluß in der Rückführung zum Ausganspunkt, dem Methan.

IX. Kohlenwasserstoffe.

Der äußere Anschein, den die verschiedenen organischen Stoffe gewähren, kann nicht entfernt eine Vorstellung von der Mannigfaltigkeit geben, die in ihrem inneren Aufbau herrscht. Greifen wir ein Beispiel heraus. Mit der Ausbreitung des Kraftfahrwesens sind als Motortreibstoffe das Benzin und das Benzol allgemein bekanntgeworden. Es sind beides farblose Flüssigkeiten, die sich äußerlich durch ihren eigenartigen Geruch unterscheiden; der des Benzols ist etwas schärfer und unangenehmer. Jeder Fahrer weiß sehr wohl, daß sie sich bei der Verbrennung im Motor recht verschieden verhalten. Hierin äußert sich ihre verschiedene chemische Natur. So, wie sie als Brennstoffe gebraucht werden, stellen sie keine einheitlichen Stoffe dar. Aus dem Benzol läßt sich durch Destillation ein Reinbenzol, für den Chemiker das Benzol schlechtweg, als einheitlicher Stoff vom Siedepunkt 80^0 gewinnen. Etwas schwieriger ist aus dem Benzin eine einheitliche Flüssigkeit vom Siedepunkt 71^0 herauszudestillieren, die der Chemiker als Hexan bezeichnet. Hexan und Benzol sind Kohlenwasserstoffe, in ihrer Zusammensetzung aber recht verschieden: Hexan enthält 83,7% Kohlenstoff und 16,3% Wasserstoff, Benzol 92,3% Kohlenstoff und nur 7,7% Wasserstoff. Hieraus läßt sich berechnen, daß im Hexan auf 3 Kohlenstoffatome 7 Wasserstoffatome kommen, im Benzol aber auf ein Kohlenstoffatom ein Wasserstoffatom. Die Formeln würden hiernach C_3H_7 und CH lauten. Beide geben indes noch kein richtiges Bild der Moleküle. Da der Kohlenstoff vierwertig ist, so ist klar, daß ein Molekül CH nicht daseinsfähig sein kann, und so erweist die Molekulargewichtsbestimmung, daß das Molekül des Benzols sechsmal so groß ist, so daß seine Formel C_6H_6 lauten muß. Aber auch das Molekulargewicht des Hexans ist nicht 43, wie nach obiger Formel zu berechnen, sondern doppelt so groß, und so müssen wir dem Hexan die Formel C_6H_{14} zuerteilen. Wie ist es nun möglich, daß sechs Kohlenstoffatome im einen Fall sechs, im anderen vierzehn Wasserstoffatome binden, welche Vorstellung können wir uns vom Bau dieser Moleküle machen?

Ehe wir der Beantwortung dieser Fragen nähertreten können, müssen wir zuvor den Aufbau größerer organischer Moleküle überhaupt kennenlernen. Es ist klar, daß der einwertige Wasserstoff stets nur mit einem anderen Atom verknüpft und somit an der Verkettung zu größeren Molekülen nicht beteiligt sein kann. Diese erfolgt bei Kohlenwasserstoffen ausschließlich durch den Kohlenstoff, und zwar grundsätzlich in der Weise, wie wir es bei der Einwirkung von Natrium auf Methylchlorid gesehen haben: eine Valenz eines Kohlenstoffatoms kann durch die eines zweiten ebensogut gesättigt werden wie durch ein Wasserstoff- oder Chloratom; so sahen wir durch Verknüpfung zweier Methylgruppen das Äthan C_2H_6 von der Konstitution $H_3C \cdot CH_3$ entstehen. Dieser Prozeß der Verknüpfung ist nun, man kann fast sagen unbegrenzt, zu wiederholen. Lassen wir auf Äthan, das sich dem Methan sehr ähnlich verhält, Chlor wirken, so erhalten wir das Äthylchlorid $CH_3 \cdot CH_2 \cdot Cl$, das seinerseits dem Methylchlorid vollkommen entspricht. Mit Hilfe von Methylmagnesiumchlorid läßt sich das Chlor des Äthylchlorids gegen Methyl austauschen, und wir erhalten einen dritten Kohlenwasserstoff, C_3H_8, Propan genannt (gleichfalls ein Gas), von der Konstitution $CH_3 \cdot CH_2 \cdot CH_3$. Während aber im Äthan die sechs Wasserstoffatome gleichwertig sind, ist dies bei den acht des Propans nicht mehr der Fall. Im Äthan hatten wir nur die zwei gleichen Methylgruppen; im Propan sind diese durch eine CH_2-Gruppe verknüpft; das mittelständige Kohlenstoffatom, das nur zwei Wasserstoffatome trägt, ist offensichtlich von den beiden endständigen verschieden, und dies macht sich sofort bemerkbar, sobald ein Wasserstoffatom durch ein anderes Atom oder Radikal ersetzt wird. Man kennt zwei Propylchloride C_3H_7Cl, von denen das eine (vom Siedepunkt 44^0) das Chlor endständig: $CH_3 \cdot CH_2 \cdot CH_2Cl$, das andere (vom Siedepunkt $36{,}5^0$) mittelständig trägt:

$$CH_3 \cdot \underset{\overset{|}{Cl}}{CH} \cdot CH_3 .$$

Die Zuerteilung der Formelbilder ist einfacher, als es vielleicht auf den ersten Blick scheint, und dabei völlig sicher. Ersetzt man nämlich in beiden Propylchloriden wieder das Chlor durch eine Methylgruppe (in der gleichen Weise wie beim Äthylchlorid), so erhält man im ersten Fall ein „Butan" C_4H_{10}, mit gerader viergliedriger Kette

$$CH_3 \cdot CH_2 \cdot CH_2 \cdot CH_3 ;$$

im zweiten Fall ein „Isobutan", gleichfalls C_4H_{10}, aber mit verzweigter Kette $CH_3 \cdot \underset{\overset{|}{CH_3}}{CH} \cdot CH_3$; beide sind Gase; das Butan verflüssigt sich beim Abkühlen auf $+1^0$, das Isobutan erst bei -17^0. — Läßt man nun Natrium auf Äthylchlorid (wie vorher auf das Methylchlorid) wirken, so werden die beiden Äthylgruppen verknüpft zu Butan:

$$2\,C_2H_5Cl + 2\,Na = 2\,NaCl + C_4H_{10} ;$$

seine Konstitution kann nicht anders sein als

$$CH_3 \cdot CH_2 \cdot CH_2 \cdot CH_3 ,$$

es muß wechselseitig die Äthylgruppe an Stelle des Chloratoms stehen. Das so gebildete Butan verflüssigt sich nun bei $+1^0$, stimmt also mit dem obigen überein und beweist somit dessen Struktur. Ein weiterer Beweis für den Bau der beiden Propylchloride wird im nächsten Kapitel zu geben sein.

Es kann keinem Zweifel unterliegen, daß Butan und Isobutan die hier dargelegte Struktur besitzen; sie stimmen nicht nur in der Zusammensetzung, sondern auch in der Molekülgröße überein. Wir haben hier wieder einen Fall jener Erscheinung vor uns, auf die wir schon beim Formamid (S. 95) hinwiesen. Sie begegnet uns in der organischen Chemie hundertfältig und erschwert vielfach den Überblick über das Gebiet. Man bezeichnet sie als *Isomerie* (griech. isos gleich, meros Teil), d. i. Aufbau aus gleichen Teilen bei verschiedener Anordnung. Sie fehlt nur bei den einfachsten Abkömmlingen des Methans, erscheint dagegen schon bei denen des Äthans und führt mit zunehmender Größe der Moleküle zu immer zahlreicheren möglichen *Isomeren*. Betrachten wir zunächst nur die Kohlenwasserstoffe selbst. Methan, Äthan und Propan bestehen nur in einer Form, Butan in zwei Formen, von denen man die geradlinige als *normal*, die verzweigte, isomere als *iso-Form*, als Isobutan bezeichnet. Die hier beobachtete Erscheinung, daß die normale Form einen höheren Siedepunkt besitzt als die verzweigte, gilt ziemlich allgemein und gestattet häufig an sich, unter verschiedenen Isomeren die normale Form zu erkennen. Im Isobutan sind die drei um das mittlere Kohlenstoffatom gruppierten Methylgruppen gleichwertig, und so kann ein neu hinzukommendes Methyl entweder in eine dieser Methylgruppen oder an das mittlere Kohlenstoffatom treten (Formel 1 und 2). Aber auch im n- (normal-) Butan kann eine

$$
\begin{array}{cc}
\begin{array}{c}
\mathrm{H} \\
| \\
\mathrm{CH_3\!-\!C\!-\!CH_2} \cdot \mathrm{CH_3} \\
| \\
\mathrm{CH_3} \\
(1)
\end{array}
&
\begin{array}{c}
\mathrm{CH_3} \\
| \\
\mathrm{CH_3\!-\!C\!-\!CH_3} \\
| \\
\mathrm{CH_3} \\
(2)
\end{array}
\end{array}
$$

weitere Methylgruppe auf zweierlei Weisen eintreten, nämlich entweder an eins der endständigen oder an eins der mittelständigen Kohlenstoffatome (Formel 3 und 4). Das eine

$$
\begin{array}{cc}
\begin{array}{c}
\mathrm{CH_3\!-\!CH_2\!-\!CH_2\!-\!CH_2\!-\!CH_3} \\
\\
(3)
\end{array}
&
\begin{array}{c}
\mathrm{H} \\
| \\
\mathrm{CH_3\!-\!C\!-\!CH_2\!-\!CH_3} \\
| \\
\mathrm{CH_3} \\
(4)
\end{array}
\end{array}
$$

von diesen (4) stimmt, wie man sieht, mit (1) überein, so daß wir im ganzen drei *Pentane* vor uns haben, das normale (3), das Isopentan (1) und das dritte (2), das man als Tetramethylmethan bezeichnen kann. Die Vorführung der Isomerien bei diesen einfachen Kohlenwasserstoffen soll andeuten, welche vielseitigen Möglichkeiten erst bei größeren Molekülen bestehen. Der entscheidende Einfluß der Isomerieverhältnisse auf das chemische Verhalten der Stoffe wird erst bei Betrachtung der Sauerstoffverbindungen hervortreten.

An die Pentane schließen sich die Hexane mit 6 C-Atomen im Molekül an. Das wichtigste unter ihnen ist das obenerwähnte Hexan, das im Benzin vorkommt. Es ist das normal-Hexan, besitzt also die Struktur

$$CH_3-CH_2-CH_2-CH_2-CH_2-CH_3\,,$$

wie unter anderem daraus hervorgeht, daß es von den im ganzen bekannten 5 Hexanen mit 71 ^{0} den höchsten Siedepunkt besitzt. Die vier Isohexane benennt man am besten in der Weise, daß man die längste im Molekül vorhandene Kette der Bezeichnung zugrunde legt: bei dem ersten und zweiten die fünfgliedrige Kette des Pentans, beim dritten und vierten das viergliedrige Butan. Die Stellung der seitlichen Methylgruppen wird dann durch die Nummer des Kettengliedes angegeben, von dem sie abzweigen. So kommen wir zu den Namen 2-Methylpentan und 3-Methylpentan, 2, 3-Dimethylbutan und 2, 2-Dimethylbutan. Diese Beispiele für Isomerien und ihre Bezeichnungen mögen hier genügen.

$$CH_3-CH-CH_2-CH_2-CH_3 \qquad CH_3-CH_2-CH-CH_2-CH_3$$
$$\quad\ \ |\qquad\qquad\qquad\qquad\qquad\qquad\qquad |$$
$$\quad\ \ CH_3 \qquad\qquad\qquad\qquad\qquad\qquad\ CH_3$$
$$\qquad\quad (1) \qquad\qquad\qquad\qquad\qquad\qquad\quad (2)$$

$$CH_3-CH-CH\ \ CH_3 \qquad\qquad CH_3$$
$$\qquad\ |\quad\ \ |\qquad\qquad\qquad\qquad\quad\ |$$
$$\qquad\ CH_3\ CH_3 \qquad\qquad CH_3-C-CH_2-CH_3$$
$$\qquad\qquad\qquad\qquad\qquad\qquad\qquad |$$
$$\qquad\qquad\qquad\qquad\qquad\qquad\ CH_3$$
$$\qquad\quad (3) \qquad\qquad\qquad\qquad\qquad\qquad\quad (4)$$

Die Zahl der möglichen Isomeren steigt schon bei 8 Kohlenstoffatomen auf 18, geht aber dann bald in die Hunderte — sie herzustellen, besteht weder theoretisches noch praktisches Interesse. So sind von den höheren Gliedern meist nur die in der Natur vorkommenden oder aus Naturstoffen herstellbaren normalen Glieder bekannt; erwähnenswert ist wegen der Größe seines Moleküls das n-Hexakontan $C_{60}H_{122}$ vom Molekulargewicht 842.

Was zunächst die physikalischen Eigenschaften dieser Kohlenwasserstoffe anlangt, so waren die 4 ersten Glieder Gase, während die vom Pentan an Flüssigkeiten sind, deren Siedepunkte mit steigender Größe des Moleküls ziemlich regelmäßig um etwa 20 ⁰ (bei den normalen Formen) für jedes Kohlenstoffatom mehr ansteigen. Man bezeichnet diese Glieder nach den griechischen Zahlworten durch Anhängung der Silbe *an*. Vom 16. Glied Hexadecan an sind die Stoffe fest, von wachsähnlicher Beschaffenheit. Benachbarte Glieder der Reihe, z. B. C_2H_6, C_3H_8, C_4H_{10}, unterscheiden sich, wie man sieht, jeweils um CH_2; ferner ist die Zahl der Wasserstoffatome stets um zwei größer als die doppelte Zahl der Kohlenstoffatome. Man kann diese Zahlenbeziehung in einer allgemeinen Formel ausdrücken: ist die Zahl der C-Atome n, so ist die der H-Atome gleich $2n + 2$, und so kann man als allgemeine Formel für die ganze Reihe schreiben:

$$C_n H_{2n+2} \, .$$

Wir bemerken nebenbei, daß die Zahl der Wasserstoffatome stets eine gerade sein muß, eine Regel, die mit nur ganz wenigen Ausnahmen für sämtliche Kohlenstoffverbindungen gilt, soweit nicht ein Teil des Wasserstoffs durch andere einwertige oder ungeradwertige Atome ersetzt ist. In diesem Fall aber ist die Summe dieser und der Wasserstoffatome zusammen eine gerade Zahl. — Außer der hier betrachteten gibt es noch andere Verbindungsreihen, die auf eine gemeinsame Formel gebracht werden können; man bezeichnet sie als *homologe* (gleichsinnige) Reihen. Die vorliegende ist die Reihe der *Paraffine*, ein Name, der von einer wesentlichen Seite ihres chemischen Verhaltens hergeleitet ist. Er ist abgekürzt aus parum affinis (lat. wenig verwandt). Tatsächlich werden die Paraffine selbst von stark wirkenden Chemikalien, wie Brom, konz. Schwefelsäure, konz. Salpetersäure, in der Kälte nicht angegriffen, ein Verhalten, dem der Name Ausdruck verleihen soll. Die Paraffine sind technisch und wirtschaftlich von hervorragender Wichtigkeit. Das amerikanische Erdöl besteht wesentlich aus einem Gemisch dieser Stoffe und wird vornehmlich durch Destillation in das leichtsiedende Benzin, das höher siedende Petroleum und eine Reihe schwerer Öle zerlegt, die vorwiegend als Schmiermittel Verwendung finden. In neuester Zeit werden ähnliche Produkte künstlich durch Erwärmen von Kohle mit Wasserstoff bei Gegenwart von Katalysatoren unter erheblichem Druck hergestellt. Der im Alltag als Paraffin (Kerzenmaterial) bekannte feste Stoff ist ein Gemisch der höheren Glieder der Reihe mit etwa 20—30 C-Atomen im Molekül. Das Erdöl verdankt seine Entstehung wahrscheinlich tierischen oder pflanzlichen Organismen früherer Erdperioden. Hat es sich somit wohl aus Ölen und Fetten gebildet, so haben diese doch eine wesentliche Änderung erlitten: Fette und Öle sind sauerstoffhaltige Verbindungen, deren Bau uns später erst beschäftigen kann.

Kehren wir nun zum Vergleich von Hexan und Benzol zurück. Die Formeln C_6H_{14} und C_6H_6 zeigen, daß das Benzol um nicht weniger als 8 Wasserstoffatome ärmer ist als das Hexan. Hier kann jedes C-Atom nur ein Wasserstoffatom tragen, und so wollen wir versuchen, uns darüber Rechenschaft zu geben, in welcher Weise die drei anderen Valenzen jedes der 6 C-Atome verknüpft sind. Im Hexan wie in den übrigen Paraffinen haben wir Verbindungen vor uns, die die Höchstzahl an Wasserstoffatomen enthalten, die mit der gegebenen Zahl von C-Atomen verbunden sein kann. Deswegen nennt man sie auch Grenzkohlenwasserstoffe. Zwischen ihnen und dem Benzol liegt ein weiter Abstand, der durch mehrere Reihen von Verbindungen mit abnehmendem Wasserstoffgehalt überbrückt wird. Denken wir uns aus irgendeinem der Kohlenwasserstoffe, die wir bisher kennengelernt haben, ein H-Atom fort, so sehen wir, daß hierdurch eine Kohlenstoffvalenz frei wird, die als solche nicht beständig ist und in irgendeiner Weise sich abzusättigen trachtet. Wir hatten gesehen, daß das Methyl CH_3 selbst nicht beständig ist; ebenso ist es mit dem Äthyl. Das Bestehen freier Valenzen können wir nach diesen Erfahrungen von vornherein ausschließen. Nun finden wir bei der Behandlung von Äthylchlorid mit Kaliumhydroxyd unter geeigneten Bedingungen, daß hier die Elemente des Chlorwasserstoffs HCl herausgenommen werden — sie bilden mit den Bestandteilen des

Kaliumhydroxyds Kaliumchlorid und Wasser. Es entsteht wiederum ein Gas, dessen Analyse erweist, daß in ihm auf ein C-Atom zwei H-Atome kommen. Ein Molekül CH_2 gibt es ebensowenig wie CH_3, und so finden wir das Molekulargewicht unseres neuen Stoffes zu 28, wie es dem Molekül C_2H_4 entspricht. Für seine Konstitution ist nur eine Deutung möglich: jedes der C-Atome trägt zwei H-Atome und ist durch seine anderen beiden Valenzen mit zwei Valenzen des anderen verknüpft, wie es die Formel $CH_2=CH_2$ versinnlicht. Wie der Sauerstoff im Form-aldehyd durch zwei Valenzen mit dem C-Atom verbunden ist, so sehen wir hier zwei Kohlenstoffatome durch zwei Valenzen vereint. Unser Gas ist der einfachste Kohlenwasserstoff mit einer *Doppelbindung*; man nennt ihn Äthylēn oder besser Äthēn, indem die Endung *ēn* das Vorliegen einer Doppelbindung im Molekül andeutet. Sind mit dem Äthēn Methylgruppen oder längere Kohlenstoffketten verknüpft, wie im Propēn $CH_2=CH \cdot CH_3$, Butēn $CH_3—CH=CH—CH_3$ und so fort, so sehen wir die Glieder einer weiteren homologen Reihe vor uns: Äthēn C_2H_4, Propēn C_3H_6, Butēn C_4H_8 usw., die sich wie die Paraffine jeweils um die Gruppe CH_2 unterscheiden, durch einen Mindergehalt von zwei H-Atomen aber von den Paraffinen abweichen. Ihre allgemeine Formel ist demnach C_nH_{2n}, d. h. sie enthalten sämtlich doppelt soviel H- wie C-Atome, und wir stehen vor der bemerkenswerten Tatsache, daß hier eine ganze Reihe verschiedener Stoffe gleicher prozentualer Zusammensetzung — 14,3% Wasserstoff, 85,7% Kohlenstoff —, allerdings natürlich verschiedenen Molekulargewichts, vorliegt. Da in den tierischen und pflanzlichen Ölen (oleum) Verbindungen mit Doppelbindungen enthalten sind, die dieser Reihe nahestehen, so nennt man die Reihe *Olefine*. Sie unterscheiden sich von den Paraffinen durch die Eigenschaften, die die Doppelbindungen auszeichnen.

Man könnte zunächst glauben, daß zwei doppelt gebundene C-Atome fester aneinanderhaften als zwei einfach gebundene. In Wirklichkeit ist aber wohl das Gegenteil der Fall. Es geht aus zahlreichen Zügen des chemischen Verhaltens hervor, läßt sich aber auch schon aus der bloßen Betrachtung des C-Atoms als eines räumlichen Gebildes wahrscheinlich machen. Wir erinnern uns, daß wir das C-Atom darstellten als in der Mitte eines Tetraeders gelegen, nach dessen Ecken die Valenzen sich symmetrisch betätigen. Stellen wir uns zwei einfach gebundene C-Atome in die-ser Weise vor, so erhalten wir das Bild der Figur (Abb. 11), oder wenn wir nur die Valenzen in ihrer räumlichen Anordnung darstellen, das der Abb 12.

Abb. 11.

Wenn wir auch über die wahre Gestalt des C-Atoms und die Feinheiten der Valenzbetätigungen noch nichts wissen, so kann man doch soviel sagen: normalerweise haben zwei einfach gebundene C-Atome einen ganz bestimmten Abstand, und ihre Valenzen betätigen sich

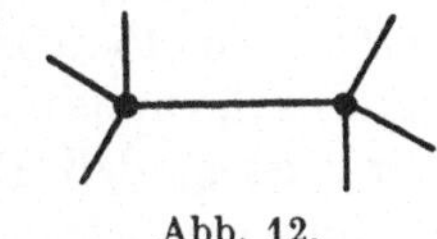

Abb. 12.

unter bestimmten Winkeln. Versuchen wir nun zwei doppelt ge-bundene C-Atome in der Art der Abb. 13 darzustellen, so finden wir, daß mindestens eines dieser Verhältnisse eine Veränderung erleidet. Behalten wir die Winkel unverän-dert bei, so sind die Atome einander weit stärker genähert, als bei einfacher Bin-

Abb. 13.

dung. Ob eine solche Näherung möglich ist, ist sehr zweifel-haft. Der große Widerstand von Flüssigkeiten und festen Körpern gegen Zusammendrückung spricht dagegen. Bleiben die Atome entfernt, so können die Valenzen sich nicht in den normalen Winkeln und in beiden Fällen nicht geradlinig von Atom zu Atom betätigen. So grob diese Bilder sind — die Erkenntnis des Wesens der doppelten Bindung ist noch eins der interessantesten Probleme der Atomphysik —, so können sie doch so viel zeigen, daß die doppelte Bindung durchaus nicht zwei einfachen gleichzusetzen, im Gegenteil ein weniger beständiges Gebilde ist, das eine gewisse innere Spannung in sich trägt.

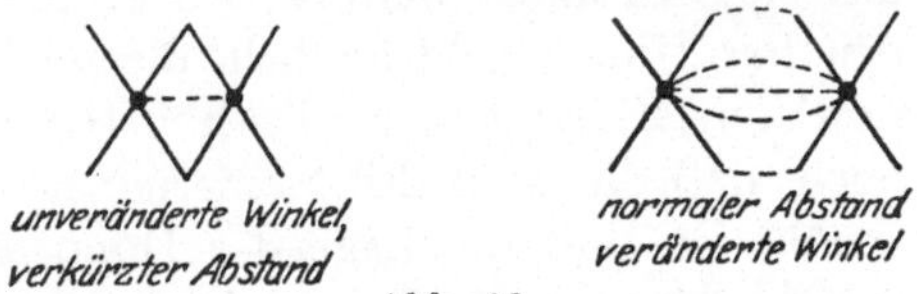

So ist denn die ausgeprägteste Eigenschaft einer Doppel-bindung das Bestreben, in eine einfache überzugehen. Beson-ders deutlich zeigt sich dies bei der Einwirkung der Halogene

Chlor und Brom. Sie werden glatt angelagert, und so entsteht z. B. aus Äthēn Dichlor- und Dibrom-äthan:

$$H_2C{=}CH_2 + Br_2 = H_2CBr{-}CH_2Br \,.$$

Ebenso geschieht es mit Halogenwasserstoff, besonders mit Jodwasserstoff: $C_2H_4 + HJ = C_2H_5J$, es entsteht hier Jodäthyl. Bei Gegenwart von Katalysatoren (fein verteiltem Nickel) wird auch Wasserstoff aufgenommen, unter Bildung des Grenzkohlenwasserstoffs. Es ist, als ob die Doppelbindungen sich zu sättigen trachten, und so sind die Olefine *ungesättigte*, die Paraffine *gesättigte* Kohlenwasserstoffe. Auch Hydroxylgruppen werden angelagert, und da wir vom Methan her wissen, daß Eintritt eines O-Atoms das ganze Molekül leichter oxydierbar macht, so können wir uns vorstellen, daß eine Doppelbindung eine empfindliche Stelle eines Moleküls darstellt, an der Oxydation zerstörend, abbauend eingreifen kann. Diese und einige weitere Reaktionen ähnlicher Art finden sich bei allen Olefinen. Im übrigen sind sie physikalisch den Paraffinen recht ähnlich, die niederen Glieder Gase, die mittleren Flüssigkeiten, die höheren fest. Beachtenswert ist noch, daß die Zahl der Isomerien bei den Olefinen dadurch erhöht ist, daß die Lage der Doppelbindungen im Molekül verschieden sein kann; so gibt es zwei normale Butene: das Äthyl-äthēn $CH_3{-}CH_2{-}CH{=}CH_2$ und das Dimethyl-äthēn $CH_3{-}CH{=}CH{-}CH_3$; stellt man sich dieses Molekül räumlich vor (Abb. 14), so zeigt sich zudem, daß es selbst noch-

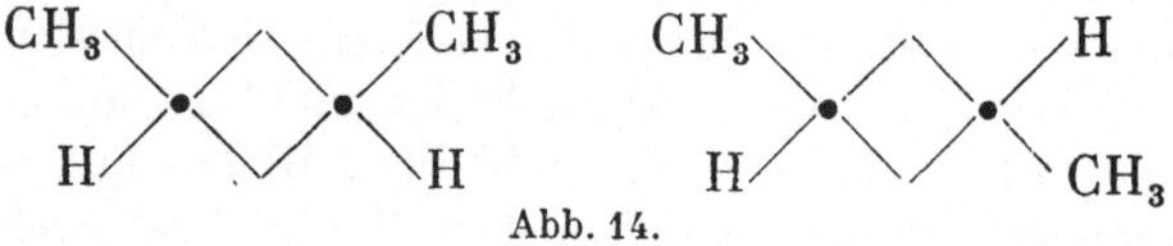

Abb. 14.

mals in zwei Formen bestehen kann, je nachdem die beiden CH_3-Gruppen auf derselben oder auf entgegengesetzten Seiten der Ebene liegen, in der die Doppelbindung selbst liegt. Auch diese zwei Formen sind bekannt. Diese Dinge sind nicht nur an sich interessant, sondern man begegnet ihnen auch bei Naturstoffen und hat sie zuweilen zu berücksichtigen, wenn es sich um die künstliche Herstellung gewisser wertvoller Stoffe handelt.

So wie die Olefine durch Anlagerung zweier Atome in gesättigte Stoffe übergehen, so bilden sie sich auch allgemein durch Entziehung zweier Atome (oder Radikale) aus gesättigten Verbindungen. Das Beispiel Äthylchlorid — Äthēn ist hierfür kennzeichnend; in gleicher Weise wie hier Chlor nebst Wasserstoff durch Kaliumhydroxyd, lassen sich aus Verbindungen von der Art des Dibrom-äthans, die zwei Halogenatome an benachbarten C-Atomen enthalten, durch Behandlung mit Metallen, wie Zink, beide Halogenatome abspalten unter Entstehung einer Doppelbindung. Wie aber, wenn in einem größeren Molekül zwei Halogenatome nicht an benachbarten, sondern an entfernteren C-Atomen haften? Auch dann ist die Abspaltung der Halogenatome möglich, und zwar unter Bildung einer neuen Gattung von Verbindungen, die nicht, wie die bisher besprochenen, offene Kohlenstoffketten aufweisen, sondern *geschlossene Ringe*. Besonders leicht entstehen fünf- und sechsgliedrige Ringe, bei denen die Winkel der Seiten zueinander nur wenig von dem Winkel abweichen, den die Achsen des Tetraeders miteinander bilden (Abb. 15).

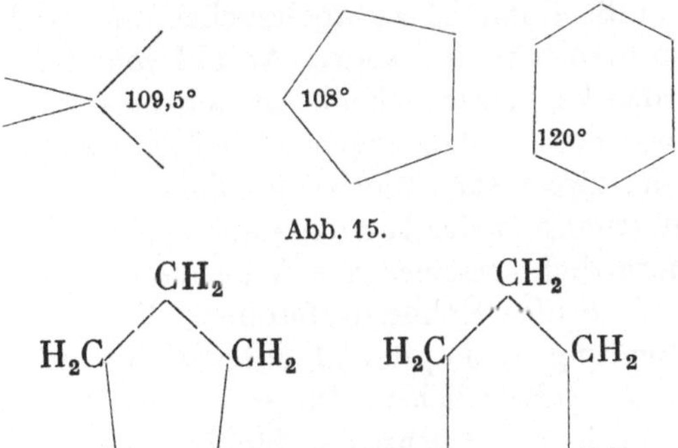

Abb. 15.

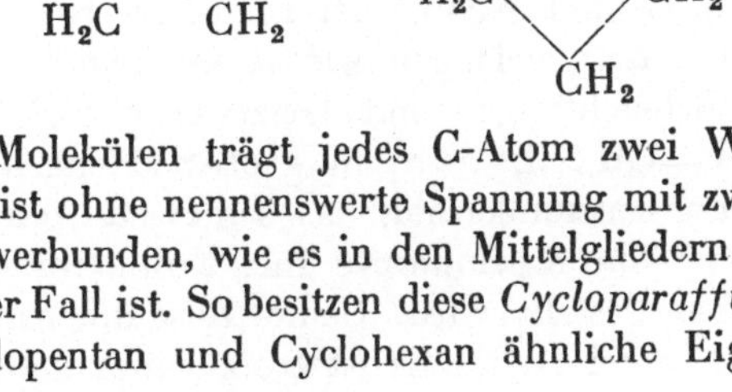

In diesen Molekülen trägt jedes C-Atom zwei Wasserstoffatome und ist ohne nennenswerte Spannung mit zwei anderen C-Atomen verbunden, wie es in den Mittelgliedern der Paraffinketten der Fall ist. So besitzen diese *Cycloparaffine* (kyklos, Ring) Cyclopentan und Cyclohexan ähnliche Eigenschaften

wie die eigentlichen Paraffine; bei kleinerer sowie größerer
Gliederzahl der Ringe sind die Winkelunterschiede größer,
und somit bilden sich Cyclopropan und -butan, Cycloheptan
und -octan weniger leicht und sind auch weniger beständig.
Auch in den Cycloparaffinen kommen, wie die obige Formel
des Cyclohexans zeigt, zwei H-Atome auf jedes C-Atom; sie
sind also mit den Olefinen von gleicher prozentualer Zusammensetzung bei verschiedener Molekulargröße. Zudem besteht
zwischen den Olefinen und den Cycloparaffinen gleicher Gliederzahl eine neue Form der Isomerie, die man als *Kern*-
isomerie bezeichnet: die Kohlenstoffkette, der Kern des Moleküls, weist bei beiden verschiedenen Bau auf.

Zwischen Hexen und Cyclohexan, beide von der Formel
C_6H_{12}, und dem Benzol C_6H_6 besteht nur noch ein Unterschied von 6 H-Atomen. Über diesen können wir uns weit
schneller klarwerden — um am Schluß vor einer neuen
Überraschung zu stehen. Zunächst sei vorweggenommen, daß
das Benzol durch Anlagerung von Wasserstoff in das Cyclohexan übergeht, so daß also auch ihm eine Ringstruktur zukommen muß. Dann ist zu untersuchen, in welcher Weise
einem Olefinmolekül eine weitere Anzahl von H-Atomen entzogen werden kann, wie sich die entstehenden Stoffe verhalten und wie diese Erfahrungen schließlich bei der Anwendung auf das Cyclohexan zum Verständnis des Benzols führen.

Die Entfernung zweier H-Atome aus einem Olefin kann in
zwei grundsätzlich verschiedenen Arten gedacht werden: entweder an den beiden Kohlenstoffatomen, die schon durch die
doppelte Bindung verknüpft sind, oder an zwei anderen. Beide
Fälle sind zu verwirklichen. Im ersten werden die beiden
C-Atome durch drei Valenzen verbunden, wie wir es früher
zwischen dem C- und N-Atom der Blausäure HC⋮N gefunden
hatten. Vom Äthēn gelangen wir so zu dem besonders für
technische Beleuchtungs- und Heizzwecke viel verwandten
Azetylen HC≡CH. Es wird in großen Mengen gewonnen
mit Hilfe von Kalziumkarbid, das seinerseits durch Zusam-
menschmelzen von Kalziumoxyd mit Kohle im elektrischen
Lichtbogen hergestellt wird. Seine Zusammensetzung entspricht der Formel CaC_2. Es ist trotz seines hohen Kohlen-

stoffgehalts gegen Erhitzen sehr beständig, es entzündet sich nicht. Dagegen reagiert es äußerst leicht und lebhaft mit Wasser nach der Gleichung

$$CaC_2 + 2\,H_2O = C_2H_2 + Ca(OH)_2$$

unter Bildung von Azetylen. Von ihm leitet sich wie vom Äthēn eine homologe Reihe der Azetylenkohlenwasserstoffe ab. Im Azetylen selbst kommt auf jedes C-Atom ein H-Atom, wie im Benzol, und so verwandelt sich das Azetylen beim Leiten durch ein glühendes Rohr in Benzol, wobei drei Moleküle des ersteren sich zu einem des letzteren vereinigen. Wenn ein Molekül sich, wie hier, mit seinesgleichen zu einem größeren Molekül, das nun natürlich auch neue Eigenschaften besitzt, zusammenschließt, so nennt man das *polymerisieren;* Benzol ist ein Polymeres des Azetylens (poly = viel, meros = Teil).

Soll in einem Olefin an anderer Stelle als der vorhandenen Doppelbindung Wasserstoff entzogen werden, so ist dies nur in einem größeren Molekül möglich. Dabei wollen wir von dem Fall absehen, daß ein C-Atom mit zwei benachbarten doppelt verbunden ist nach dem Schema $>C=C=C<$, weil er nur selten vorkommt und derartige Verbindungen wenig beständig sind. Soll ein Stoff zwei Paare doppelt gebundener C-Atome enthalten, so muß sein Molekül mindestens aus vier C-Atomen aufgebaut sein; das einfachste Diolefin ist das Butadiën $CH_2=CH-CH=CH_2$. (Die Zahlsilbe -di- [zwei] besagt, daß der Stoff zwei Doppelbindungen enthält.) Vom Butadiën leitet sich die homologe Reihe der Diolefine her, deren Glieder zwei H-Atome weniger besitzen als die entsprechenden Olefine. Die Doppelbindungen können in ihnen benachbart wie im Butadiën, aber bei größeren Molekülen auch weiter voneinander entfernt stehen. Besonders merkwürdig sind nun die benachbarten Doppelbindungen. An sich ist zu erwarten, daß ein Molekül mit zwei Doppelbindungen die für diese eigentümlichen Reaktionen zweimal aufweist. Das ist auch bei entfernter Lage der Fall. Benachbarte Doppelbindungen aber verhalten sich so, als ob sie ein in gewisser Weise in sich zusammengehöriges System wären. Bezeichnet man die vier zu jedem solchen System gehörenden C-Atome mit den Nummern 1 bis 4, so lassen sich die Verhältnisse einfach darstellen: die Anlagerung zweier Chloratome findet nicht zunächst an den Atomen 1 und 2, die eines zweiten Paares an 3 und 4 (oder in umgekehrter Reihenfolge) statt, sondern die ersten beiden treten an die Plätze 1 und 4, wobei zugleich eine neue Doppelbindung zwischen 2 und 3 auftritt:

$$CH_2{=}CH{-}CH{=}CH_2 + Cl_2 = CH_2Cl{-}CH{=}CH{-}CH_2Cl \, .$$

Über die inneren Beziehungen, die sich in diesem Verhalten äußern, läßt sich noch nichts Genaues sagen. Wahrscheinlich tritt mit der Entstehung einer Doppelbindung eine eigenartige Verschiebung der von den Atomen ausgehenden Kräfte auf, die zur Folge hat, daß zwischen den Atomen 2 und 3 ähnliche Kräfte wirken wie zwischen 1 und 2 sowie 3 und 4. Wie dem auch sei, die Tatsache einer besonderen Beziehung besteht; sie findet ihren Ausdruck in der Bezeichnung derartiger Atomgruppen als *konjugierter* (zusammengekoppelter) Systeme. Ihr Wesen äußert sich darin, daß statt zweier Doppelbindungen zunächst nur eine in Erscheinung tritt und erst nach deren Absättigung die zweite, nun aber an veränderter Stelle.

Wenden wir uns nun dem Cyclohexan zu. Es verhält sich, wie alle Cycloparaffine, wie ein gesättigter Kohlenwasserstoff, und so zeigt es der Reihe nach die Reaktionen, die von Paraffinen zu ungesättigten Verbindungen führen und zurück zu gesättigten. Wird ein Wasserstoffatom des Cyclohexans C_6H_{12} (I) durch Chlor ersetzt, so entsteht das Cyclohexylchlorid (II). Aus diesem läßt sich, wie aus dem Äthylchlorid, Chlor nebst Wasserstoff herausspalten, und es verbleibt Cyclohexēn C_6H_{10} (III), ein ungesättigter, ringförmiger Kohlenwasserstoff. Er addiert wie ein gewöhnliches Olefin Halogen unter Bildung von z. B. Dichlor-cyclohexan (IV). Aus diesem lassen sich nun wieder die beiden Chloratome mit je einem H-Atom eines benachbarten C-Atoms herausnehmen; so kommen wir zu einem doppelt ungesättigten Molekül Cyclohexa*di*ën C_6H_8 (V), in dem ein System konjugierter Doppelbindungen vorliegt. Hier lagern sich, wie oben geschildert, zwei Chloratome in 1 und 4 an, zugleich erscheint die Doppelbindung zwischen

2 und 3, so haben wir das 1,4-Dichlorcyclohexēn (VI). Nochmalige Entfernung von Chlor und Wasserstoff sollte nun zu einem dreifach ungesättigten Stoff (VII) führen, wie das bei

$$
\begin{array}{cccc}
\text{H}_2\text{C}\quad\text{CH}_2 & \text{H Cl} & \text{HC}\quad\text{CH} \\
\text{H}_2\text{C}\langle\ \text{I}\ \rangle\text{CH}_2 & \text{C}\quad\text{CH}_2 & \text{H}_2\text{C}\langle\ \text{III}\ \rangle\text{CH}_2 \\
\text{H}_2\text{C}\quad\text{CH}_2 & \text{H}_2\text{C}\langle\ \text{II}\ \rangle\text{CH}_2 & \text{H}_2\text{C}\quad\text{CH}_2 \\
& \text{H}_2\text{C}\quad\text{CH}_2 &
\end{array}
$$

$$
\begin{array}{ccc}
\text{Cl H}\quad\text{H Cl} & \text{HC}\quad\text{CH} & \text{H}\quad\text{H} \\
\text{C}\quad\text{C} & \text{HC}\langle\ \text{V}\ \rangle\text{CH} & \text{H,Cl}\,\text{C}\langle\ \text{VI}\ \rangle\text{C}\,\text{H,Cl} \\
\text{H}_2\text{C}\langle\ \text{IV}\ \rangle\text{CH}_2 & \text{H}_2\text{C}\quad\text{CH}_2 & \text{H}_2\text{C}\quad\text{CH}_2 \\
\text{H}_2\text{C}\quad\text{CH}_2 & &
\end{array}
$$

$$
\begin{array}{cc}
\text{HC}\quad\text{CH} & \\
\text{HC}\langle\ \text{VII}\ \rangle\text{CH} & \langle\ \text{VIII}\ \rangle \\
\text{HC}\quad\text{CH} &
\end{array}
$$

einer entsprechenden Reihe von Reaktionen, ausgehend von einem Paraffin, auch der Fall ist. Hier aber entsteht statt eines dreifach ungesättigten ein Stoff, der zunächst den Eindruck erweckt, als enthielte sein Molekül überhaupt keine Doppelbindung. Es ist eben das Benzol C_6H_6, in vielfacher Hinsicht einer der interessantesten Stoffe der organischen Chemie überhaupt.

Entdeckt wurde das Benzol im Leuchtgas; in großen Mengen gewonnen wird es aus dem Steinkohlenteer, dem Gemisch flüssiger Zersetzungsprodukte, die bei der Erhitzung der Kohlen neben Leuchtgas und Koks entstehen. Es findet sich hier neben einer ganzen Reihe seiner Abkömmlinge, von denen es durch Destillation getrennt wird. Nach seinem geringen Wasserstoffgehalt und seiner oben angedeuteten Bildungsweise sollte es drei Doppelbindungen enthalten, es lagert aber weder Halogen noch Halogenwasserstoff an, zeigt im Gegenteil eine ganze Reihe von denen der bisher betrachteten Kohlenwasserstoffe abweichende Reaktionen, so daß seinem Molekül eine ganz eigenartige Struktur zukommen muß. Sie ist bis heute noch nicht völlig aufgeklärt. Allem Anschein nach erreicht im Benzol der innere Ausgleich der Kräfte, der schon in den konjugierten Systemen zu dem unerwarteten Verhalten führt, einen besonders hohen Grad dadurch, daß jede der zu denkenden Doppelbindungen mit zwei benachbarten konjugiert ist. So entsteht ein Zustand, bei dem man überhaupt nicht mehr sagen kann, ob doppelte Bindungen zwischen den Atomen 1 und 2, 3 und 4 sowie 5 und 6, oder zwischen 2 und 3, 4 und 5 sowie 6 und 1 bestehen. Tatsache ist, daß das Benzol reagiert wie ein einheitliches, in sich geschlossenes Ganzes, dessen 6 Wasserstoffatome unter sich vollkommen gleichwertig sind. Da man von den Kohlenstoffatomen nur sagen kann, daß sie regelmäßig in einem Ring angeordnet sind, je ein H-Atom tragen, im übrigen aber in besonderer, nicht näher angebbarer Weise verknüpft sind, so deutet man den Benzol*kern* symbolisch durch ein Sechseck an, dessen Ecken die C-Atome einnehmen (VIII). Das besondere chemische Verhalten des Benzols und seiner Abkömmlinge, in dem sein eigenartiger Bau sich auswirkt, wird uns in einem eigenen Kapitel beschäftigen. Da zu diesen Abkömmlingen zahlreiche natürliche Duftstoffe gehören, so das Aroma von bitteren Mandeln und Vanille, von Zimt und Waldmeister, so unterscheidet man die vom Benzol sich herleitenden als *aromatische* Verbindungen von denen mit offenen Ketten, die als *aliphatische* zusammengefaßt werden. Der Name ist abgeleitet vom griechischen aleiphar, Fett, weil wesentliche Bestandteile der Fette durch Kohlenstoffketten von beträchtlicher Länge ausgezeichnet sind. —

Unter den Stoffen, die wir in den Organismen finden, sind verhältnismäßig nur wenige Kohlenwasserstoffe. Das Terpentinöl aus dem Harz von Nadelbäumen gehört hierher, das vornehmlich aus einem dem Cyclohexan nahestehenden Kohlenwasserstoff von kompliziertem Bau besteht. Ihm verwandt sind eine Reihe von Blütenduftstoffen. Sie bilden zusammen die Gruppe der ätherischen Öle. Technisch wichtig ist der Kautschuk, jenes merkwürdige Material, das in einzigartiger Weise eine außerordentliche Dehnbarkeit mit bedeutender Festigkeit vereinigt; er ist der wichtigste Stoff für die Fabri-

kation der elastischen Fahrzeugbereifung. Chemisch ist er
ein ungesättigter Kohlenwasserstoff, dessen Elementaranalyse
zu der Formel C_5H_8 führt; sein Molekül ist sicher ein ziemlich hohes Vielfaches dieser Größe — bei so großen Molekülen versagen die üblichen Methoden zur Bestimmung des
Molekulargewichts. Der Teil C_5H_8 hat die Konstitution

$$\overset{\displaystyle CH_3}{\underset{\displaystyle |}{}}$$
$$-CH_2-CH{=}C-CH_2- ;$$

wieviel solcher Teile aneinandergereiht sind, ob in geraden
Ketten oder in großen, geschlossenen Ringen, das ist noch
nicht bekannt, ebensowenig wissen wir, worauf seine wertvollen mechanischen Eigenschaften beruhen. Absonderlich
ist sein Vorkommen in den Pflanzen: er wird aus dem Milchsaft gewisser tropischer Bäume aus der großen Familie der
Wolfsmilchgewächse gewonnen; dieser wird durch Säure-
zusatz zum Gerinnen gebracht, wobei sich der Kautschuk ähnlich wie der Käse aus der Kuhmilch abscheidet.

Obwohl Kohlenwasserstoffe selbst nur selten und meist nur
in geringen Mengen in Organismen gefunden werden, haben
wir sie so ausführlich behandelt, weil die überwältigende
Mehrzahl aller Produkte der Organismen sich in einfacher
Weise von Kohlenwasserstoffen herleiten läßt. Ein großer
Teil ihrer Vielseitigkeit ist begründet in der Mannigfaltigkeit
der Kohlenstoffgerüste, die ihnen zugrunde liegen. Auch die
Halogenverbindungen, die in unseren Erörterungen mehrfach
eine Rolle spielten, sind meist Kunstprodukte des Chemikers.
Fast noch wichtiger als für die Erkenntnis der Kohlenwasser-
stoffe waren sie für das Studium der sauerstoffhaltigen
Stoffe, die uns im nächsten Kapitel beschäftigen werden. Es
sei deshalb noch mit einigen Worten auf sie eingegangen.

Die organischen Halogenverbindungen vereinigen in sich
zwei für die Arbeit des Chemikers sehr wertvolle Eigenschaften: sie bilden sich verhältnismäßig leicht und auf verschiedenen Wegen, und sie besitzen zahlreiche Umsetzungsmöglich-
keiten. Für beides haben wir bereits Beispiele kennengelernt,
so daß wir uns hier auf eine kurze Zusammenstellung beschränken können. Halogenverbindungen bilden sich durch di-

rekte Substitution von Wasserstoff durch Chlor oder Brom bei Einwirkung dieser Elemente auf Kohlenwasserstoffe besonders im Licht (Methan $\rightarrow$ Methylchlorid). Sie entstehen durch Anlagerung von Halogen oder Halogenwasserstoff an Doppelbindungen (Äthēn $\rightarrow$ Dibromäthan), ferner auf verschiedenen Wegen aus sauerstoffhaltigen Verbindungen durch Ersatz des Sauerstoffs durch Halogen z. B. mit Hilfe der Phosphorhalogenide (Methylalkohol $\rightarrow$ Methylchlorid). All diese Reaktionen werden vielfach angewandt. Ebenso allgemein sind die Umsetzungen der Halogenverbindungen mit Metallen wie Natrium und Magnesium, mit Alkalien wie Kaliumhydroxyd (wobei je nach den Bedingungen Doppelbindungen entstehen oder Austausch von Halogen gegen Hydroxyl erfolgt), mit Ammoniak und Aminen unter Bildung stickstoffhaltiger, mit Schwefelkalium unter Bildung schwefelhaltiger Verbindungen. Indes fehlt es auch nicht an einigen Besonderheiten: so ist ein Halogenatom, das an einem doppelt gebundenen C-Atom haftet $>C{=}C{<}^{Cl}$, zu den meisten dieser Reaktionen nicht befähigt oder reagiert doch viel träger. — Im einzelnen haben die Halogenverbindungen nur für den Chemiker Interesse, und auch für ihn meist nur als Mittel zum Zweck. Von allgemeiner Bedeutung sind eigentlich nur die Abkömmlinge des Methans Chloroform $CHCl_3$ und Jodoform CHJ_3, ersteres als bekanntes Betäubungsmittel, letzteres wegen seiner desinfizierenden Wirkung. Die Silbe -form weist auch hier auf die Ameisensäure hin; werden die drei Chloratome des Chloroforms durch Hydroxyl ersetzt, so spalten, da ja ein C-Atom nicht mehr als eine Hydroxylgruppe zu tragen vermag, zwei davon Wasser ab, und es verbleibt Ameisensäure:

$$CHCl_3 + 3\,KOH = CH(OH)_3 + 3\,KCl\,;$$
$$HC(OH)_3 = HCO \cdot OH + H_2O\,.$$

Als nicht brennbare Lösungsmittel für fettartige Stoffe besitzen eine gewisse technische Bedeutung das Tetrachlormethan CCl_4 (in dem die vier H-Atome des Methans durch Chlor ersetzt sind) sowie einige chlorhaltige Abkömmlinge des Äthēns, die aus Azetylen gewonnen werden. —

Die Betrachtung des Methans mit seinen Abkömmlingen
und der Kohlenwasserstoffe lehrt uns die Grundsätze
kennen, nach denen sich die organischen Verbindungen
im wesentlichen aufbauen. Dabei handelt es sich nicht
um Leitlinien, nach denen in den Organismen selbst die
Stoffe sich bilden, sondern um die ordnenden Gesichtspunkte,
mit deren Hilfe wir die Zusammenhänge verstehen können
und nach denen wir zerlegend und aufbauend vorwärtsschrei-
ten in der Erkenntnis der natürlichen, in der Erzeugung
künstlicher Stoffe. In diesem Zusammenhang sei betont,
daß unsere Art, im Laboratorium oder in der Fabrik zu
Werke zu gehen, fast entgegengesetzt ist der, mit der die Organismen, zumal die Pflanzen, arbeiten. Wir wollen schnelle
Erfolge sehen, und wir arbeiten mit Mitteln, die man im Vergleich zu denen der Pflanze nur brutal nennen kann. Hohe
Temperatur, oft auch hoher Druck, stark wirkende Chemikalien in hohen Konzentrationen sind das Rüstzeug des Chemikers. Die Pflanze arbeitet langsam, bei mittlerer Temperatur, bei geringer Konzentration und mit Chemikalien, von
deren gelinder Wirkung wir uns kaum eine Vorstellung
machen können. In neuester Zeit steht die Untersuchung
gerade dieser Stoffe im Vordergrund des Interesses — wir
wissen bisher recht wenig von ihnen.

Die erste Voraussetzung für das Verständnis der organischen Chemie ist die Kenntnis von den Eigenschaften des
C-Atoms; diese können wir nach seinem Verhalten im Methan
und in den Kohlenwasserstoffen in folgenden Sätzen zusammenfassen: In den organischen Verbindungen ist das C-Atom
vierwertig, seine vier Valenzen sind gleichwertig, sie können
sich ebensowohl mit Wasserstoff wie mit Halogen oder mit
Sauerstoff oder Stickstoff absättigen, vor allem aber kann
ein C-Atom durch eine bis vier Valenzen mit einem oder
mehreren anderen C-Atomen verbunden sein unter Bildung
der verschiedenartigsten Ketten oder Ringe. In diesen Gebil-
den kann der Wasserstoff in der gleichen Weise durch Halogen, Sauerstoff usw. ersetzt werden wie im Methan, und da
dieser Ersatz an einem wie an mehreren C-Atomen mit den
gleichen oder verschiedenen Substituenten nebeneinander vor

sich gehen kann, so kann man sich eine ungefähre Vorstellung machen von den fast unbegrenzten Kombinationsmöglichkeiten; die bekannten 200 bis 250000 Kohlenstoffverbindungen sind nur ein kleiner Teil der nach mathematischer Rechnung möglichen, deren Zahl viele Millionen beträgt. Mit dem Eintritt eines neuen Elementes außer Kohlenstoff und Wasserstoff steigt die Zahl der möglichen Isomerien sofort beträchtlich. Schon an dem einfachen Fall des Äthylchlorids können wir sehen, daß mit dem Eintritt des Chlors die beiden C-Atome aufgehört haben, gleichartig zu sein: $H_3C\text{—}CH_2Cl$. Ein weiteres Cl-Atom kann an das C-Atom treten, das schon das eine Cl trägt, es kann aber auch an das andere treten, und so haben wir zwei Dichloräthane, das symmetrische $ClH_2C\text{—}CH_2Cl$ vom Siedepunkt 84^0 und das unsymmetrische $H_3C\text{—}CHCl_2$ vom Siedepunkt 60^0. Im vorigen Kapitel haben wir die ganz ähnlich liegende Isomerie der Propylchloride

$$CH_3\text{—}CH_2\text{—}CH_2Cl \qquad \text{und} \qquad CH_3\text{—}\overset{\cdot}{C}H\text{—}CH_3$$
$$Cl$$

gehabt, von denen das erste als normales, das zweite als Isopropylchlorid bezeichnet wird. Der Beweis für die Struktur dieser Halogenverbindungen kann nun in sehr schöner Weise dadurch geführt werden, daß man in ihnen in der vom Methylchlorid her bekannten Art das Chlor durch Behandeln mit Wasser gegen die Hydroxylgruppe austauscht und die so entstehenden sauerstoffhaltigen Verbindungen auf ihr Verhalten prüft.

X. Sauerstoffhaltige Verbindungen (I).

Sauerstoff ist nicht nur vom rein chemischen Standpunkt ein äußerst wichtiger Bestandteil organischer Verbindungen, er ist auch neben Kohlenstoff und Wasserstoff unentbehrlich in den Stoffen, die wir zum Leben benötigen. Bei Zucker und Stärke kommt die Hälfte des Gewichts auf Sauerstoff, hier wie auch bei den Fetten wird das chemische Verhalten durch den vorhandenen Sauerstoff und seine Bindungsart vorwiegend bestimmt. Schließlich ist Sauerstoff auch am Aufbau der Eiweißarten wesentlich beteiligt — kurz, es ist nicht zuviel gesagt, daß alle lebenswichtigen Stoffe ihn enthalten.

Bei der Besprechung der Abkömmlinge des Methans haben wir bereits die grundlegenden Verbindungstypen kennengelernt, in denen Sauerstoff in organischen Molekülen gebunden sein kann. Es sind dies erstens die Hydroxylgruppe (vgl. den Methyalkohol) und die ihr nahestehende Bindungsart als Äther-sauerstoff (Methyläther); zweitens die Carbonylgruppe $=C=O$ (vgl. Formaldehyd); drittens die *Carboxyl* genannte Gruppe —COOH (vgl. Ameisensäure). Diese Gruppen können sich nun in organischen Verbindungen finden erstens für sich, einzeln oder zu mehreren, zweitens nebeneinander, auch wieder einzeln oder zu mehreren — für all diese Möglichkeiten werden wir Beispiele kennenlernen. Hier soll zunächst von den Verbindungen die Rede sein, in denen die Typen rein erscheinen, die also nur die Hydroxylgruppe oder nur die Carbonyl- oder die Carboxylgruppe enthalten.

Wir beginnen mit den Hydroxylverbindungen; es sind die *Alkohole*, wie schon bei der Besprechung ihres einfachsten Vertreters, des Methylalkohols, erwähnt worden war. Sein chemisches Verhalten kann als typisch für die ganze Gruppe gelten: die Reaktionsfähigkeit des an Sauerstoff gebundenen Wasserstoffs, die Äther -und Esterbildung, die Oxydierbarkeit finden sich bei allen Alkoholen wieder. Bei weitem der wichtigste Alkohol ist der Äthylalkohol, der Alkohol schlechtweg, auch als Weingeist oder Spiritus allgemein bekannt. Er wird in größtem Maßstab durch Gärung aus zucker- und stärkehaltigen Stoffen gewonnen (s. folg. Kap.). Von seinen Eigenschaften sind Geruch und Geschmack, berauschende Wirkung und Brennbarkeit wohl jedem geläufig. (Der Geruch des Brennspiritus rührt von gewissen „Vergällungsmitteln" her, mit deren Hilfe man den Spiritus ungenießbar macht, und ist nicht mit dem Eigengeruch des Alkohols zu verwechseln.) Er siedet bei 78^0, erstarrt aber erst bei -112^0. Mit Wasser ist er in jedem Verhältnis mischbar — durch diese Eigenschaft unterscheiden sich die Alkohole wesentlich von den zugehörigen Kohlenwasserstoffen, die mit Wasser nicht mischbar sind; man sieht auch hier, welchen starken Einfluß die OH-Gruppe ausübt. Erst bei längeren Ketten von 10 und mehr C-Atomen überwiegt der Kohlenwasserstoffcharakter auch der Alkohole, indem diese in Wasser nicht löslich sind. Die Zusammensetzung des Alkohols wird durch die Formel $CH_3 \cdot CH_2 \cdot OH$ wiedergegeben. Sie läßt seinen Zusammenhang mit Äthan und Äthylchlorid ohne weiteres erkennen. In seinem chemischen Verhalten gleicht er so weitgehend dem Methylalkohol, daß wir nur zwei Punkte berühren wollen: die Einwirkung der Schwefelsäure und die Oxydation. Methylalkohol wird durch Schwefelsäure in Dimethyläther verwandelt, indem aus zwei Molekülen Alkohol Wasser abgespalten wird (s. S. 89); die gleiche Reaktion führt auch beim Äthylalkohol zu dem entsprechenden Äther, dem Stoff, dem die ganze Stoffgruppe ihren Namen verdankt. Der Äther, nach der Herstellung mit Hilfe von Schwefelsäure auch Schwefeläther genannt, obwohl er selbst keinen Schwefel enthält, heißt mit wissenschaftlichem Namen Diäthyläther, $C_2H_5-O-C_2H_5$; von dem Wort Äther sind die Namen Äthyl und Äthan abgeleitet. Äther ist eine leicht flüchtige Flüssigkeit (Siedepunkt 35°) von eigentümlichem Geruch, deren Dampf, eingeatmet, Bewußtlosigkeit und einen rauschartigen Zustand verursacht. Chemisch ist er fast so indifferent wie ein Kohlenwasserstoff. — Erhitzt man Alkohol mit einer größeren Menge konzentrierter Schwefelsäure, so findet die Abspaltung von Wasser in wesentlich anderer Weise statt: es erfolgt die Vereinigung der Hydroxylgruppe mit einem H-Atom des *gleichen* Moleküls, und es entsteht das Äthēn C_2H_4, das als Gas entweicht. Wir führen diese Reaktion mit deswegen an, um zu zeigen, daß mit Vergrößerung der Moleküle nicht nur neue Isomerien, sondern auch neue Reaktionsmöglichkeiten auftreten, die dazu zwingen, bei chemischen Arbeiten die Reaktionsbedingungen stets sorgfältig zu wählen und die Produkte genau zu prüfen.

Die Oxydation des Methylalkohols kann nur in einem Sinn erfolgen und führt so über den Formaldehyd zur Ameisensäure und schließlich zur Kohlensäure. Beim Äthylalkohol ist die Oxydation auf zweierlei Weise denkbar, indem sie nämlich an dem schon durch die Hydroxylgruppe oxydierten oder an dem anderen C-Atom angreifen könnte. Der Versuch lehrt, daß der Äthylalkohol sich auch hier dem Methylalkohol vollkommen anschließt; die Oxydation führt zu einem Aldehyd und weiter zu einer Säure, läßt also das zweite C-Atom unangegriffen. Die Säure ist die Essigsäure, der wesentliche Bestandteil des Essigs (lat. acetum), und so heißt der zu ihr leitende Aldehyd *Azet-aldehyd*. Seine Formel

$$CH_3-C{<}{}^{H}_{O}$$

zeigt, daß er sich vom Form-aldehyd $H_2C=O$ dadurch unterscheidet, daß das eine Wasserstoffatom durch die Gruppe $-CH_3$ ersetzt ist. Im übrigen zeigt er die gleichen Reaktionen (z. B. mit Hydroxylamin), die gleiche Oxydierbarkeit, kurz gibt er sich zweifelsfrei als Aldehyd zu erkennen. So ist er auch um zwei H-Atome ärmer als der Alkohol. Erinnern wir uns nun, daß ein Sauerstoffatom durch zwei Chloratome vertreten werden kann, und überlegen, wie dies im Fall des Azetaldehyds aussehen würde, so kommen wir zu der Formel CH_3CHCl_2, dem unsymmetrischen Dichloräthan. In der Tat läßt sich dieses mit Hilfe von Wasser in Azetaldehyd verwandeln. Wir haben hier einen Fall, in dem an Stelle der beiden Chloratome zwei Hydroxylgruppen am gleichen C-Atom zu erwarten wären, statt deren aber durch Wasserabspaltung ein doppelt gebundenes Sauerstoffatom in Erscheinung tritt. Aus dem symmetrischen Dichloräthan entsteht bei der gleichen Behandlung ein doppelter, „zweiwertiger" Alkohol, der wirklich zwei Hydroxylgruppen, natürlich an verschiedenen C-Atomen, trägt, zweifachen Alkoholcharakter, aber nicht den des Aldehyds besitzt. So ist der Beweis für die Konstitution dieser beiden Dichloräthane geschlossen.

Azet-aldehyd, auch kurzweg Aldehyd genannt, wird neuerdings aus Azetylen im Großen hergestellt; dieses vermag Wasser anzulagern unter direkter Bildung von Aldehyd:

$$C_2H_2 + H_2O = C_2H_4O\,.$$

Er selbst findet nur geringe Verwendung, wird vielmehr weiterverarbeitet durch Reduktion auf Alkohol und durch Oxydation auf Essigsäure. Auch diese Oxydation greift an dem bereits oxydierten C-Atom an, und so verläuft die Reaktionsfolge Äthylalkohol—Azet-aldehyd—Essigsäure parallel der ersten Methylalkohol—Form-aldehyd—Ameisensäure. Man braucht die Formel der Essigsäure $CH_3 \cdot CO \cdot OH$ nur mit denen des Aldehyds und der Ameisensäure zu vergleichen, um über die Zusammenhänge klar zu sein und zugleich über die Natur dieser wichtigen Säure wesentliche Angaben machen zu können. Sie ist eine (nicht sehr starke) einbasische Säure; nur das an Sauerstoff gebundene H-Atom ist ionisierbar und zur Salzbildung befähigt. Gegen weitere Oxydation ist sie ungefähr so widerstandsfähig wie ein Kohlenwasserstoff; die Carboxylgruppe $\cdot CO \cdot OH$ ist ohne Zerstörung des Moleküls nicht weiter oxydierbar, die Methylgruppe so beständig wie etwa im Äthan. — Essig entsteht unter der Wirkung verschiedener Bakterienarten aus alkoholischen Flüssigkeiten, wie Bier, Wein u. a. Dieser Prozeß kann, als Oxydation, nur bei Gegenwart von Luft verlaufen, und so kann Wein in verschlossenen, fast vollständig gefüllten Flaschen nicht säuern. Gelangen aber Bakterienkeime in eine angebrochene Flasche, so entwickeln sie sich bei günstiger Temperatur rasch und verwandeln den Inhalt in Essig. Er enthält je nach dem Alkoholgehalt des Ausgangsmaterials 5 bis 15% Essigsäure. Reine wasserfreie Essigsäure ist eine scharf riechende Flüssigkeit, die schon bei 17^0 eisartig erstarrt („Eisessig"), bei 118^0 siedet. Sie wird jetzt vorwiegend über Azetylen und Aldehyd, also auf rein chemischem Wege gewonnen. Vordem spielte auch ihre Gewinnung bei der trockenen Destillation des Holzes eine bedeutende Rolle.

An Stelle der Methylgruppe im Alkohol, im Azetaldehyd und in der Essigsäure können nun längere Ketten von Kohlenstoffatomen stehen — wir kommen so zu den Reihen der Alkohole, Aldehyde und Säuren. Verweilen wir zunächst bei den Alkoholen. Schreiten wir vom Methyl- und Äthylalkohol zu solchen mit längerer Kette fort, so begegnen wir den gleichen Isomeriemöglichkeiten, die wir bei den Halogenabkömmlingen gefunden hatten. So war am Schluß des vorigen Kapitels vom normalen und Isopropylchlorid die Rede gewesen, und wir wollen nun sehen, was uns die entsprechenden Alkohole lehren können. Sie heißen normaler und Isopropylalkohol, und ihre Struktur wird wiedergegeben durch die Formeln

$$CH_3 \cdot CH_2 \cdot CH_2 \cdot OH \qquad \text{und} \qquad CH_3 \cdot \underset{\overset{|}{O}H}{CH} \cdot CH_3.$$

Der normale ähnelt in seinem chemischen Verhalten dem Äthylalkohol ebenso wie in seinem Formelbild; er weist die Reaktionen der alkoholischen Hydroxylgruppe auf und läßt sich zum Propionaldehyd und weiter zur Propionsäure

$$CH_3 \cdot CH_2 \cdot CO \cdot OH$$

oxydieren. Die Formel des Isopropylalkohols zeigt dagegen auf den ersten Blick, daß von ihm eine Säure mit der gleichen Zahl von C-Atomen nicht abzuleiten ist. Die Oxydierbarkeit eines Alkohols zu der entsprechenden Säure hat zur Voraussetzung, daß das mit der Hydroxylgruppe verbundene C-Atom noch zwei H-Atome trägt, die durch Sauerstoff ersetzbar sind. Das ist bei dem Isopropylalkohol nicht der Fall; hier trägt das mittlere C-Atom neben der Hydroxylgruppe nur ein H-Atom, und so kann die Oxydation nur um einen Schritt weiter zu einer dem Aldehyd entsprechenden, aber nicht völlig gleichen Stufe führen. Auch hier ist der Enderfolg der Oxydation die Abspaltung zweier H-Atome, und es verbleibt ein Stoff der Formel $CH_3 \cdot CO \cdot CH_3$, das Azeton. Hier zeigt die Carbonylgruppe nur den Teil der Aldehydreaktionen, bei denen der doppelt gebundene Sauerstoff im Spiel ist, wie die Oximbildung, nicht dagegen die leichte Oxydierbarkeit, die zur Bildung einer Säure führt. Hierduch wird das Azeton zum Beispiel für eine neue Körperklasse, *Ketone* genannt, die sich von den Aldehyden dadurch unterscheiden, daß in ihnen die Carbonylgruppe nicht mehr mit Wasserstoff, sondern nur mit Kohlenstoff verbunden ist:

$$\underset{\text{Formaldehyd}}{\overset{H}{\underset{H}{>}}CO} \qquad\qquad \underset{\text{Azetaldehyd}}{\overset{H}{\underset{CH_3}{>}}CO} \qquad\qquad \underset{\text{Azeton}}{\overset{CH_3}{\underset{CH_3}{>}}CO.}$$

Ketone sind gegen Oxydation sehr widerstandsfähig, werden sie aber angegriffen, so findet eine Spaltung des Moleküls statt, die im Fall des Azetons zu Ameisen- und Essigsäure führt: $CH_3COCH_3 \rightarrow CH_3 \cdot COOH + HCOOH$. — Für die Isomerie der Propylchloride ergibt sich hiernach, daß das normale einen Alkohol ergibt, der zu einer Säure mit gleich viel C-Atomen, die Isoverbindung aber einen solchen, der unter Erhaltung der Kohlenstoffkette nur zu einem Keton oxydiert werden kann. Es braucht wohl kaum erwähnt zu werden, daß das Ergebnis dieses Beweises für den Bau dieser Verbindungen mit dem übereinstimmt, der in ihrer Überführung in n-Butan und Isobutan gegeben war.

Ist die mit einem C-Atom verbundene Hydroxylgruppe das Kennzeichen der Alkohole, so kann man die Kombination $-\overset{|}{\underset{|}{C}} \cdot OH$ als Alkoholgruppe bezeichnen; sie besitzt drei verfügbare Valenzen, nach deren verschiedener Besetzung man unterscheiden kann: 1. alle drei Valenzen sind durch Wasserstoff besetzt — das ist nur beim Methylalkohol der Fall, der hiermit eine Sonderstellung einnimmt; 2. zwei Valenzen tragen Wasserstoff, nur die dritte ist an Kohlenstoff gebunden — primäre Alkohole, wie Äthyl- und normal-Propylalkohol; 3. nur eine Valenz trägt Wasserstoff, zwei Kohlenstoff — sekundäre Alkohole, wie Isopropylalkohol, sowie ähnliche, die statt der Methylgruppen zwei andere, gleiche oder ungleiche Kohlenwasserstoffketten tragen; schließlich 4. tertiäre Alkohole, bei denen alle drei Valenzen an Kohlenstoff gebunden sind — als Beispiel sei der vom Isobutan herzuleitende

tertiär-Butylalkohol $CH_3 \cdot \overset{CH_3}{\underset{CH_3}{C}} \cdot OH$ erwähnt. Die letzteren sind unter Erhaltung des Kohlenstoffskeletes an der Alkoholgruppe nicht mehr zu oxydieren, die sekundären geben Ketone, die primären erst Aldehyde, dann Säuren. Die Kohlenstoffreste oder Radikale, die nach Abtrennung der Hydroxylgruppe von den Alkoholen verbleiben, nennt man *Alkyle*; sie kehren in zahlreichen Verbindungen wieder, wie in Äthern, Estern, Halogen-, Stickstoff- und anderen Verbindungen. Die ersten Glieder der Reihe Methyl, Äthyl, Propyl nebst Isopropyl kennen wir bereits, es folgt Butyl, während die zum

124

Pentan gehörigen Alkohole mit fünfgliedriger Kette *Amyl-alkohole* heißen (sie entstehen als Nebenprodukte bei der Vergärung stärkehaltiger Stoffe; amylum = Stärke). Die Namen der höheren Glieder sind wieder von den griechischen Zahlwörtern abgeleitet.

Außer von den bisher betrachteten Paraffinen leiten sich Alkohole auch von Cycloparaffinen, Olefinen und sonstigen Kohlenwasserstoffen ab. Dabei hat es sich gezeigt, daß in der Regel Verbindungen, in denen die Hydroxylgruppe an einem doppelt gebundenen C-Atom haften sollte, nicht darzustellen sind; sie erleiden eine merkwürdige Umlagerung: das H-Atom der Hydroxylgruppe wandert an das zweite C-Atom:

$$\diagup C = C \diagup \cdot OH \rightarrow CH - C \diagup : O,$$

es entsteht eine isomere Carbonylverbindung, und so ist z. B. eine Verbindung $CH_2{=}CH \cdot OH$ nicht darstellbar; an ihrer Stelle wird Azet-aldehyd $CH_3 \cdot CHO$ erhalten.

Zahlreiche Alkohole werden in Pflanzen, einige auch in Tieren gefunden. In freier Form entsteht der Äthylalkohol und einige ihm nahestehende, wo zuckerhaltige Stoffe in Gärung geraten. Andere, mit einem ziemlich kompliziert gebauten Skelett von 10 Kohlenstoffatomen, finden sich als Blütenduftstoffe, so das Geraniol im Rosenöl, das Menthol im Pfefferminzöl. Normale, hochmolekulare Alkohole mit Ketten von 16, 26 und 30 C-Atomen bilden, als Ester mit Säuren ähnlicher Molekülgröße verbunden, wesentliche Bestandteile verschiedener Wachsarten. Gleichfalls als Ester, mit Essigsäure und einigen ihr nahestehenden Säuren verknüpft, kommen die einfachen Alkohole Äthyl-, Propyl-, Butyl- und Amyl- sowie auch einige höhere Alkohole in den Duftstoffen vieler Früchte, wie Äpfel, Birnen, Ananas u. a. vor. Einige davon, wie das Amylazetat $C_5H_{11}O \cdot CO \cdot CH_3$, werden technisch hergestellt als wertvolle Lösungsmittel für manche Lacke, einige auch ihres Aromas wegen.

Die Alkohole, von denen bisher die Rede war, besitzen nur je eine Hydroxylgruppe im Molekül. Es gibt aber auch, wie gelegentlich des symmetrischen Dichloräthans schon erwähnt wurde, Alkohole mit mehreren Hydroxylgruppen an verschiedenen C-Atomen. Der einfachste denkbare ist eben der vom Dichloräthan sich ableitende $HO \cdot CH_2 \cdot CH_2 \cdot OH$, *Glykol* genannt. (Vom griechischen glykys = süß, ein Wortstamm, der im folgenden noch öfter begegnen wird.) Für unsere Betrachtung weit wichtiger aber ist der einfachste „dreiwertige" Alkohol, der sich vom Propan ableitet, drei Hydroxylgruppen besitzt, gemäß der Formel $CH_2OH \cdot CHOH \cdot CH_2OH$, und *Glyzerin* heißt. Es ist als ölige, mit Wasser mischbare Flüssigkeit von süßem Geschmack allgemein bekannt; weniger bekannt dürfte dagegen die Rolle sein, die es in den Organismen spielt: die Mehrzahl der tierischen und pflanzlichen Fette und Öle sind Ester dieses Alkohols mit sogenannten höheren Fettsäuren. Als solche sind sie, wie wir schon bei den Estern des Methylalkohols sahen, durch Alkali zu spalten in Alkohol und Säure. Aus den Fetten erhält man hierbei neben dem Glyzerin die Alkalisalze dieser Fettsäuren, das ist nichts anderes als die wohlbekannten *Seifen* (s. u.). Was das Glyzerin anlangt, so zeigt es die Reaktionen, die von einem dreiwertigen Alkohol zu erwarten sind: an seinem Molekül können die Umsetzungen dreimal stattfinden, die die gewöhnlichen, einwertigen Alkohole nur einmal aufweisen. Die Hydroxylgruppen können einzeln, zu zweit oder zu dritt gegen Halogen ausgetauscht, mit Säuren zu Estern vereinigt werden, Oxydation führt die endständigen Gruppen in Carboxyle, die mittlere in Carbonyl über. Von den so künstlich herstellbaren Verbindungen ist eine von hervorragender technischer

$$CH_2ONO_2$$

Bedeutung: der dreifache Salpetersäure-ester $\overset{|}{C}H \, ONO_2$, das

$$\overset{|}{C}H_2ONO_2$$

Glyzerin-trinitrat, eine farblose Flüssigkeit, gewöhnlich Nitroglyzerin genannt. (Die Bezeichnung sollte darum nicht gebraucht werden, weil in eigentlichen Nitroverbindungen [s. Kap. XIII] der Stickstoff unmittelbar an Kohlenstoff gebunden ist, während dies in dem vorliegenden Ester durch Vermittlung der Sauerstoffatome geschieht.) Wie man sieht, enthält sein Molekül mehr Sauerstoff, als zur Verbrennung seines gesamten Kohlenstoff- und Wasserstoffgehalts zu Kohlendioxyd und Wasser notwendig ist, es kann sozusagen in sich verbrennen. Da zudem der Stickstoff selbst den Sauerstoff nicht fest gebunden hält, so ist der Stoff außerordentlich leicht zersetzlich; mäßiges Erhitzen, ja schon ein starker Schlag bringen ihn zum Zerfall. Dieser geht mit unglaublicher Schnelligkeit, unter Entstehung gewaltiger Gasmassen (Kohlendioxyd, Stickstoff, Wasserdampf) bei großer Wärmeentwickelung vor sich: das Glyzerinnitrat explodiert mit so ungeheurer Heftigkeit, und es ist so empfindlich, daß es als solches für technische Spreng- oder Treibzwecke nicht verwendbar ist. Wird es dagegen mit etwa $1/3$ seines Gewichtes Kieselgur gemischt, einer äußerst feinen Kieselerde, die aus den Schalen mikroskopisch kleiner Algen (Diatomeen) besteht, so bildet es einen Teig, der so wenig empfindlich ist, daß er bei angemessener Vorsicht ohne Gefahr gehandhabt werden kann. Als *Dynamit* findet er ausgedehnte Verwendung für Sprengzwecke. Das bei der Seifenfabrikation anfallende Glyzerin reicht kaum aus, den Bedarf für diesen Zweck zu decken.

Höherwertige Alkohole mit 4, 5, 6 und sogar 7 Hydroxylgruppen an ebensoviel C-Atomen kommen in verschiedenen Pflanzen vor; sie seien erwähnt, weil sie den Zuckern nahestehen. Gleich diesen sind sie fest, kristallisiert, von süßem Geschmack. Manna, der eingetrocknete Saft der Manna-Esche, besteht wesentlich aus Mannit (die Namen all dieser höheren Alkohole läßt man auf -it endigen):

Die Struktur dieser Verbindungen ist im Zusammenhang mit den Zuckern eingehend untersucht worden (s. folg. Kap.).

Zahlreiche der in der Natur vorkommenden Alkohole zeigen eine Eigenschaft, deren Erklärung von großer Bedeutung für die Erkenntnis des Aufbaus der organischen Verbindungen überhaupt gewesen ist. Wir müssen versuchen, eine Vorstellung von ihr zu vermitteln, obwohl sie weit abseits von allen Erfahrungen des Alltags liegt. Um die fraglichen Erscheinungen von Grund auf zu erfassen, müßten wir einen weiten Abstecher in

das Gebiet der Physik, besonders das der Lehre vom Licht
unternehmen und außerdem einen Abschnitt über den Bau der
Kristalle einschalten. Beides würde zu weit führen. Wir können indes im Anschluß an frühere Ausführungen die Ursache
der Erscheinungen betrachten und dann wenigstens andeuten,
in welcher Weise sie im Verhalten der Stoffe zutage treten.

Schon bei der Besprechung des Dichlormethans hatten wir
darauf hingewiesen, daß man sich über die Anordnung der
mit einem C-Atom verbundenen Atome und Gruppen — man
faßt sie zusammen unter dem Begriff *Liganden* (von ligare,
binden) — besondere Vorstellungen macht (S. 86). Nachdem
wir inzwischen an zahlreichen Beispielen gesehen haben, wie
die Anordnung der Atome im Molekül das physikalische und
chemische Verhalten der Stoffe bestimmt, wird uns die dort
gemachte Feststellung erst ganz verständlich sein. Wir hatten
gesehen, daß nur die räumliche Anordnung der Liganden in
den Ecken eines Tetraeders eine befriedigende Darstellung
liefert. Betrachten wir nun einmal kurz rein theoretisch,
welche Beziehungen zwischen den vier mit einem C-Atom verbundenen Liganden bestehen können. Sie können erstens einander gleich sein, wie in CH_4 oder CCl_4. Hier ist natürlich
weiter keine Erörterung der Anordnung notwendig. Zweitens
können zwei Arten von Liganden vorliegen, z. B. H und Cl
oder H und CH_3. Drei Sonderfälle sind dann zu unterscheiden: es können drei Liganden der ersten und einer der zweiten
Art vorhanden sein, oder umgekehrt einer der ersten und drei
der zweiten, z. B. CH_3Cl und $CHCl_3$, Methylchlorid und
Chloroform; bei ebener wie bei räumlicher Darstellung ist
hier nur einerlei Anordnung möglich; der dritte Sonderfall,
daß von jeder Sorte zwei vorhanden sind, ist am Beispiel des
Dichlormethans CH_2Cl_2 ausführlich behandelt worden. Drittens können drei verschiedene Arten von Liganden mit einem
C-Atom verbunden sein, z. B. H, CH_3 und OH, wobei von
einer Art zwei vorhanden sein müssen, z. B.

$$H_3C \cdot \overset{\displaystyle H}{\underset{\displaystyle H}{C}} \cdot OH \, ,$$

der Äthylalkohol. Bei der räumlichen Anordnung scheinen zunächst zwei Fälle möglich zu sein: CH_3 liegt an der Spitze und OH an einer der Ecken der Grundfläche, oder OH an der Spitze, CH_3 an einer der Grundecken des Tetraeders. Man überzeugt sich aber leicht, daß jede der beiden Formen durch Kippen um die Kante, die die beiden gleichen Liganden verbindet, in die andere übergeht; es gibt nur einen Äthylalkohol. Viertens haben wir nun noch die Möglichkeit, daß alle vier Liganden verschieden sind, z. B. H, CH_3, C_2H_5 und OH:

$$C_2H_5 \cdot \overset{\overset{\textstyle H}{\textstyle |}}{\underset{\underset{\textstyle CH_3}{\textstyle |}}{C}} \cdot OH \text{ , sekundärer Butylalkohol.}$$

Verteilen wir diese vier Liganden an die Ecken eines Tetraeders, indem wir etwa das H-Atom an die Spitze setzen, so lassen sich die drei anderen in zwei Weisen an den Ecken der Grundfläche anordnen: einmal von links nach rechts (im Sinne des Uhrzeigers) C_2H_5, CH_3, OH, das andere Mal in der gleichen

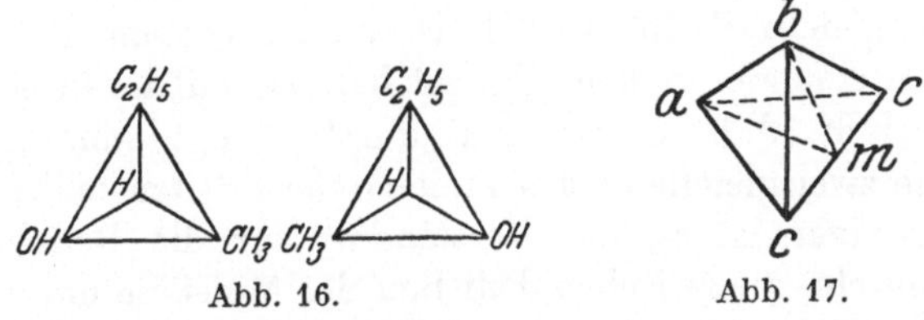

Abb. 16.   Abb. 17.

Reihenfolge, aber in entgegengesetztem Sinn. Diese beiden Formen sind nun nicht miteinander zur Deckung zu bringen, sie verhalten sich zueinander wie Gegenstand und Spiegelbild, wie rechte Hand und linke Hand, sie sind in gewissem Sinne gleich und doch entgegengesetzt. In unmittelbarem Zusammenhang hiermit steht es, daß ein solches C-Atom mit seinen Liganden ein unsymmetrisches Gebilde darstellt, d. h. ein Gebilde, das durch eine hindurchgelegte Ebene nicht in zwei gleiche Teile zerlegt werden kann. Sind zwei Liganden am selben C-Atom einander gleich, so ist eine symmetrische Teilung stets möglich; beiderseits der Ebene $a\,b\,m$ befinden sich gleiche Teile, was einleuchtet, wenn man sich vorstellt, daß diese Ebene die Liganden in a und b mitten durchschneidet und *m* der Mittelpunkt der Linie *c c* ist, an deren Enden sich also zwei gleiche Liganden befinden. In einem Molekül mit vier verschiedenen Liganden ist eine solche symmetrische Teilung nicht möglich. Man nennt deshalb ein solches C-Atom

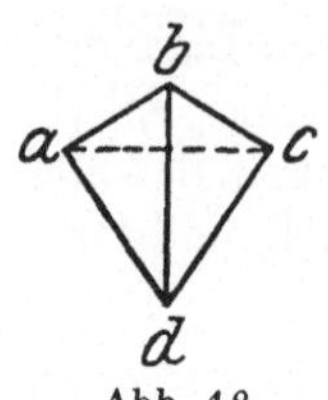

Abb. 18.

ein unsymmetrisches oder *asymmetrisches*. An einem asymmetrischen C-Atom können die vier Liganden, wie oben gezeigt, auf zweierlei räumlich verschiedene Weisen verteilt sein.

Im gewöhnlichen chemischen Verhalten kommt diese Besonderheit nicht zum Ausdruck; es wäre nicht einzusehen, warum die eine Form etwa beim Ersatz der Hydroxylgruppe durch Chlor oder bei der Oxydation zum Keton sich anders verhalten sollte als die andere. Dagegen ist wohl ohne weiteres vorstellbar, daß die Symmetrie des Moleküls bei solchem Stoff, sofern er kristallisiert, in der Art zum Ausdruck kommt, daß die Kristalle beider Formen nicht identisch sind, sondern gleichfalls im Verhältnis von Gegenstand und Spiegelbild zueinander stehen. Ein solcher Kristall ist in sich unsymmetrisch, d. h. er ist nicht durch eine hindurchgelegte Ebene in zwei gleiche oder symmetrische Hälften teilbar.

Schwieriger ist es, das Verständnis für die Beziehungen zu vermitteln, die zwischen dem Bau der Moleküle und seinem Einfluß auf das Licht bestehen. Es handelt sich dabei um eine ganz besondere Lichtart, die nur unter bestimmten Bedingungen entsteht und deren Natur nur mit besonderen Hilfsmitteln zu erkennen ist.

Das Wesen des Lichts besteht, wie aus der Physik bekannt, in gewissen Schwingungen, deren Ursprung und Art wir hier

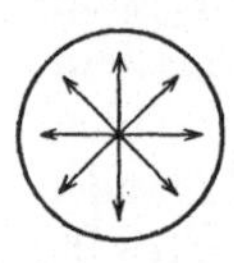

Abb. 19.

nicht erörtern können. Betrachten wir einen Lichtstrahl, der etwa durch ein rundes Loch in einen dunklen Raum fällt. In diesem Strahl finden Schwingungen in allen möglichen Richtungen statt. Die Abb. 19 mag versinnlichen, wie etwa man sich dies vorstellen kann. Der Kreis soll den Querschnitt des Lichtstrahls darstellen, die Pfeile einige der Richtungen, in denen die Schwingungen stattfinden. So liegen die Dinge bei

allen gewöhnlichen Lichtstrahlen. Bei gewissen Spiegelungs-
vorgängen, noch auffallender aber beim Durchgang durch gewisse Kristalle, erleidet das Licht eine merkwürdige Veränderung. Schneidet man aus einem solchen
Kristall zwei Platten, so lassen diese das
Licht äußerlich unverändert durch, wenn
man sie einzeln prüft, und ebenso, wenn
man sie aufeinanderlegt, wie sie ursprünglich im Kristall zueinander gelegen haben.
Dreht man aber die eine Platte um 90⁰
gegen diese ursprüngliche Lage, wie es die

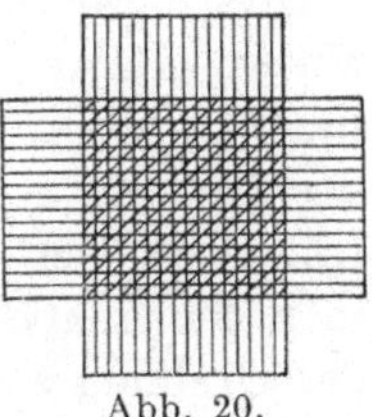

Abb. 20.

Abb. 20 zeigt, so wird das Licht, das durch die erste Platte
hindurchgegangen ist, von der zweiten zurückgehalten; die in
der Figur schraffierte Fläche bleibt dunkel. Diese
Erscheinung ist folgendermaßen zu erklären: unser
Kristall läßt nicht das gesamte auf ihn fallende
Licht hindurch, sondern nur den Teil desselben,
der parallel zu seiner eigenen Achse schwingt. In
einem Lichtstrahl, der durch einen solchen Kristall hindurchgegangen ist, muß man die Schwingungen denken, wie schematisch in Abb. 21 dargestellt: sie finden sämt-

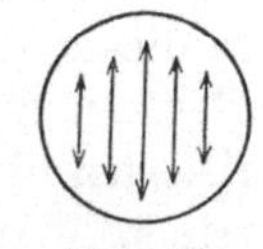

Abb. 21.

lich nur in einer Richtung
statt. Man nennt solches nur
in einer bestimmten Rich-
tung schwingende Licht *polarisiert*. Äußerlich ist es
von gewöhnlichem Licht nicht
zu unterscheiden. Fällt es
aber auf einen zweiten Kristall der gleichen Art, so
vermag es ihn nur zu durchdringen, wenn dessen Achse
parallel zu der des ersten
liegt. Ist dagegen die Richtung seiner Achse senkrecht

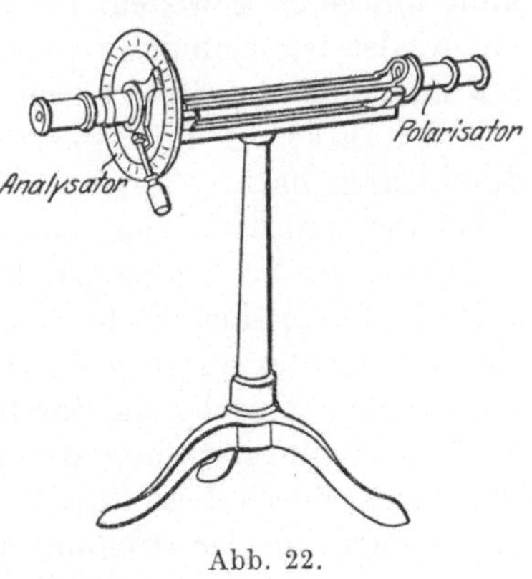

Abb. 22.

zu der des ersten, wie in der obigen Abbildung, so vermag das
polarisierte Licht den zweiten nicht zu durchdringen. Man bedarf
also zum Arbeiten mit polarisiertem Licht eines Systems von

zwei Kristallen: der erste „polarisiert" einen gewöhnlichen Lichtstrahl und wird deshalb Polarisator genannt; der zweite ermöglicht die Untersuchung des polarisierten Lichts, seine Analyse, wie man sagt, und heißt deshalb Analysator. In einem „Polarisationsapparat" ist der Polarisator fest angebracht, der Analysator in einem gewissen Abstand von ihm drehbar. An einer geeigneten Gradeinteilung ist die Stellung festgelegt, bei der der Analysator dunkel erscheint. Dreht man den Analysator, so wird das Gesichtsfeld mit zunehmender Drehung zusehends heller, bis die Drehung den Wert von 90⁰ erreicht. Beim Zurückdrehen tritt Verdunkelung ein, die bei Erreichung des Ausgangspunktes vollständig ist.

Bringt man zwischen Polarisator und Analysator, zwischen denen sich zunächst nur Luft befand, ein Glasgefäß und füllt in dieses Wasser oder Alkohol, so zeigt der Analysator in der gleichen Stellung Dunkelheit wie beim Durchgang des polarisierten Lichtes durch Luft, bringt man dagegen statt reinen Wassers in das Glasgefäß die Lösung eines Stoffes, dessen Kristalle die weiter oben angedeutete eigentümliche Unsymmetrie aufweisen (z. B. Zucker), so erscheint der Analysator in der ursprünglich dunklen Stellung hell und muß um einen gewissen, meßbaren Betrag gedreht werden, um wieder Dunkelheit zu zeigen. Dieser Betrag ist abhängig von der Natur des Stoffes, von der Konzentration der Lösung und der Dicke der Flüssigkeitsschicht, die der Lichtstrahl zu durchlaufen hat.

Da der Analysator dann Dunkelheit zeigt, wenn seine Achse senkrecht zur Schwingungsrichtung des polarisierten Lichtes steht, da ferner diese Stellung nach dem Durchgang des polarisierten Lichtes durch gewisse Lösungen eine andere ist als nach seinem Durchgang durch Luft oder Wasser, so muß die Schwingungsrichtung des polarisierten Lichtes *bei* dem Durchgang durch diese Lösung eine Drehung erfahren haben, deren Betrag an der Drehung des Analysators genau zu messen ist. Die organischen Stoffe nun, die eine solche Drehung der Schwingungsrichtung polarisierten Lichtes bewirken, sind solche, die in ihrem Molekül ein asymmetrisches C-Atom enthalten. Sofern es sich dabei um flüssige Stoffe handelt, brauchen sie natürlich nicht erst in Lösung gebracht zu werden. Weil solche Stoffe auf das polarisierte Licht eine ganz bestimmte, meßbare Wirkung ausüben, nennt man sie *optisch aktiv.*

Diese optische Aktivität ist das wichtigste Kennzeichen der Stoffe, deren Moleküle ein asymmetrisches C-Atom enthalten. Sie war von einer ganzen Reihe von Produkten vornehmlich des Pflanzenreichs als merkwürdige Tatsache bekannt, lange ehe man sich über die Beziehung der Erscheinung zum Bau der Moleküle klar wurde. Die Erkenntnis, daß die optische Aktivität ihre Ursache im Bau der Moleküle hat, stellt eine glänzende Bestätigung unserer Auffassung von eben diesem Molekülbau dar. Nur dann, wenn die am Aufbau eines Moleküls beteiligten Gruppen in ganz bestimmter Anordnung verbunden sind, ist das Auftreten unsymmetrischer Moleküle vorstellbar. Die Erfahrung lehrt, daß gerade solche Stoffe, die nach diesen Vorstellungen unsymmetrisch sein sollen, sich in ihrem Verhalten gegenüber polarisiertem Licht als unsymmetrisch erweisen, und somit können wir sagen, daß unsere Vorstellungen vom Bau der Moleküle mit der Wirklichkeit in weitgehender Übereinstimmung sein müssen. Wenn wir oben sagten, daß optische Aktivität zunächst an Produkten des Pflanzenreichs beobachtet worden ist, so ist hierzu noch einiges zu bemerken. Wir hatten gesehen, daß an einem asymmetrischen C-Atom die vier Liganden in zwei verschiedenen Weisen angeordnet sein können, derart, daß sie in der einen Form in entgegengesetzter Richtung aufeinanderfolgen wie in der anderen. Gegenüber polarisiertem Licht äußert sich dieser Umstand darin, daß die eine Form die Schwingungsebene des polarisierten Lichtes um den gleichen Betrag, aber in entgegengesetztem Sinn dreht wie die andere. Im Polarisationsapparat muß also der Analysator bei der Prüfung der einen Form beispielsweise um einen bestimmten Betrag nach rechts gedreht werden, um Dunkelheit zu zeigen, bei der anderen Form um den gleichen Betrag nach links. Von diesen zwei möglichen Formen kommt in der Natur meist nur die eine vor. Dies aber ist das Merkwürdigste: versucht man im Laboratorium einen solchen optisch aktiven

Stoff künstlich herzustellen — und das scheint in vielen Fällen keine besonderen Schwierigkeiten zu bieten, wenn die Konstitution des betreffenden Stoffes bekannt und nicht zu kompliziert ist —, so erhält man einen Stoff, der mit dem Naturprodukt in allem übereinstimmt — nur daß er *nicht* optisch aktiv ist. Die Hervorbringung optisch aktiver Stoffe ist trotz aller Erfolge der chemischen Experimentierkunst ein Vorrecht, eine unerreichte Besonderheit der Lebewesen geblieben. Hieran ändert auch die Tatsache nichts, daß der Chemiker gelernt hat, mit Hilfe von Organismen oder von optisch aktiven Stoffen, die direkt von Organismen stammen, nun seinerseits neue optisch aktive Stoffe zu gewinnen — in letzter Linie ist er abhängig geblieben von Lebewesen. Wir stehen hier vor einem der Geheimnisse der belebten Natur, das zu klären bisher nicht gelungen ist.

Wie kommt es nun, daß wir im Laboratorium keine optisch aktiven Stoffe erzielen? Unsere aufbauende, synthetische Arbeit schreitet naturgemäß vom Einfacheren zum Komplizierteren vor, und da die unsymmetrischen Stoffe vergleichsweise komplizierter sind als die symmetrischen, so sind diese meist der Ausgangspunkt unserer Arbeit. Um zu einem Molekül zu gelangen, in dem ein C-Atom vier verschiedene Liganden trägt, gehen wir naturgemäß von einem solchen aus, das schon drei verschiedene Liganden besitzt, sei es, daß zwei Valenzen des betreffenden C-Atoms das gleiche einwertige Atom oder Radikal tragen, sei es, daß beide mit einem zweiwertigen Atom oder Radikal verbunden sind; als Beispiel der

ersten Art können wir das n-Butan ansehen, $C_2H_5 \cdot \overset{\textstyle H}{\underset{\textstyle H}{C}} \cdot CH_3$,

der zweiten Art das Methyl-äthyl-keton $\underset{\textstyle CH_3 \cdot C \cdot C_2H_5}{\overset{\textstyle O}{}}$. Betrachten wir die räumlichen Verhältnisse, indem wir der Übersichtlichkeit halber nur *das* C-Atom als Tetraeder zeichnen, das uns hier besonders interessiert, so läßt sich das Butan darstellen durch das Bild Abb. 23. Die beiden H-Atome sind in dieser Anordnung völlig gleichwertig. Ersetzen wir nun eines davon z. B. durch Chlor, so wird unser C-Atom asymmetrisch; je nachdem das eine oder andere H-Atom ersetzt wird, erhalten wir zwei Formen (Abb. 24), die spiegelsymmetrisch sind. Welche dieser beiden Formen wird nun bei dem Versuch entstehen? Die Antwort ist sehr einfach: da die beiden H-Atome gleichwertig sind, ist die Wahrscheinlichkeit, daß das eine durch Chlor ersetzt wird, genau so groß

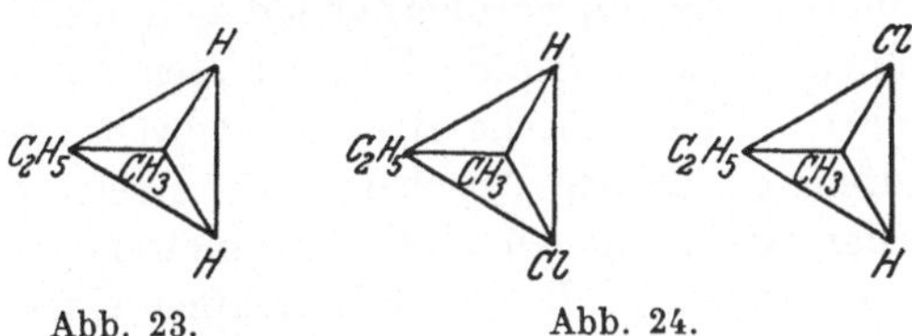

Abb. 23.Abb. 24.

wie für das andere; es werden also ebenso viele Moleküle von der einen Art entstehen wie von der anderen. Wir erhalten ein Gemisch zweier chemisch vollkommen gleicher Molekülarten, die sich auch in physikalischer Hinsicht völlig gleich und nur dem polarisierten Licht gegenüber gleich, aber entgegengesetzt verhalten: die eine dreht die Schwingungsebene um ebensoviel nach rechts wie die andere nach links. Dies kommt darauf hinaus, daß im Gemisch die eine Wirkung die andere aufhebt (das ist überall da der Fall, wo gleiche, aber entgegengesetzte Kräfte zugleich wirken), und wenn wir unser „2-Chlor-butan" im Polarisationsapparat prüfen, finden wir daher keine Drehung. So führen alle asymmetrischen Synthesen zunächst zu inaktiven Gemischen. Einige Beispiele für die Gewinnung der optisch aktiven Bestandteile aus solchem Gemisch werden wir an geeigneten Stellen erwähnen.

In einigen Fällen haben diese merkwürdigen Verhältnisse auch praktische Bedeutung. Die Organismen haben nicht nur die Fähigkeit, optisch aktive Stoffe hervorzubringen, vielmehr ist ein sehr großer Teil der in ihnen vorkommenden Stoffe optisch aktiv, und dieser Umstand besitzt im Lebensprozeß eine besondere, noch nicht erklärbare Wichtigkeit. Sie äußert sich unter anderem auch darin, daß viele in der Heilkunde verwandten Stoffe optisch aktiv sind. Stellt man solche wichtigen Produkte künstlich her, so zeigt sich, daß die ge-

135

wünschte Wirkung oft nicht dem Stoff schlechtweg, sondern nur der *einen* optisch aktiven Form desselben zukommt; so wird die Gewinnung optisch aktiver Stoffe zu einer technischen Aufgabe. Diese ist sehr vereinfacht, wenn man dabei von einem optisch aktiven Naturprodukt ausgehen kann, weil diese bei chemischen Umwandlungen ihre Aktivität meist behalten, sofern bei den stattfindenden Umsetzungen die Asymmetrie — und wäre es nur vorübergehend — nicht aufgehoben wird. Im übrigen haben gerade Umsetzungen optisch aktiver Stoffe gelehrt, daß chemische Reaktionen weit weniger einfach verlaufen, als es den Anschein hat. Ersetzt man nämlich einen der vier Liganden eines asymmetrischen C-Atoms durch einen anderen, z. B. die OH-Gruppe eines Alkohols durch Chlor (mit Hilfe von Phosphorpentachlorid), und läßt dann das Chlor wieder gegen OH austauschen (z. B. durch Einwirkung von Alkali), so sollte man meinen, daß man am Schluß die gleiche Form erhält, von der man am Anfang ausging. Das ist aber keineswegs immer der Fall; es kommt vielmehr gar nicht selten vor, daß man die „linksdrehende" Form (wie man abgekürzt sagt) erhält, wenn man von der rechtsdrehenden ausgegangen war, oder umgekehrt. Diese Verwandlung (nach ihrem Entdecker *Walden*sche Umkehrung genannt) zeigt, daß das Wie chemischer Umsetzungen Geheimnisse birgt, die aus dem stofflichen Ergebnis, dem Reaktionsprodukt, nicht ohne weiteres zu deuten sind. —

Unter den sauerstoffhaltigen Verbindungen schließen sich die Carbonylverbindungen, Aldehyde und Ketone, naturgemäß an die Alkohole an. An Stelle der Alkoholgruppe $\equiv C \cdot OH$ enthalten sie die schon früher erwähnte Carbonylgruppe $=C:O$. Bezeichnen wir mit R irgendeinen aus C-Atomen aufgebauten Rest, wie Methyl CH_3, Äthyl C_2H_5, Butyl C_4H_9 usw., so sind Aldehyde wiederzugeben durch die allgemeine Formel $R \cdot CHO$, Ketone durch die Formel $R \cdot CO \cdot R$, wobei zu bemerken ist, daß die beiden durch die Carbonylgruppe verknüpften Reste gleich oder verschieden sein können, wie im Dimethylketon oder Azeton $CH_3 \cdot CO \cdot CH_3$ und im Methyl-äthyl-keton $CH_3 \cdot CO \cdot C_2H_5$. Wie schon bei dem ersten Beispiel, dem Form-aldehyd, erwähnt, ist diese ganze Körperklasse zu zahlreichen chemischen Umsetzungen befähigt und darum für den Chemiker von großer Wichtigkeit. In den Organismen spielen sie dagegen eine weit geringere Rolle als etwa die Alkohole und die Säuren. Viele Carbonylverbindungen sind durch angenehmen Geruch ausgezeichnet, und so begegnen wir ihnen in den Duftstoffen zahlreicher Blüten und Früchte, wie Veilchen, Zitronen, Mandeln, um nur einige wenige zu nennen. Sie gehören meist in jene eigentümliche Gruppe von Kohlenwasserstoffen und Alkoholen von kompliziertem Bau, die wir früher als Bestandteile der ätherischen Öle erwähnt haben.

Ein in jeder Hinsicht wichtiges, umfassendes Gebiet bilden die organischen Säuren. Von diesen haben wir die Ameisensäure $H \cdot COOH$ und die Essigsäure $CH_3 \cdot COOH$ schon besprochen. Die den beiden gemeinsame Gruppe $-COOH$ ist das Merkmal der organischen Säuren, im besonderen der Carbonsäuren (denn es gibt auch organische Säuren, deren saurer Charakter durch andere, z. B. schwefelhaltige Gruppen bedingt wird). Wir schreiben die Gruppe in dieser abgekürzten Form, vergessen dabei aber nicht, daß ihr Bau dargestellt wird durch das Bild $\cdot C \underset{OH}{\overset{O}{\diagup}}$: zwei Valenzen des C-Atoms sind mit einem O-Atom verbunden, die dritte mit einer OH-Gruppe, während die vierte frei ist zur Verknüpfung mit Wasserstoff (in der Ameisensäure) oder mit Kohlenstoff irgendeines kohlenstoffhaltigen Restes, wofür die Methylgruppe in der Essigsäure das einfachste Beispiel ist. Verweilen wir noch einen Augenblick bei der Gruppe COOH, der sogenannten *Carboxyl*gruppe. Sie ist ein einwertiges Radikal, das in zahlreichen Verbindungen wiederkehrt und ihnen, wie gesagt, sauren Charakter verleiht. Erscheint äußerlich die Carboxylgruppe als eine Vereinigung einer Carbonyl- mit einer Hydroxylgruppe, so weist sie in ihrem chemischen Verhalten weder die vielseitige Reaktionsfähigkeit des Aldehyd- oder Keton-carbonyls noch die eigentümliche Indifferenz des Alkohol-hydroxyls auf. Vielmehr ist die Hydroxylgruppe des Carboxyls und im besonderen sein H-Atom der Träger der meisten Reaktionen, deren die Säuren fähig sind. Von diesen haben wir bei der Ameisensäure schon die wichtigsten kennengelernt. Da sind zunächst die Salzbildung mit Basen und die Esterbildung mit Alkoholen, die wir auch bei den anorganischen Säuren finden. Dann hatten wir die Amidbildung, den Ersatz der Hydroxylgruppe durch die NH_2-Gruppe:

$$-C{<}{}^{O}_{OH} \rightarrow C{<}{}^{O}_{NH_2}.$$

Ferner sei hier der Ersatz der OH-Gruppe durch Chlor erwähnt, der sich wie bei den Alkoholen mit Hilfe der Phosphorchloride erzielen läßt und zu Verbindungen mit der Gruppe $-C{<}{}^{O}_{Cl}$ führt, den Säurechloriden, die, ihrerseits sehr reaktionsfähig, zu vielerlei Umsetzungen verwandt werden können.

Gehen wir am Beispiel der Essigsäure $CH_3 \cdot COOH$ einmal kurz diese Verbindungen durch, um eine etwas deutlichere Vorstellung von ihnen zu erhalten. Als einbasische Säure liefert die Essigsäure Salze wie $CH_3 \cdot COO \cdot Na$, Natriumazetat, oder $(CH_3COO)_2Ca$, Kalziumazetat, weiße, in Wasser lösliche Kristalle. Eine wäßrige Lösung des Aluminium-azetats $(CH_3COO)_3Al$ ist als essigsaure Tonerde als Hausmittel bekannt. Der Bau der Ester entspricht dem der Salze, indem an Stelle des Metalls eine Alkylgruppe tritt; so erhalten wir den Essigsäure-äthyl-ester (Essigester) $CH_3COO \cdot C_2H_5$, eine angenehm riechende, leicht flüchtige Flüssigkeit. Durch Erhitzen von Ammoniumazetat erhält man das Azetamid $CH_3CO \cdot NH_2$ (vgl. Formamid S. 95), einen indifferenten Stoff. Wie die Nachbarschaft des doppelt gebundenen O-Atoms der Hydroxylgruppe den sauren Charakter erteilt, so beeinträchtigt sie den von Natur basischen Charakter der Aminogruppe (vgl. das Methylamin!) so weit, daß die Befähigung zur Salzbildung mit Säuren fast völlig verlorengeht. Während im Methylamin die Bindung zwischen dem C- und N-Atom sehr fest ist, läßt sich im Azetamid, wie überhaupt in Säureamiden, die Aminogruppe durch bloßes Kochen mit Wasser in Gegenwart von etwas Säure oder Alkali leicht gegen die Hydroxylgruppe austauschen:

$$CH_3CO \cdot NH_2 + H_2O = CH_3COOH + NH_3.$$

Entsprechenden Verhältnissen begegnen wir bei dem Azetylchlorid $CH_3CO \cdot Cl$. Im Gegensatz zum Äthylchlorid $CH_3 \cdot CH_2 \cdot Cl$, das erst bei höherer Temperatur, und auch dann nur allmählich mit Wasser reagiert, setzt sich das Azetylchlorid schon bei gewöhnlicher Temperatur und fast momentan mit Wasser um unter Bildung von Essigsäure und Chlorwasserstoff:

$$CH_3 \cdot CO \cdot Cl + H_2O = CH_3COOH + HCl .$$

Wie mit Wasser, so reagiert das Chlor der Säurechloride aber auch mit Alkoholen, Ammoniak und Aminen, indem es sich mit einem H-Atom der OH- oder NH_2-Gruppe vereinigt, während die Gruppe $CH_3CO \cdot$ an die Stelle dieses H-Atoms tritt, z. B.

$$CH_3CO \cdot Cl + HOC_2H_5 = CH_3CO \cdot OC_2H_5 + HCl ,$$

d. h. aus Azetylchlorid und Äthylalkohol entsteht neben HCl der Essigester; oder

$$CH_3 \cdot CO \cdot Cl + NH_3 = CH_3 \cdot CO \cdot NH_2 + HCl ,$$

aus Azetylchlorid und Ammoniak entsteht Azetamid. Mit dem an Kohlenstoff gebundenen Wasserstoff reagiert es dagegen normalerweise nicht. Daher besitzt man im Azetylchlorid geradezu ein Mittel, um das Vorhandensein von Hydroxylgruppen in organischen Verbindungen nachzuweisen. Läßt man Azetylchlorid auf Natriumazetat wirken, so vereinigen sich, wie zu erwarten, Chlor und Natrium, und der mit dem Chlor verbundene „Azetylrest" $CH_3CO \cdot$ tritt an die Stelle des Natriums, d. h. es entsteht eine Verbindung der Formel

$$CH_3CO \cdot O \cdot COCH_3 \quad \text{aus} \quad CH_3CO \cdot Cl + NaO \cdot COCH_3 .$$

Bedenkt man, daß das Chlor an Stelle der OH-Gruppe, das Natrium an Stelle des H-Atoms je eines Essigsäuremoleküls steht, so zeigt sich, daß unsere Reaktion auf die Entziehung eines Moleküls H_2O aus zwei Molekülen Essigsäure hinausläuft:

$$CH_3CO \cdot OH + H O \cdot COCH_3 = H_2O + CH_3CO \cdot O \cdot COCH_3 ;$$

darum nennt man das Produkt Essigsäureanhydrid. Es soll hier als Beispiel für eine ganze Klasse ähnlicher Säureanhydride dienen; sie sind in gewisser Weise den Äthern zu vergleichen — z. B. $CH_3 \cdot O \cdot CH_3$ —, besitzen aber nicht deren große Beständigkeit, sondern gehen in Gegenwart von Wasser leicht in die Säuren über.

Was die Beziehungen anlangt, die zwischen den Säuren und anderen Verbindungsgruppen bestehen, so wissen wir bereits, daß die Säuren die Oxydationsprodukte der primären Alkohole und der Aldehyde sind, wie sie überhaupt vielfach bei Oxydationsprozessen entstehen. Daneben gibt es aber auch eine Bildungsweise, die nicht auf Oxydation beruht und als synthetische Methode besondere Bedeutung besitzt. Wie das Formamid $H \cdot CO \cdot NH_2$ durch Wasserentziehung in Blausäure $H \cdot CN$ übergeht, so lassen sich auch Azetamid und andere Säureamide in entsprechende Verbindungen verwandeln, so $CH_3 \cdot CO \cdot NH_2$ in $CH_3 \cdot CN$. Hier ist der Wasserstoff der Blausäure durch Methyl ersetzt, und so kann man die Verbindung als Methylcyanid bezeichnen. Es gibt für die Gruppe $\cdot CN$ aber noch einen Namen, der gerade dann gebraucht wird, wenn man sie in ihrem Zusammenhang mit dem Säureamid betrachtet. Dann heißt sie *Nitril*gruppe und die Verbindung $CH_3 \cdot CN$ Azetonitril. Die Ableitung dieses Namens von dem der Essigsäure soll besagen, daß hier an Stelle der Carboxylgruppe der Säure die Nitrilgruppe $\cdot CN$ steht, die aus der ersteren hervorgegangen ist und, wie wir gleich hinzufügen wollen, auch leicht in sie zurückzuverwandeln ist. Wie die Blausäure in Ameisensäure, so ist das Azetonitril durch Wasser (in Gegenwart von Säure oder Alkali) in Essigsäure zu verwandeln:

$$CH_3CN + 2\,H_2O = CH_3CO \cdot OH + NH_3.$$

Was diese Reaktion nun besonders wichtig macht, ist der Umstand, daß sich die CN-Gruppe leicht an Stelle von Halogen in Kohlenwasserstoffe einführen läßt mit Hilfe von Kaliumcyanid: $CH_3 \cdot Cl + KCN = CH_3 \cdot CN + KCl$. Da das Methylchlorid in naher Beziehung zum Methylalkohol steht, besitzen wir hier einen Weg, um von einem Alkohol zu einer Säure mit einem C-Atom mehr zu gelangen:

$$CH_3OH \rightarrow CH_3Cl \rightarrow CH_3CN \rightarrow CH_3COOH;$$

die Carboxylgruppe nimmt die Stelle ein, an der sich zuvor die Hydroxylgruppe befunden hat, und so lassen sich die Erkenntnisse, die man über die Konstitution der Alkohole gesammelt hat, auf die der entsprechenden Säuren übertragen. Die Carboxylgruppe kann als einwertiges Radikal an den verschiedensten Stellen eines größeren kohlenstoffhaltigen Moleküls haften, geradeso wie etwa ein Chloratom. So finden wir sie am Ende normaler (gerader) oder verzweigter Kohlenstoffketten, an Kohlenstoffringen, an gesättigten wie an ungesättigten Resten, und zwar einzeln oder auch zu mehreren in zahlreichen Säuren; solche werden teils frei, teils gebunden in den verschiedensten tierischen und pflanzlichen Produkten gefunden — ganz zu schweigen von der großen Zahl, die im Lauf der Zeit unter den Händen der Chemiker hervorgegangen ist.

Aus dieser Fülle greifen wir einige wenige heraus, die im Lebensprozeß wichtig oder durch ihr chemisches Verhalten besonders merkwürdig sind. Zu den ersteren gehören vor allem die sogenannten Fettsäuren, wie ihr Name sagt, die wesentlichen Bestandteile der Fette. Es sind Carbonsäuren mit einer Carboxylgruppe (Monocarbonsäuren) am Ende einer mehr oder weniger langen, unverzweigten, gesättigten oder ungesättigten Kohlenstoffkette, merkwürdigerweise meist von ungerader Zahl von C-Atomen. Als erste sei die Buttersäure genannt, ein allerdings nicht sehr wesentlicher Bestandteil der Butter: $CH_3 \cdot CH_2 \cdot CH_2 \cdot COOH$; sie zeigt in einfacher Weise das Prinzip des Aufbaus der ganzen Klasse. In frischer Butter ist sie esterartig an Glyzerin gebunden; die freie Säure besitzt einen unangenehmen, ranzigen Geruch, von dem der Ester frei ist. — Die drei Hauptbestandteile der Mehrzahl unserer Speisefette und Öle sind die Palmitinsäure, Stearinsäure und Ölsäure, $C_{15}H_{31} \cdot COOH$, $C_{17}H_{35} \cdot COOH$ und $C_{17}H_{33} \cdot COOH$. In eingehenden Untersuchungen ist nachgewiesen worden, daß in allen dreien unverzweigte Kohlenstoffketten vorliegen — man versteht, daß nach dieser Feststellung die kettenförmige Anordnung als kennzeichnend für die Fette betrachtet wurde und daß nun alle Verbindungen, denen offene Kohlenstoffketten zugrunde liegen, als fettartige,

„aliphatische" zusammengefaßt wurden. — Wie am Wasserstoffgehalt zu ersehen ist, sind Palmitin- und Stearinsäure gesättigt, während die Ölsäure eine Doppelbindung in ihrem Molekül aufweist. Durch Anlagerung von Wasserstoff geht sie glatt in Stearinsäure über; durch oxydative Spaltung ließ sich zeigen, daß die Doppelbindung genau in der Mitte des Moleküls gelegen ist, so daß die Formel sich auflösen läßt in die Form $CH_3(CH_2)_7CH = CH(CH_2)_7COOH$. Äußerlich unterscheidet sich die Ölsäure durch ihren niedrigen Schmelzpunkt von den beiden anderen Säuren: diese schmelzen über 60^0, die Ölsäure schon bei 9^0, sie ist also bei gewöhnlicher Temperatur flüssig; Ähnliches gilt auch von ihren Glyzerinestern. Ein Fett ist also um so fester und schmilzt um so höher, je weniger Ölsäure es enthält. Dies gilt sowohl von tierischen Fetten, wie Rindertalg, Schweine- und Gänseschmalz, wie von pflanzlichen, wie Kokosfett und Olivenöl. Hieraus geht schon hervor, daß die Fette in chemischem Sinn keine einheitlichen Stoffe sind, sondern Gemische von verschiedenen „Glyzeriden". Da das Glyzerin drei OH-Gruppen besitzt, so kann es mit drei Säureresten verestert sein; diese sind entweder untereinander gleich, dann haben wir „Tripalmitin", „Tristearin" und „Trioleïn" vor uns, wie sie in vielen Fetten vorkommen. Es ist aber auch häufig ein Glyzerinmolekül mit zwei oder drei verschiedenen Säureresten verknüpft, wodurch eine große Mannigfaltigkeit einander ähnlicher und darum nur schwierig voneinander zu trennender Stoffe entsteht.

Mit ihrem hohen Kohlenstoff- und Wasserstoffgehalt stellen die Fette wertvolle Energiespeicher dar, die bei der Verbrennung im Organismus viel Kraft oder Wärme zu liefern vermögen. Daher sind einerseits die Fette an sich hochwertige Nährstoffe, andererseits besitzen die Organismen in der Anhäufung von Fett in ihrem Inneren die Möglichkeit, sozusagen in konzentrierter Form in Zeiten reichlicher Ernährung Vorrat für knappe Zeiten zu sammeln, denen die meisten Tiere im Wechsel der Jahreszeiten ausgesetzt sind. Dabei vermag der Organismus solches Fett auch aus nicht fettartiger Nahrung, vor allem aus Stärke (Getreide), selbst zu bilden.

Von den chemischen Umsetzungen der Fette bei weitem die wichtigste ist die Verseifung, die schon bei der Besprechung des Glyzerins erwähnt worden ist. Sie ist im Prinzip die Spaltung des dreifachen Esters in den dreiwertigen Alkohol, das Glyzerin, und die drei mit ihm verbundenen Säuremoleküle. Hierbei nimmt jedes Fettmolekül drei Wassermoleküle auf — Wasser ist also vor allem zur Durchführung der Verseifung notwendig. Beim Erhitzen mit Wasser allein verläuft der Vorgang sehr langsam; man setzt dem Wasser deshalb eine geringe Menge Basen oder Säuren zu, noch besser aber gewisse natürliche oder künstliche Stoffe, die die merkwürdige Eigenschaft besitzen, den Verseifungsvorgang (katalytisch) ganz wesentlich zu beschleunigen. In all diesen Fällen erhält man ein Gemisch von Glyzerin mit Wasser, auf dem die unlöslichen Fettsäuren schwimmen. Die ursprüngliche Form der Verseifung besteht aber in der Behandlung der Fette mit soviel Alkali (Natron oder Kali), wie zur Überführung der Fettsäuren in ihre Alkalisalze, das sind eben die Seifen, notwendig ist. So gewinnt man mit Natron die festen Kernseifen, mit Kali die weichen Schmierseifen. Nach diesem Vorgang bezeichnet man in der organischen Chemie allgemein Reaktionen, bei denen die Spaltung eines Moleküls unter Aufnahme von Wasser verläuft, als *Verseifungen*, auch wenn dabei keine seifenartigen oder -ähnlichen Verbindungen entstehen. Hierher gehören neben sämtlichen Esterspaltungen, die der Verseifung der Fette ganz analog sind, auch entsprechende Spaltungen von Äthern oder Säureanhydriden, die Abspaltung der NH_2-Gruppe aus Säureamiden unter Ersatz durch OH und viele andere.

Die Seifen sind ausgezeichnet durch ihre Löslichkeit in Wasser; sie unterscheiden sich hierdurch ebensosehr von den freien Fettsäuren wie von deren übrigen Salzen, die in Wasser unlöslich sind. Es mag sonderbar scheinen, daß man die Seifen als Salze bezeichnet; sind sie doch von den uns sonst geläufigen Salzen denkbar verschieden. Dennoch gibt die Bezeichnung Salz ihren chemischen Charakter in einwandfreier Weise wieder. Da die Fettsäuren sehr schwache Säuren sind, so werden ihre Salze bei der Lösung in Wasser teilweise gespalten in freie Lauge und Säure. Diese Lösungen besitzen ein bedeutendes Benetzungsvermögen auch für solche Stoffe, die von reinem Wasser nicht benetzt werden, wie z. B. Fette, ja sie vermögen sogar Öle in einem lösungsähnlichen Zustand aufzunehmen. Hierauf beruht das große Reinigungsvermögen der Seifen.

Es gibt eine große Reihe von Stoffen, die äußerlich den Fetten und Ölen sehr ähnlich sind, wie das Paraffin, das zu Kerzen verarbeitet wird, die Vaseline und die verschiedenen Arten von Schmierölen. In der Mehrzahl dieser Stoffe haben wir Kohlenwasserstoffe vor uns, sie unterscheiden sich daher von den wirklichen Fetten grundsätzlich dadurch, daß sie nicht verseifbar sind; ebensowenig eignen sie sich zur Ernährung, sie sind unverdaulich, und unser Körper vermag ihren gleichfalls sehr hohen Energiegehalt nicht zu verwerten. Da sie meist aus Erdöl und Kohlen gewonnen werden, stellt man sie als Mineralöle den eigentlichen Fetten und „fetten Ölen" gegenüber. In den Fetten haben wir Stoffe von recht beträchtlichem Molekulargewicht vor uns; das Tristearin z. B. $CH_2O-CO-C_{17}H_{35}$ mit seinen drei Stearinsäureresten hat $CHO-CO-C_{17}H_{35}$ die Bruttoformel $C_{57}H_{110}O_6$, aus der sich das Molekulargewicht zu 890 be- $CH_2O-CO-C_{17}H_{35}$ rechnet. —

An biologischer und technischer Bedeutung nehmen die eigentlichen Fettsäuren bei weitem den ersten Platz ein. In chemischer Beziehung verdienen aber auch noch einige andere Säuren unser Interesse. Neben den Monocarbonsäuren, den Säuren mit einer Carboxylgruppe, gibt es noch zahlreiche andere, die zwei und mehr Carboxylgruppen besitzen. Die einfachste denkbare Dicarbonsäure besteht in der Vereinigung zweier Carboxylgruppen: $\begin{matrix} COOH \\ \cdot \\ COOH \end{matrix}$, einer Verbindung, die seit langem als Bestandteil zahlreicher Pflanzen bekannt ist, so des Sauerklees (Oxalis), nach dem sie Oxalsäure genannt wird. Sie bildet sich bei der Oxydation zahlreicher organischer Stoffe, steht mit ihrem geringen Wasserstoff- und hohen Sauerstoffgehalt sozusagen an der Grenze der organischen

Chemie und wurde früher in der Tat gleich der Kohlensäure als anorganische Verbindung betrachtet. — Die zweitein-

fachste Dicarbonsäure ist die Malonsäure $\overset{\text{COOH}}{\underset{\text{COOH}}{\overset{|}{\underset{|}{\text{CH}_2}}}}$. Sie ist aus

Essigsäure über Chloressigsäure $ClCH_2 \cdot COOH$ und Cyan-essigsäure $NC \cdot CH_2 \cdot COOH$ synthetisch herstellbar. Sie selbst ist nicht sehr beständig; beim Erhitzen verliert sie leicht Kohlensäure und verwandelt sich in Essigsäure. Diese Eigentümlichkeit weisen alle Dicarbonsäuren auf, die beide Carboxylgruppen am gleichen C-Atom gebunden halten. Werden die beiden Carboxyle indes z. B. mit Alkohol verestert

zum Malonsäure-diäthylester $\overset{\text{COOC}_2\text{H}_5}{\underset{\text{COOC}_2\text{H}_5}{\overset{|}{\underset{|}{\text{CH}_2}}}}$, so wird die Bestän-

digkeit wesentlich erhöht. Dieser Malonsäure-diäthylester ent-hält keine OH-Gruppe mehr und sollte gleich anderen Estern keine sauren Eigenschaften mehr besitzen. Dies ist indes merkwürdigerweise dennoch der Fall. Die Nachbarschaft der beiden Carboxylgruppen bewirkt, daß der Wasserstoff der mittleren CH_2-Gruppe sauren Charakter erlangt, d. h. durch Metall ersetzbar ist. Mit Hilfe von Natrium gelangt man so zum Natrium-malonsäure-ester $NaHC(COOC_2H_5)_2$, und die-ser vermag nun mit halogenhaltigen Verbindungen zu reagie-ren, z. B. mit Äthylchlorid entsprechend der Gleichung

$$C_2H_5Cl + NaHC(COOC_2H_5)_2$$
$$= C_2H_5HC(COOC_2H_5)_2 + NaCl.$$

Der so entstehende Äthyl-malonsäure-ester gibt beim Versei-fen die freie Äthyl-malonsäure, und diese spaltet beim Er-hitzen, wie die Malonsäure selbst, CO_2 ab. Wir gelangen so zu der Säure $C_2H_5CH_2COOH$ oder $CH_3 \cdot CH_2 \cdot CH_2 \cdot COOH$, das ist nichts anderes als unsere bekannte Buttersäure, die wir also auf einem gewissen Umweg, aber in eindeutig verlaufen-den Reaktionen aus Essigsäure und Äthylchlorid synthetisch erhalten haben, so daß über ihre Konstitution kein Zweifel bestehen kann. So stellt der Malonsäure-ester ein sehr wertvolles Hilfsmittel für die Synthese organischer Säuren dar. Synthesen von der hier geschilderten Art, bei denen größere Moleküle durch direkte Verknüpfung von Kohlenstoffatomen gewonnen werden, bezeichnet man auch als organische Synthesen im engeren Sinne. C-Atom mit C-Atom in gewollter Weise aneinander zu binden, galt in den ersten Jahrzehnten der Entwickelung unserer Wissenschaft als eine der wichtigsten und schwierigsten Aufgaben; ihre Lösung gelang nur vereinzelt, meist als Zufallserfolg. Heute besitzen wir eine ganze Reihe erprobter Verfahren, so daß die Synthese nicht allzu komplizierter organischer Moleküle schon fast zur Selbstverständlichkeit geworden ist. (Vgl. auch S. 101, Synthese des n-Butans, S. 140, Gewinnung der Nitrile.)

Auf die Malonsäure folgt in der natürlichen Reihe der Dicarbonsäuren die Verbindung $\begin{array}{c} CH_2{-}COOH \\ | \\ CH_2{-}COOH \end{array}$, nach ihrem Vorkommen im Bernstein Bernsteinsäure genannt. Ist die Malonsäure ein Produkt des Laboratoriums, so findet sich die Bernsteinsäure sowie auch etliche ihrer Abkömmlinge in verschiedenen pflanzlichen und tierischen Produkten. Da in ihr die CH_2-Gruppen jeweils nur eine Carboxylgruppe tragen, so ist ihr Wasserstoff nicht durch Metall ersetzbar. (Die Carboxylgruppen sind selbstverständlich zur Salzbildung befähigt.) Bemerkenswert ist die Fähigkeit der Bernsteinsäure, durch Austritt eines Moleküls Wasser aus den beiden Carboxylgruppen des *gleichen* Säuremoleküls ein „inneres" Anhydrid zu bilden: $\begin{array}{c} CH_2{-}CO \\ | \qquad\quad \rangle O \\ CH_2{-}CO \end{array}$. Hierzu ist die Malonsäure nicht befähigt; zu starke Näherung der Carboxylgruppen im selben Molekül ist der Anhydridbildung nicht günstig.

Hiermit schließen wir unseren kurzen Überblick über die große Klasse von Verbindungen, die entweder die Gruppe $:COH$ — Alkohole —, oder die Gruppe $:CO$ — Aldehyde und Ketone —, oder die Gruppe $\cdot COOH$ — Säuren — enthalten, und wenden uns solchen Verbindungen zu, die in ihrem Molekül je zwei dieser Charaktere vereinigen.

XI. Sauerstoffhaltige Verbindungen (II).

Neben den Verbindungen, die in ihren Molekülen die im vorigen Kapitel einzeln betrachteten Charaktere vereinigen, lassen sich theoretisch Stoffe voraussehen, die neben der Alkoholgruppe die Carbonylgruppe, neben der Alkohol- die Carboxylgruppe, neben der Carbonyl- die Carboxylgruppe aufweisen, und schließlich solche, in denen die drei Charaktere vereinigt sind. Vertreter dieser vier Klassen sind bekannt; sie sind für unsere Betrachtung indes von sehr verschiedener Wichtigkeit. Ganz übergehen können wir die vierte Gruppe; nur die Formel $CH_2OH \cdot CO \cdot COOH$ einer hierher gehörenden Verbindung mag zeigen, in welcher Weise man sich den Bau derartiger Moleküle zu denken hat. Sie weisen in ihrem chemischen Verhalten nebeneinander die Züge auf, die wir früher an den Alkoholen, Ketonen und Säuren gesondert kennengelernt haben; dies gilt natürlich in ganz gleicher Weise auch für die übrigen drei Klassen.

Auch die vorletzte Klasse, die Verbindungen, die in ihren Molekülen Carbonyl- und Carboxylgruppen vereinigen und demnach Aldehyd- oder Ketoncharakter mit dem der Säuren verbinden, kann kurz behandelt werden. In der belebten Natur spielen sie keine große Rolle; erwähnt sei die einfachste „Ketocarbonsäure" $CH_3 \cdot CO \cdot COOH$ (Brenztraubensäure genannt, weil sie beim Erhitzen von Traubensäure entsteht); sie tritt als wichtiges Zwischenprodukt bei der Vergärung von Zucker zu Alkohol auf. — Von erheblichem theoretischem Interesse ist dagegen eine Reihe von Ketonsäuren, in denen zwischen der Carbonyl- und Carboxylgruppe eine CH_2-Gruppe steht, wie es das Beispiel der Azetessigsäure

$$CH_3 \cdot CO \cdot CH_2 \cdot COOH$$

zeigt. (Der Name besagt, daß hier in einem Essigsäuremolekül ein Wasserstoffatom durch die Azet(yl)gruppe CH_3CO ersetzt ist.) Die CH_2-Gruppe steht hier ähnlich zwischen der CO- und der COOH-Gruppe wie die der Malonsäure zwischen den beiden COOH-Gruppen, und so finden wir hier ähnliche Reaktionen wieder. Der Äthylester, kurz als Azetessigester bezeichnet, wird deshalb vielfach für synthetische Arbeiten verwandt. Was den Azetessigester aber besonders interessant gemacht hat, ist die Tatsache, daß er neben den Reaktionen, die der oben angegebenen Strukturformel entsprechen, auch solche aufweist, wie sie durch die Formel $CH_3 \cdot C(OH) = CH \cdot COOH$ ihre Erklärung finden, d. h. als ob es sich um einen Stoff mit einem Alkohol-hydroxyl und einer C-C-Doppelbindung handelte, eine Struktur, die, wie wir wissen, im allgemeinen nicht beständig ist. Große Mühe ist auf die Klärung dieser Frage verwandt worden; schließlich stellte sich heraus, daß beide Formen nebeneinander in einem Gleichgewicht bestehen, daß sie leicht ineinander übergehen, und daß also nicht die eine Formel richtig und die andere falsch ist, sondern beide ihre Berechtigung haben. Dieser besondere Fall, daß eine Verbindung in zwei verschiedenen Formen auftreten kann, ist nicht vereinzelt und wird mit dem Wort *Tautomerie* bezeichnet; während bei gewöhnlicher Isomerie die verschiedenen Formen unabhängig voneinander bestehen in Gestalt verschiedener Stoffe, die nicht ohne weiteres ineinander verwandelbar sind, bestehen bei Tautomerie zwei Formen ein und desselben Stoffes (tauto = dasselbe) nebeneinander.

Unter den Verbindungen, die in sich Alkohol- und Säurecharakter vereinigen, den sogenannten *Oxysäuren*, finden sich zahlreiche wichtige Pflanzensäuren, wie Äpfel-, Zitronen- und Weinsäure; von diesen ist besonders die letztere theoretisch wichtig, weil an ihr grundlegende Beobachtungen über die Zusammenhänge der optischen Aktivität gemacht worden sind. — So wie ein Molekül mehrere Alkohol- oder Carboxylgruppen enthalten kann — man denke an das Glyzerin und an die Malonsäure —, so finden wir auch unter den Oxysäuren die verschiedenartigsten Kombinationen einzelner und mehrerer Alkohol- und Carboxylgruppen. Die einfachste unter diesen leitet sich von der Essigsäure her durch Ersatz eines H-Atoms durch die OH-Gruppe. Ihre Formel ist $HO \cdot CH_2 \cdot COOH$, ihr Name Glykolsäure. Sie ist in unreifen Weintrauben gefunden worden. Wichtiger ist ihr nächstes Homologes, die von der Propionsäure sich herleitende

$$1\text{-Oxypropionsäure} \quad CH_3 \cdot \overset{OH}{\underset{H}{C}} \cdot COOH.$$ (Die Ziffer 1 bezeichnet die Stellung des Substituenten am ersten, der Carboxylgruppe benachbarten C-Atom; die isomere Verbindung

$$HO \cdot CH_2 \cdot CH_2 \cdot COOH$$

heißt 2-Oxypropionsäure.) Sie ist seit langem als Bestandteil der sauren Milch bekannt und wird deshalb *Milchsäure* genannt. Sie entsteht bei einer besonderen Gärungsart aus verschiedenen zuckerhaltigen Stoffen. Obwohl, wie die Formel zeigt, ihr mittleres C-Atom, mit den Liganden H, OH, CH_3 und COOH, unsymmetrisch ist und sie aus optisch aktiven Stoffen bei dieser Gärung entsteht, ist diese Gärungsmilchsäure selbst optisch inaktiv. Es hat sich zeigen lassen, daß bei ihrer Bildung ein Molekül mit symmetrischem Bau als Zwischenprodukt auftritt; es ist dies die Brenztraubensäure $CH_3 \cdot CO \cdot COOH$, die auch bei anderen Gärungsvorgängen eine Rolle spielt und durch Reduktion in Milchsäure übergeht. Nach unseren früheren Ausführungen besteht die Gärungsmilchsäure aus dem Gemisch gleicher Anteile der beiden optisch aktiven Formen, und es ist auch gelungen, diese einzeln zu gewinnen. Läßt man auf einer Lösung von milchsaurem Ammonium Schimmelpilze wachsen, so vermögen diese nur die linksdrehende Form für ihre Ernährung zu verwerten, diese verschwindet aus der Lösung, und es verbleibt die rechtsdrehende in der Flüssigkeit. Ein zweites Verfahren, um die optisch aktiven Bestandteile aus einem inaktiven Gemisch zu trennen, sei etwas eingehender geschildert, weil es in zahlreichen Fällen mit Erfolg angewandt worden ist.

Wie in den Methylaminen (Kap. VIII) Stoffe von stark basischem Charakter vorliegen, die diese Eigenschaft ihrem Gehalt an Stickstoff verdanken, so finden sich in der belebten Natur zahlreiche andere stickstoffhaltige Produkte von basischer Reaktion (vgl. Kap. XII), und darunter auch solche, deren Molekül asymmetrisch ist, die optisch aktiv sind. Bringt man nun eine solche optisch aktive organische Base mit einer Säure von der Art der Gärungsmilchsäure zusammen, also mit dem Gemisch zweier entgegengesetzt drehender Säuren, so bilden sich nun zweierlei Salze. War z. B. die Base linksdrehend, so ist ihr Salz mit der rechtsdrehenden Säure von einem anderen Symmetriegrad als das mit der linksdrehenden, das Salzpaar ist nicht gleich und entgegengesetzt, wie es das Säurepaar war, und dies drückt sich nun in verschiedenen Eigenschaften der beiden Salze aus. Sie kristallisieren nicht nur in verschiedenen Formen, sie unterscheiden sich — wenigstens in vielen Fällen — auch in ihrer Löslichkeit: die schwerer lösliche Form scheidet sich aus der gemeinsamen Lösung zuerst aus, die andere ist dann z. B. durch Eindunsten der Mutterlauge zu gewinnen. Hat man so die beiden Salze getrennt, so braucht man aus ihnen nur durch Zusatz einer starken Säure die — nun optisch aktive — organische Säure in Freiheit zu setzen und nun durch Kristallisation oder vorsichtige Destillation einer letzten Reinigung zu unterziehen. Erweisen sich die so erhaltenen beiden Säuren in allen physikalischen Eigenschaften gleich und nur in ihrem optischen Drehungsvermögen entgegengesetzt, so darf man sie als rein ansehen. Vermischt man sie zu gleichen Teilen, so erhält man wieder die inaktive Säure, von der man ausgegangen war.

Im besonderen Falle der Milchsäure besitzen wir nun noch eine natürliche Quelle zur Gewinnung der einen, und zwar der rechtsdrehenden aktiven Form. Sie kommt in der Muskelflüssigkeit, im Fleischsaft vor und kann aus Fleischextrakt gewonnen werden. Die linksdrehende Form entsteht durch die Lebenstätigkeit einer ganz bestimmten Bakterienart in Rohrzuckerlösung. Wir haben hier also den nicht häufigen Fall, daß von verschiedenen Organismen die beiden optisch aktiven und die inaktive Form geliefert werden.

Erwähnenswert ist eine synthetische Bildungsart der (inaktiven) Milchsäure. Wir erinnern uns, daß die Carbonylverbindungen zu zahlreichen Additionsreaktionen befähigt sind. Unter diesen durch vielfache Anwendbarkeit ausgezeichnet ist die Anlagerung von Blausäure $H \cdot CN$, die nach dem Schema verläuft: $R_2CO + HCN = R_2 : C\big\langle{}^{OH}_{CN}$. Es entstehen Verbindungen vom Charakter der Nitrile, die sich dementsprechend zu Carbonsäuren verseifen lassen. So gelangen wir vom Azetaldehyd $CH_3 \cdot CH{:}O$ über das Milchsäure-nitril $CH_3 \cdot CH\big\langle{}^{OH}_{CN}$ zur Milchsäure $CH_3 \cdot CH\big\langle{}^{OH}_{COOH}$ in einer Reaktionsfolge, die für die Konstitution der Säure beweisend ist. Diese Reaktion ist allgemeiner Anwendung fähig. Ausgehend von den verschiedensten Aldehyden oder Ketonen gelangt man durch sie zu den entsprechenden 1-Oxy-säuren, d. h. Säuren, die an dem der Carboxylgruppe benachbarten C-Atom eine OH-Gruppe aufweisen („Cyanhydrinsynthese").

Da wir im Laufe dieses Kapitels uns mit Stoffen zu beschäftigen haben werden, die eine größere Anzahl asymmetrischer C-Atome in ihrem Moleküle vereinigen, wollen wir uns am einfachen Beispiel der Milchsäure vergegenwärtigen, wie man die hier vorliegenden räumlichen Verhältnisse in eindeutiger Weise in ebener Schreibweise wiedergeben kann. Wir greifen zu diesem Zweck zurück auf die Darstellung, wie wir sie auf S. 87 entwickelt haben. In den optisch aktiven Stoffen haben wir Moleküle vor uns, für deren genaue symbolische Wiedergabe die gewöhnlichen Strukturformeln nicht ausreichen; denn es handelt sich jeweils um zwei Formen von gleicher Struktur, aber verschiedener Anordnung oder „Konfiguration" der Teile. So müssen an die Stelle der Strukturformeln sogenannte Konfigurationsformeln treten, die klar und eindeutig die räumlichen Verhältnisse abzulesen gestatten müssen. Hierzu erweist sich der kreuzförmige Grundriß des Tetraeders als geeignet. Zeichnen wir zunächst das asymmetrische C-Atom der Milchsäure als Tetraeder und die vier Liganden in den beiden möglichen Anordnungen, und zwar so, daß jedesmal die Carboxylgruppe an der Spitze, die Methylgruppe vorn unten liegt. Blicken wir nun gegen

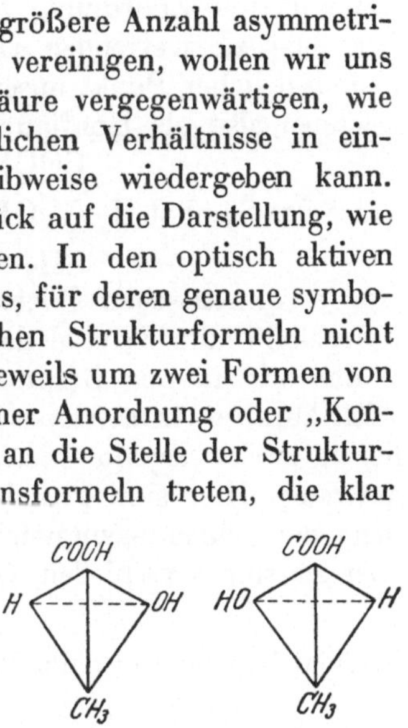

Abb. 25.

die Kante, die diese beiden Liganden verbindet, so finden wir
das eine Mal H links, OH rechts dieser Linie, das andere Mal
umgekehrt. In unserer vereinfachten Darstellung erhalten wir
hierfür das sehr klare und übersichtliche Bild

$$\begin{array}{ccc} & \text{COOH} & & & \text{COOH} \\ \text{H} \cdot & \overset{\textstyle\cdot}{\underset{\textstyle\cdot}{\text{C}}} & \cdot \text{OH} & \text{und} & \text{HO} \cdot \overset{\textstyle\cdot}{\underset{\textstyle\cdot}{\text{C}}} \cdot \text{H} \\ & \text{CH}_3 & & & \text{CH}_3 \end{array}$$

Welche dieser beiden Formen die Ebene des polarisierten
Lichts nach rechts, welche sie nach links dreht, wissen wir
nicht, dies ist für unsere Betrachtung auch nicht erheblich.
Wenn wir die eine Konfiguration willkürlich dem einen
Drehungssinn zuordnen, so entspricht zwangsläufig die andere
dem anderen Drehungssinn. Sollte später vertiefte Kenntnis
vom Bau der Moleküle uns in den Stand setzen, eine von
Willkür freie Zuordnung vorzunehmen, und diese wiche von
der jetzt zu treffenden ab, so würde dadurch doch kein
grundsätzlicher Punkt unserer Erkenntnis betroffen. Wir bezeichnen also als Konfiguration der rechtsdrehenden Milch-
säure das Symbol $\text{H} \cdot \overset{\textstyle\cdot}{\underset{\textstyle\cdot}{\text{C}}} \cdot \text{OH}$ (mit COOH oben, CH$_3$ unten), bei dem die OH-Gruppe rechts
vom asymmetrischen C-Atom steht; damit wird zugleich das
Spiegelbild zum Symbol der „Links-Milchsäure“.

Ehe wir in der Besprechung der Oxysäuren fortfahren,
seien kurz die Isomerieverhältnisse betrachtet, die beim Vorliegen zweier asymmetrischer C-Atome im selben Molekül
auftreten. Hier sind grundsätzlich zwei Fälle zu unterscheiden: die beiden asymmetrischen C-Atome sind gleichartig,
oder sie sind verschieden. Gleichartig sind z. B. die asymme-
trischen C-Atome in einer Verbindung wie $\text{CH}_3 \cdot \overset{\textstyle\text{H}}{\underset{\textstyle\text{HO}}{\text{C}}} \cdot \overset{\textstyle\text{H}}{\underset{\textstyle\text{OH}}{\text{C}}} \cdot \text{CH}_3$;
jedes der mittleren C-Atome trägt die Liganden H, OH und
CH$_3$, als vierten aber den Komplex $\text{CH}_3 \cdot \overset{\textstyle\text{H}}{\underset{\textstyle\text{OH}}{\text{C}}} \cdot$; ungleichartig

$$\overset{\displaystyle H \quad H}{\underset{\displaystyle HO \quad OH}{\text{sind sie in einer Verbindung } CH_3 \cdot \overset{\cdot}{C} \cdot \overset{\cdot}{C} \cdot COOH\,;}} \quad \text{während}$$

sind sie in einer Verbindung $CH_3 \cdot \overset{H}{\underset{HO}{C}} \cdot \overset{H}{\underset{OH}{C}} \cdot COOH$; während das obige Molekül durch eine Linie zwischen den mittleren C-Atomen in zwei symmetrische Hälften zu teilen ist, ist dies bei dem zweiten nicht der Fall. Zwei gleiche asymmetrische C-Atome drehen nun die Ebene des polarisierten Lichtes um den gleichen Betrag nach rechts oder nach links, zwei verschiedenartige aber um verschiedene Beträge. Somit erhalten wir folgende Isomeriemöglichkeiten (die es sämtlich auch tatsächlich gibt!): bei zwei gleichen Atomen können beide die rechtsdrehende Konfiguration besitzen; der Stoff dreht rechts; oder beide die linksdrehende: der Stoff dreht links; oder das eine hat die rechts-, das andere die linksdrehende Konfiguration; dann heben sich die beiden Wirkungen innerhalb des Moleküls auf, da sie gleich und entgegengesetzt sind; der Stoff ist inaktiv durch Ausgleich im Molekül selbst. Schließlich gibt es noch das inaktive Gemisch gleicher Teile der beiden aktiven Formen, wie bei der Milchsäure. Wir finden also vier verschiedene Formen, zwei aktive, eine inaktive zerlegbare, eine inaktive nicht zerlegbare. Sind die beiden asymmetrischen C-Atome ungleich, so sind folgende Kombinationen möglich: nennen wir das eine C-Atom C_1, das andere C_2, die rechts- und linksdrehenden Konfigurationen r und l, so daß C_1r die rechtsdrehende Konfiguration des ersten C-Atoms bedeutet usw., so können wir schematisch kombinieren

$$\begin{matrix} C_1r & C_1r & C_1l & C_1l \\ | & | & | & | \\ C_2r & C_2l & C_2r & C_2l \end{matrix}\;.$$

Es gibt hier also allein vier aktive Stoffe, von denen 1 und 4, 2 und 3 gleich und entgegengesetzt drehen, indem sich in 1 und 4 die Einzelwirkungen addieren, in 2 und 3 subtrahieren. Außerdem geben noch gleiche Teile von 1 und 4 sowie von 2 und 3 zwei verschiedene inaktive, zerlegbare Gemische. Wir haben hier also nicht weniger als 6 verschiedene Formen eines einzigen Stoffes von bestimmter Konstitution. Und doch ist das erst ein Anfang! Unter den einfachsten Zuckerarten haben wir solche, die in ihrem Molekül 3, 4 und 5 verschiedene asymmetrische C-Atome aufweisen; dabei steigt die Zahl der Isomeriemöglichkeiten gewaltig an — im Rahmen der Untersuchungen über natürliche Zucker hat man einen großen Teil davon im Laboratorium verwirklicht.

Kehren wir noch einmal kurz zu den Oxysäuren zurück. Da ist zunächst von der Milchsäure noch eine Eigentümlichkeit hervorzuheben, die auf dem allen Oxysäuren gemeinsamen Umstand beruht, daß sie Alkohol- und Säurecharakter in sich vereinigen; sie äußert sich darin, daß die Milchsäure mit der Alkohol- wie mit der Säuregruppe zur Esterbildung befähigt ist. Besonders leicht verestern sich zwei Milchsäuremoleküle gegenseitig zu einer Lactid (von acidum lacticum, Milchsäure) genannten, ringförmig gebauten Verbindung

$$CH_3CH-CO-O$$
$$O-CO-HCCH_3 \, .$$

Andere Oxysäuren, bei denen sich die Alkoholgruppe am dritten oder vierten C-Atom, von der Carboxylgruppe an gezählt, befindet, wie z. B. die 3-Oxy-buttersäure

$$HO-CH_2-CH_2-CH_2-COOH,$$

bilden in sich einen Ester unter Schließung eines Ringes, wie

$$\begin{array}{c} CH_2-CH_2 \\ | \qquad \quad \diagdown \\ CH_2 \underline{\qquad} O \diagup \end{array} CO \, .$$

Derartige „innere Ester" nennt man in Anlehnung an das Lactid Lactone; sie entstehen häufig von selbst, ohne daß es notwendig wäre, ein wasserentziehendes Mittel wie bei anderen Esterbildungen anzuwenden. Wir finden hier eine besonders deutliche Neigung zur Bildung fünf- oder sechsgliedriger Ringgebilde.

In unreifen Äpfeln und verschiedenen anderen Früchten kommt die Äpfelsäure vor, eine Oxysäure, die sich von der Bernsteinsäure herleitet und die Konstitution

$$HOOC-CHOH-CH_2-COOH$$

besitzt. Sie weist, wie man sieht, ein asymmetrisches C-Atom auf; die natürliche Äpfelsäure ist linksdrehend. Als Beispiele einer Säure mit drei Carboxylgruppen, einer Tricarbonsäure,

kann die Zitronensäure dienen, ein häufiger Bestandteil saurer
Früchte. Ihre Zusammensetzung wird wiedergegeben durch

die Formel
$$\begin{array}{c} CH_2{-}COOH \\ | \\ C(OH)\cdot COOH \\ | \\ CH_2{-}COOH \end{array}$$
; obwohl sie verwickelter erscheint

als die der Äpfelsäure, so ist sie doch symmetrisch, und die
Säure daher nur in einer einzigen Form bekannt. Wir schließen die Reihe der Oxysäuren mit der Weinsäure, die im Saft
der Weintrauben vorkommt; ihr saures Kaliumsalz ist wenig
löslich und setzt sich in den Fässern als Weinstein ab. Auch
die Weinsäure steht der Bernsteinsäure nahe: sie ist die Dioxy-

bernsteinsäure
$$\begin{array}{c} HO\cdot CH{-}COOH \\ | \\ HO\cdot CH{-}COOH \end{array}$$
. Ihre beiden mittleren C-

Atome sind asymmetrisch, und zwar liegt hier der Fall zweier
gleichartiger asymmetrischer C-Atome vor, den wir oben theoretisch besprochen haben. Die Weinsäure war der erste Stoff,
an dem diese merkwürdigen Verhältnisse studiert worden
sind. Es liegt hier nämlich der seltene Fall vor, daß in einem
Naturprodukt, dem Wein, nebeneinander eine optisch aktive
Form, hier die rechtsdrehende, kurz Rechtsweinsäure genannt,
und die inaktive, als Traubensäure bezeichnete, vorkommen.
Die beiden Säuren unterscheiden sich durch Kristallform und
Löslichkeitsverhältnisse, stimmen dagegen in chemischer Zusammensetzung und in chemischen Reaktionen überein. Diese
Tatsachen erregten bei ihrer Entdeckung vor rund 100 Jahren
großes Erstaunen, sie führten zuerst zur Aufstellung des Be-
griffes Isomerie; später wurde dann erkannt, daß die optische
Aktivität der einen, die Inaktivität der anderen Form das
wesentliche Unterscheidungsmerkmal darstellt, und schließlich war die Traubensäure der erste Stoff, bei dem Zerlegung
eines inaktiven Gemisches in die optisch-aktiven Bestandteile
gelang, wodurch der Zusammenhang beider Formen seine
endgültige Aufklärung erhielt. Vom lateinischen Namen der
Traubensäure, acidum racemicum (racemus die Traube) hat
man sogar die allgemeine Bezeichnung für inaktive Gemische
hergeleitet: man bezeichnet sie als *racemisch*. So erhält man

bei der synthetischen Herstellung von Stoffen mit asymmetrischem C-Atom im Laboratorium zunächst stets die racemischen, das sind die inaktiven, zerlegbaren Formen.

Nach unseren früheren Ausführungen müssen in den beiden aktiven Weinsäuren die Liganden an den beiden asymmetrischen C-Atomen im gleichen Sinn angeordnet sein, und zwar lassen wir bei der Rechtsweinsäure die Liganden COOH, OH und H im Sinne des Uhrzeigers aufeinanderfolgen, bei der Linksweinsäure umgekehrt. In der ebenen Schreibweise erhalten wir dann die beiden Formelbilder

$$\begin{array}{ccc}
\text{COOH} & & \text{COOH} \\
| & & | \\
\text{H}-\text{C}-\text{OH} & & \text{HO}-\text{C}-\text{H} \\
| & \text{und} & | \\
\text{HO}-\text{C}-\text{H} & & \text{H}-\text{C}-\text{OH} \\
| & & | \\
\text{COOH} & & \text{COOH} \\
\text{Rechts-Weinsäure} & & \text{Links-Weinsäure}
\end{array}$$

für die beiden optisch aktiven Formen. Die Traubensäure ist ein Gemisch gleicher Teile dieser beiden. Als vierte Form erscheint nun schließlich noch die sogenannte Mesoweinsäure. In ihr stehen die Liganden am einen asymmetrischen C-Atom in umgekehrtem Drehungssinn wie am anderen, sie ist inaktiv durch inneren Ausgleich und deshalb nicht in aktive Bestandteile zu spalten. Dieser Umstand läßt sich in der Ebene wiedergeben durch die Formel:

$$\begin{array}{c}
\text{COOH} \\
| \\
\text{H}-\text{C}-\text{OH} \\
| \\
\text{H}-\text{C}-\text{OH} \\
| \\
\text{COOH} \\
\text{Meso-Weinsäure}
\end{array}$$

Von weit größerer Bedeutung als die Oxysäuren sind die Stoffe, die Sauerstoff in der Kombination von Alkohol- und Carbonylgruppen enthalten, das sind, analog den Oxysäuren, Oxy-aldehyde und Oxy-ketone. Aus der Fülle der in der Natur oder im Laboratorium gefundenen Stoffe dieser Art greifen wir eine einzige Gruppe heraus, die indes an Lebenswichtigkeit wie an technischer Bedeutung mit an erster Stelle unter allen organischen Stoffen überhaupt steht. Es sind die Zuckerarten und die aus Zuckermolekülen zu höheren Einheiten aufgebauten Stoffe Stärke und Zellulose (Zellstoff). Aber auch diese eine Gruppe ist noch viel zu umfassend, als

156

daß wir sie hier eingehend behandeln könnten, und so beschränken wir uns nochmals auf die häufigsten, für unsere Ernährung wichtigsten Formen. Die meisten der in der Natur gefundenen Zucker weisen in ihren Molekülen gerade Ketten von fünf oder sechs C-Atomen auf; sie heißen danach Pentosen und Hexosen — auf die Silben -ose läßt man die Namen aller Zucker auslauten. Jedes dieser C-Atome ist nun mit einem O-Atom verbunden, von denen eines in Carbonylbindung vorliegt, die anderen vier oder fünf aber in Form von OH-Gruppen; alle übrigen verfügbaren Valenzen der C-Atome sind durch Wasserstoff besetzt. Da die wichtigsten Zucker Hexosen von Aldehydcharakter sind, so ist ihr Bau ohne Rücksicht auf die Konfiguration darstellbar durch das nebenstehende allgemeine Schema. Aus ihm sind einige Eigentümlichkeiten der Moleküle bereits abzuleiten. Schreiben wir zunächst die Bruttoformel dieser Verbindung nieder, so finden wir sie zu $C_6H_{12}O_6$ (bei Pentosen $C_5H_{10}O_5$); auf jedes C-Atom kommen zwei H-Atome und ein O-Atom, d. h. Wasserstoff und Sauerstoff finden sich in dem Verhältnis, wie sie im Molekül des Wassers vereinigt sind. Zu einer Zeit, als man über den Aufbau der Moleküle noch keine bestimmten Vorstellungen besaß, wurde auf Grund dieser, durch Analysen festgestellten Tatsache für Zucker und verwandte Stoffe der Name *Kohlehydrate* geprägt, als ob es sich um irgendeine Vereinigung von Kohlenstoff mit Wasser handelte. Diese Bezeichnung hat sich zumal in der Ernährungslehre bis auf den heutigen Tag erhalten als ein Oberbegriff, der die in ihrem Nährwert praktisch gleichen Stoffe Zucker und Stärke umfaßt.

$$\begin{array}{l} H\!-\!C:O \\ H\!-\!\overset{\cdot}{C}\!-\!OH \\ H\!-\!\overset{\cdot}{C}\!-\!OH \\ H\!-\!\overset{\cdot}{C}\!-\!OH \\ H\!-\!\overset{\cdot}{C}\!-\!OH \\ H_2\!-\!\overset{\cdot}{C}\!-\!OH \end{array}$$

Des weiteren zeigt uns ein Blick auf die obige Konstitutionsformel — die an sich das Ergebnis eingehender Studien darstellt —, daß das Zuckermolekül nicht weniger als vier verschiedene asymmetrische C-Atome aufweist; nur die beiden endständigen C-Atome, das eine mit seinem doppelt gebundenen O-Atom, das andere mit seinen zwei H-Atomen, sind nicht asymmetrisch. Die in der Natur vorkommenden Zucker sind optisch aktiv, und so verblieb nach Aufklärung ihrer Konstitution die weit schwierigere Aufgabe, auch ihre Konfiguration bis ins einzelne zu ermitteln. Auf ihre Lösung ist eine unendliche Menge von Arbeit und Scharfsinn verwandt worden; wir können hier die verschiedenen Wege, die zahlreichen Beziehungen nicht einmal andeuten. Es mag genügen, die Konfiguration des wichtigsten einfachen Zuckers, des Traubenzuckers wiederzugeben; wissenschaftlich wird er als Glukose bezeichnet, und zwar, da seine Lösung die Ebene des polarisierten Lichtes nach rechts dreht, als Rechtsglukose. Sie kommt außer in der hier angegebenen Form als Aldehyd noch in zwei weiteren Formen vor. Der Aldehydgruppe der Glukose — wie auch anderer Zucker — ist die Möglichkeit zu einer ätherartigen Bindung innerhalb desselben Moleküls gegeben; sie wird begünstigt durch die allgemeine Neigung zur Bildung fünfgliedriger Ringe, die auch bei den Laktonen in die Erscheinung trat. Hierbei tritt an Stelle der Carbonylgruppe eine OH-Gruppe und ein ätherartig gebundenes O-Atom auf. Dieses schließt den Ring mit dem von der ursprünglichen Carbonylgruppe aus gerechnet dritten C-Atom; so erhalten wir die Strukturformel: (Die Schreibweise ist natürlich in Anlehnung an die oben gewählte erfolgt; in Wirklichkeit darf man sich die fünf an der Ringbildung beteiligten Atome wohl einigermaßen regelmäßig im Kreis angeordnet vorstellen.) An der Zusammensetzung des Moleküls hat sich bei dieser Umlagerung nichts geändert. Wichtig ist dabei aber, daß nun das erste C-Atom auch asymmetrisch geworden ist; tatsächlich gibt es zwei Formen der Glukose von diesem Bau, die sich nur durch die gegenseitige Stellung des Wasserstoffs und der OH-Gruppe am ersten C-Atom unterscheiden. Diese Formen der Glukose besitzen dadurch praktische Bedeutung, daß in ihnen gerade die aus der ursprünglichen Carbonylgruppe hervorgegangene Alkoholgruppe dazu neigt, mit einer OH-Gruppe eines anderen alkoholartigen Moleküls sich ätherartig zu verbinden unter Bildung sogenannter Glukoside; auch zwei Zuckermoleküle können sich in dieser Weise vereinigen; hierauf kommen wir gleich zurück.

Neben der Glukose erwähnen wir noch den Fruchtzucker oder die Fruktose. Die Fruktose besitzt Ketoncharakter; sie steht in ihrem Bau der Glukose sehr nahe und ist aus ihr durch eine etwas verwickelte, aber eindeutige Reaktionsfolge herstellbar. Sie kommt im wesentlichen darauf hinaus, daß zunächst die der Aldehydgruppe benachbarte Alkoholgruppe der Glukose zu einer Carbonylgruppe oxydiert wird; reduziert man das so erhaltene Produkt, so lagert sich Wasserstoff nicht an die neu gebildete Ketongruppe, sondern an die ursprüngliche Aldehydgruppe, die sich dabei in eine primäre Alkoholgruppe verwandelt. Das Ergebnis dieser Reaktion ist die Fruktose, die sich demnach von der Glukose nur in den Bindungsverhältnissen an den ersten beiden C-Atomen unterscheidet, in der Konfiguration an den vier übrigen dagegen mit ihr völlig übereinstimmt. Eine Lösung von Fruktose dreht die Ebene des polarisierten Lichtes nach links, und zwar stärker als eine gleich konzentrierte Glukoselösung nach rechts.

$$H_2{-}C{-}OH$$
$$C:O$$
$$HO{-}C{-}H$$
$$H{-}C{-}OH$$
$$H{-}C{-}OH$$
$$H_2{-}C{-}OH$$

Trauben- und Fruchtzucker sind in der Natur weit verbreitet. Sie kommen in zahlreichen süßen Früchten sowie im Honig vor. Traubenzucker ist die Zuckerart, die sich bei der als Zuckerkrankheit bekannten Störung des Stoffwechsels im Harn findet. Neben diesen sowie einigen anderen sogenannten einfachen Zuckern gibt es nun noch eine große Reihe anderer Zuckerarten, deren Moleküle aus zwei, drei oder mehr Molekülen dieser einfachen Zucker aufgebaut sind, und zwar durch die ätherartige Verknüpfung, die wir bei Besprechung der Glukose erwähnten. So stehen den einfachen Zuckern, den Monosacchariden (saccharum = Zucker), Disaccharide, Tri- und Polysaccharide (poly = viel) gegenüber. Bei der Verknüpfung der Disaccharide ist das eine der an der Ätherbildung beteiligten Hydroxyle dasjenige, das aus der Carbonylgruppe des einen Zuckermoleküls hervorgegangen ist. Es war

äußerst schwierig, zu ermitteln, mit welcher seiner fünf
OH-Gruppen das zweite Zuckermolekül sich an der Ätherbildung beteiligte; dennoch ist auch diese Aufgabe in zahlreichen Fällen gelöst worden. Da bei der Bildung der Disaccharide ein Molekül Wasser aus zwei einfachen Zuckermolekülen abgespalten wird, so ist ihre Bruttoformel $C_{12}H_{22}O_{11}$.

Unter den Disacchariden befinden sich nun die für unsere
Ernährung sowie für die Technik wichtigsten Zucker, deren
Erzeugung zu den Hauptaufgaben der Landwirtschaft gehört.
Da haben wir zunächst den Milchzucker, der die Klasse der
Kohlehydrate in der Milch vertritt; dieses Vorkommen beweist
am besten die Notwendigkeit dieses Stoffes für Mensch und
Tier besonders in der ersten Jugend. Das Molekül des
Milchzuckers entsteht durch Vereinigung eines Glukose- mit
einem Galaktosemolekül, einer der Glukose nahestehenden
Zuckerart. Dann ist der Malzzucker oder die Maltose zu nennen; sie kommt nicht als solche in der Natur vor, sondern
entsteht durch Spaltung der größeren Stärkemoleküle; sie bildet ein wichtiges Zwischenglied bei der Gewinnung von Alkohol aus Stärke. In der Maltose sind zwei Glukosemoleküle
miteinander verknüpft. Und schließlich haben wir noch den
Zucker zu besprechen, der uns im Alltag als Zucker schlechtweg gilt und zum Unterschied von den anderen als Rohrzucker
oder Saccharose bezeichnet wird. Er vereinigt in sich ein Glu-
kose- mit einem Fruktosemolekül. Der Rohrzucker wird in den
Tropen aus dem Zuckerrohr, in unseren Breiten aus der
Zuckerrübe (seit Anfang des 19. Jahrhunderts) gewonnen;
die Weltproduktion liegt über 10 Millionen Tonnen im Jahr.
Somit ist die Zuckergewinnung ein ebenso wichtiger Zweig
der Landwirtschaft wie der chemischen Industrie. Die Landwirtschaft hat durch sorgfältige Zuchtwahl den Zuckergehalt
der Rüben bis auf 15% zu steigern vermocht, während die
chemische Technik sich mit Erfolg bemühte, den Zucker
möglichst vollständig und rein zu gewinnen. —

Unter den chemischen Umsetzungen, deren die Zucker
fähig sind, verdient besonders eine unsere Beachtung, die wir
als Gärung bezeichnen. Sie ist sowohl interessant durch ihre
Ursache und ihren Verlauf wie auch wichtig durch ihr Er-

gebnis, den Alkohol, und die besondere wirtschaftliche Bedeutung, die ihr zukommt. Gärungsvorgänge waren bereits den ältesten Kulturvölkern bekannt und wurden von ihnen zur Bereitung berauschender Getränke angewandt. Ihr Wesen besteht in der Verwandlung zuckerhaltiger Lösungen in alkoholische Flüssigkeiten unter Entwickelung von Kohlendioxyd. Verursacht wird die Gärung bekanntlich durch Hefe, das sind mikroskopisch kleine, einzellige Pilze; sie gedeihen bei mittlerer Temperatur in großen Mengen in Lösungen, die außer Zucker auch die für Pflanzenwachstum notwendigen Salze enthalten; ihre Keime sind in der Luft, im Staub, in der Erde fast überall gegenwärtig. Lange Zeit glaubte man, daß die Gärung in unmittelbarem Zusammenhang mit dem Lebensprozeß der Hefe steht; verfeinerte Untersuchungen bewiesen aber, daß die Hefe nur einen bestimmten Stoff erzeugt, der der eigentliche Träger der Wirkung ist. Zerstört man Hefe durch Verreiben mit feinem Sand, so läßt sich ein Saft gewinnen, der zweifellos keine lebenden Zellen mehr enthält und doch Zucker in Alkohol und Kohlendioxyd zu zersetzen vermag. In diesem Saft ist offenbar der wirksame Stoff vorhanden; man hat ihn daraus anreichern, aber noch nicht rein darstellen können; daher weiß man auch noch nichts Näheres über seine chemische Natur. Man hat ihm den Namen Zymase gegeben und versteht darunter also den Stoff, der die alkoholische Gärung des Zuckers auslöst.

In der Zymase haben wir einen der am Anfang des vorigen Kapitels erwähnten Stoffe vor uns, mit deren Hilfe die Lebewesen jene überaus feinen chemischen Wirkungen hervorzubringen vermögen, in deren Zusammenspiel ein wesentlicher Teil des Lebensprozesses besteht. Manche dieser Wirkungen vermögen wir auch mit den groben Mitteln des Laboratoriums zu erzielen, andere aber, wie gerade die Gärung, haben sich bisher auf keine Weise künstlich nachahmen lassen. Die ganze Gruppe dieser merkwürdigen Stoffe faßt man zusammen unter der Bezeichnung *Enzyme* (zyme [griech.] = Gärung). Sie finden sich in den verschiedensten Organismen, Organen und tierischen und pflanzlichen Säften, und sie üben die verschiedensten Wirkungen aus. So enthalten die Rizinussamen ein Enzym, das Fette mit Leichtigkeit in Glyzerin und Fettsäuren zerlegt, das Malz[1] ein anderes, das Stärke in Malzzucker spaltet, die Hefe außer dem eigentlichen Gärungsenzym auch noch andere, von denen eines Rohrzucker in Glukose und Fruktose, ein anderes Malzzucker in zwei Moleküle Glukose zerlegt. Auch bei unserer Verdauung spielen zahlreiche Enzyme eine Rolle: ein Enzym des Speichels spaltet Stärke in Zucker, Enzyme des Magens zerlegen Eiweißstoffe in saurer Lösung, solche der Bauchspeicheldrüse in schwach alkalischer Lösung, im Darmsaft findet sich ein fettspaltendes Enzym usw. Obwohl es sich bei all diesen Spaltungen um Verseifungen im weiteren Sinne handelt, indem sie alle unter Wasseraufnahme verlaufen, so wirkt doch jedes Enzym nur auf eine bestimmte Stoffart oder -klasse. Dies ist eine besondere Eigentümlichkeit der ganzen Gruppe. So werden von der Zymase nur Rechtsglukose und einige nahe mit ihr verwandte natürliche Zucker, darunter die Fruktose, vergoren, nicht dagegen die (künstlich dargestellte) Linksglukose, Pentosen oder Disaccharide, wie Rohr- oder Malzzucker, die vielmehr erst durch andere Enzyme in die Monosaccharide gespalten werden müssen. Diese besondere Zugehörigkeit der einzelnen Enzyme zu einzelnen Stoffen, auf die sie wirken, hat man verglichen mit der Beziehung eines Schlüssels zum Schloß. Spätere Forschungen werden vermutlich lehren, in welcher Weise dieses feine Ineinandergreifen zu erklären ist.

Was nun den Gärungsvorgang selbst anlangt, so lassen sich Anfangs- und Endzustand in eine sehr einfache Bruttogleichung bringen: $C_6H_{12}O_6 = 2\,C_2H_5OH + 2\,CO_2$, d. h. aus jedem Molekül Glukose (um nur diesen wichtigsten Fall zu betrachten) entstehen je zwei Moleküle Alkohol und Kohlendioxyd. Zwischen diesen beiden Zuständen liegt aber eine ganze Reihe von Zwischengliedern, von denen man bereits etliche mit überaus sorgfältiger Experimentierkunst hat fassen können. Dabei hat sich gezeigt, daß auf der ersten Reaktionsstufe das Molekül der Hexose in zwei dreigliedrige

---

[1] Unter Malz versteht man künstlich zur Keimung gebrachte Gerste; es wird zur Bierbereitung in großen Mengen hergestellt.

Stücke zerfällt; an diesen finden dann sehr merkwürdige
Vertauschungen von H-Atomen und Hydroxylgruppen statt.
Unter den Umsetzungsprodukten haben sich Glyzerin und
Brenztraubensäure $CH_3 \cdot CO \cdot COOH$ nachweisen lassen. Die
letztere geht unter Verlust von CO_2 in Azet-aldehyd $CH_3 \cdot CHO$
über, und dieser wird dann zu Alkohol reduziert, während durch
einen gleichzeitigen Oxydationsvorgang neue Brenztraubensäure gebildet wird. Alle Einzelheiten dieser verwickelten Umsetzungen sind noch nicht mit Sicherheit bekannt. —

Obwohl Zucker ein vollwertiges Nahrungsmittel darstellt,
so verwenden wir ihn doch überwiegend seines Geschmackes
wegen als Gewürz. Müßten wir einmal unseren gesamten Bedarf an Kohlehydraten in Form von Zucker decken, so würde
er uns wahrscheinlich bald anwidern. Die Stärke dagegen,
die uns die Natur statt dessen zur Verfügung stellt, können
wir tagaus, tagein in beträchtlichen Mengen zu uns nehmen,
ohne ihrer überdrüssig zu werden; hierzu trägt sicher wesentlich der Umstand bei, daß sie keinen Eigengeschmack besitzt,
und dies hängt wieder damit zusammen, daß sie in Wasser
nicht löslich ist. (Auf unsere Geschmacksnerven wirken nur
solche Stoffe ein, die in Wasser löslich sind.) Die stärkehaltigen sind die eigentlichen Volksnahrungsmittel: die Getreide-
arten, die wir hauptsächlich verarbeitet als Brot genießen, die
Kartoffeln und die Hülsenfrüchte, welch letztere bei einem
verhältnismäßig hohen Fett- und Eiweißgehalt vornehmlich
aus Stärke bestehen. Die Stärke kommt in den Pflanzen in
Form feinster Körnchen vor, deren Größe und Form von Art
zu Art wechselt. Sie sind beim Reis besonders klein, bei den
Kartoffeln verhältnismäßig gröber. Sie besitzen die Fähigkeit,
in heißem Wasser zu quellen und sind dann dem Angriff
unserer Verdauungssäfte leicht zugänglich.

Chemisch betrachtet ist die Stärke ein Polysaccharid, d. h.
ihr Molekül ist durch Verkettung einer großen Zahl von einfachen Zucker-, und zwar von Glukosemolekülen aufgebaut.
Die Stärke wird durch ein im Malz vorhandenes Enzym in
Malzzucker oder Maltose gespalten, die ihrerseits ein aus zwei
Molekülen Glukose zusammengesetztes Disaccharid ist. Über
die Verknüpfung der Disaccharidmoleküle zu der höheren

Einheit der Stärke wissen wir noch nichts Sicheres. Aus der leichten Spaltbarkeit können wir aber jedenfalls schließen, daß die Verkettung nicht übermäßig fest ist. Sie dürfte, wie die Entstehung der Disaccharide, auf Ätherbildung beruhen; denn die Stärke ist ärmer an Wasserstoff und Sauerstoff als diese: ihre Zusammensetzung ist wiederzugeben durch die Formel $(C_{12}H_{20}O_{10})_n$, worin n eine noch nicht bekannte Zahl bedeutet. In welcher Weise die Pflanzen diese großen Moleküle bilden, entzieht sich unserer Kenntnis, Enzyme dürften auch hier eine Rolle spielen. Man kann sich aber die Frage vorlegen, warum die Pflanzen denn nicht einfach die Zucker selbst in ihren Organen aufspeichern. Hierfür lassen sich vor allem zwei Gründe anführen. Die Ansammlung der Stärke findet in den Pflanzen nicht zu dem Zweck statt, damit Mensch und Tier bequem zu ihrer Nahrung kommen, sondern um die Teile, die den Fortbestand der Art gewährleisten sollen, mit Vorrat für die neue Generation zu versorgen, die aus Samen oder Knolle hervorgehen soll. Wäre dieser Vorrat in Form von Zucker angelegt, so bestünde große Gefahr, daß in der feuchten Erde, in der diese Pflanzenteile normalerweise eingebettet sind, der Zucker herausgelöst würde, lange bevor die junge Pflanze zur Entwickelung käme. Somit ist an sich ein in Wasser nicht löslicher Stoff zur Speicherung wesentlich geeigneter als ein löslicher. Aber auch für den Speicherungsvorgang selbst würden sich große Schwierigkeiten ergeben, sofern es sich dabei um Zucker handelte, und zwar in physikalischer Beziehung. Der Anreicherung von Zucker in den Pflanzenzellen würde sich nämlich die Erscheinung entgegenstellen, die wir im Kap. V als osmotischen Druck kennengelernt haben. In jeder Zelle einer Pflanze besteht ein mittlerer osmotischer Druck, dem eine ganz bestimmte Konzentration der verschiedenen in dem Saft gelösten Stoffe entspricht. Eine nennenswerte Steigerung des Zuckergehalts über diese Konzentration erscheint physikalisch nicht möglich. Hier führt aber die Abhängigkeit des osmotischen Druckes von dem Molekulargewicht der gelösten Stoffe zu dem Ausweg, den die Pflanze nimmt: je größer das Molekulargewicht, desto geringer der osmotische Druck bei gleicher

Konzentration. Um ein einfaches Beispiel zu geben: wir erinnern uns zunächst, daß der osmotische gleich dem Gasdruck von der Zahl der im Raum vorhandenen Moleküle abhängt. Stellen wir uns nun den Saft einer Pflanzenzelle vor mit einem solchen Gehalt an Glukose, daß der osmotische Druck 2 Atmosphären beträgt. Nun legen sich, unter der Wirkung eines Enzyms, je zwei Glukosemoleküle zu einem Maltosemolekül zusammen (unter Austritt je eines Moleküls Wasser). Wird hierdurch das Gewicht des vorhandenen Zuckers nur unwesentlich geändert, so nimmt die Zahl der Moleküle — und hiermit zugleich der osmotische Druck — auf die Hälfte ab; es kann daher zur Wiederherstellung des ursprünglichen Druckes nochmals die gleiche Menge Glukose zugeführt und in Maltose verwandelt werden, die ursprünglich vorhanden war. Die Möglichkeit zur Anreicherung steigert sich nun in dem Maß, in dem die Maltosemoleküle weiter zu noch größeren Molekülen vereinigt werden. Sie wird praktisch unbegrenzt, wenn mit der Vergrößerung der Moleküle eine Herabsetzung der Löslichkeit einhergeht, wie das denn ziemlich allgemein der Fall zu sein pflegt. Es besteht nämlich ein Zusammenhang zwischen der Beweglichkeit der Moleküle und ihrer Löslichkeit derart, daß im allgemeinen größere, schwerere und daher minder bewegliche Moleküle weniger leicht löslich sind. Das ist auch bei der Stärke der Fall, und so findet in ihrer Bildung die Pflanze die Möglichkeit, ohne Störung ihres osmotischen Gleichgewichts beliebige Mengen eines festen, haltbaren und doch leicht zerlegbaren Vorratsstoffes anzusammeln.

Die hier angedeuteten Beziehungen zwischen Molekülgröße, Löslichkeit und osmotischem Druck geben uns Veranlassung, kurz ein Gebiet zu streifen, das für die Chemie der Organismen von besonders großer Bedeutung ist. Es handelt sich um einen Zweig unserer Wissenschaft, der, zwar in den letzten zwei Jahrzehnten stark gefördert, doch noch in den Anfangsgründen steckt. Dies liegt daran, daß er in experimenteller wie in theoretischer Hinsicht ungewöhnliche Schwierigkeiten bietet, da sich hier vielfach chemische und physikalische Erscheinungen überschneiden; die Zusammenhänge sind verwickelt und ihre Gesetzmäßigkeit oft schwer erkennbar. Hieraus geht schon hervor, daß das Wesen des ganzen Gebietes nicht mit wenigen Worten zu umreißen ist; wir müssen uns mit einigen Streiflichtern begnügen.

Die erste Kenntnis von den zu betrachtenden Tatsachen erhielt man durch die Untersuchung gewisser Lösungen recht verschiedener Stoffe. Diese Lösungen zeigten gemeinsam ein Verhalten, das von dem der gewöhnlichen Lösungen völlig abzuweichen schien: Diffusion, osmotischer Druck, Siedepunktserhöhung und Schmelzpunktserniedrigung fehlen oder weisen doch erheblich kleinere Werte auf, als sie sonst beobachtet werden. Bei einer Gegenüberstellung der Stoffe, die sich in Lösung normal, und derjenigen, die sich abweichend verhalten, zeigte sich, daß es sich bei ersteren überwiegend um kristallisierte, bei den letzteren aber um nicht oder nur schwierig kristallisierende Stoffe handelt. Als typisches Beispiel dieser letzteren Art erschien der Leim, und so wurde die ganze Klasse als leimähnlich oder *kolloid* (kolla der Leim) bezeichnet; man glaubte den kristallisierenden Stoffen, den Kristalloiden, die nicht kristallisierenden, die Kolloide an die Seite stellen zu dürfen. Eingehendere Untersuchungen lehrten aber zweierlei: erstens handelt es sich hier nicht um feststehende Eigenschaften bestimmter Stoffe oder Stoffgruppen, sondern mehr um eigentümliche Zustände, derart, daß im allgemeinen kristallisierende Stoffe unter geeigneten Bedingungen auch in kolloidem Zustand auftreten können, wie auch als kolloid angesehene, wenn auch seltener, Kristallisationserscheinungen aufzuweisen vermögen. Zweitens aber, und das ist noch wichtiger, besteht zwischen beiden Gruppen kein Gegensatz, sondern vollkommener Übergang. Das wird verständlich, wenn man der Ursache nachgeht, der die Kolloide ihr eigentümliches Verhalten verdanken. Sie liegt wesentlich in der beträchtlichen Größe der in ihren Lösungen befindlichen Teilchen; wir hatten schon oben bei Besprechung der Stärke gesehen, daß mit wachsender Größe der Teilchen, der Moleküle, ihre Anzahl abnimmt, und wie sich dieser Umstand beim osmotischen Druck äußert; das gleiche gilt natürlich auch für die anderen, mit dem osmotischen Druck zusammenhängenden Erscheinungen.

Daß wir hier neben den Molekülen wieder Teilchen nennen, hat einen besonderen Grund. Unter den Kolloiden organischer Herkunft haben wir meist solche vor uns, deren chemischer Bau beweist, daß es sich tatsächlich um besonders große, durch Zusammenschluß zahlreicher kleinerer Bausteine entstandene Moleküle handelt. In der anorganischen Chemie begegnen wir dagegen häufig Stoffen, die, an sich in Wasser unlöslich, unter gewissen Bedingungen befähigt sind, in kolloider Form in Lösung zu gehen. Während die Moleküle solcher Stoffe ihrer Zusammensetzung und ganzen Natur nach von normaler Größe angenommen werden müssen, besitzen die in den kolloiden Lösungen vorhandenen Teilchen so beträchtliche Größe — wie eben aus dem physikalischen Verhalten der Lösungen hervorgeht —, daß sie zweifellos nicht aus einzelnen Molekülen, sondern aus Molekülanhäufungen bestehen. Da aber in den kolloiden Lösungen die Eigenschaften nur ganz schwach auftreten, aus denen bei gewöhnlichen Lösungen auf die Zahl der gelösten Teilchen und weiter auf das Molekulargewicht des gelösten Stoffes geschlossen werden kann, so sind wir oft nicht in der Lage, uns über Zahl und Größe der Kolloidteilchen mit einiger Genauigkeit zu unterrichten. Rückblickend müssen wir sogar erkennen, daß auch bei den organischen Kolloiden nicht sicher ist, ob die Kolloidteilchen aus Einzelmolekülen von besonderer Größe bestehen, oder nicht vielmehr aus größeren oder kleineren Molekülgruppen, deren Glieder selbst schon bedeutende Größe besitzen können. Große Moleküle sind überhaupt durch die Fähigkeit ausgezeichnet, andere Moleküle der gleichen oder fremder Art — so solche eines Lösungsmittels, oder eines anderen in der Lösung vorhandenen Stoffes — mehr oder weniger fest zu binden. Dabei können Kräfte sehr verschiedener Art im Spiel sein, elektrische, chemische, mechanische, einzeln oder nebeneinander, wobei oft überraschende Beeinflussungen des chemischen und physikalischen Verhaltens zu beobachten sind. Hinzu kommt, daß Schmelz- und Siedepunkte der organischen Stoffe mit wachsendem Molekulargewicht ansteigen, aber auch die Zersetzlichkeit mit der Molekulargröße zunimmt; so lassen sich hochmolekulare Stoffe nicht destillieren, weil sie sich vor Erreichung der notwendigen hohen Temperatur zersetzen. Oft zeigen sie auch keine Neigung zur Kristallisation, und so versagen bei ihnen die Methoden, die in der übrigen organischen Chemie zur Reinigung und näheren Bestimmung der einzelnen Stoffe mit so großem Erfolg angewandt werden. Aus all diesem erhellt, daß die Arbeit mit den hochmolekularen, oft kolloiden Stoffen den Chemiker vor ungewöhnlich schwierige Aufgaben stellt, deren Lösung gerade in vielen Fällen der Pflanzen- und Tierchemie noch nicht gelungen ist.

Doch kehren wir zu den Kohlehydraten zurück. — Außer den Stärkearten gibt es noch eine zweite große Gruppe von Kohlehydraten, die, obwohl gleichfalls durch Zusammenschluß von Glukosemolekülen aufgebaut, doch in vielen Beziehungen als Gegenteil der Stärke erscheinen. Es handelt sich um die Zellulose, die den Hauptbestandteil von Holz, Stroh und zahlreichen Pflanzenfasern bildet und in besonderer Reinheit in der Baumwolle gefunden wird. Ist die Stärke Vorrats- und Nährstoff, so ist die Zellulose Baustoff; diese verschiedenen Aufgaben finden ihren natürlichen Ausdruck auch im chemischen Verhalten der Produkte. Die Stärke muß chemisch leicht verwandelbar sein, die Zellulose dagegen möglichst widerstandsfähig. Tatsächlich ist die Zellulose gegen chemische Mittel wie auch gegen den Angriff von Bakterien und Pilzen ganz wesentlich beständiger als die Stärke, und sie kann daher auch von Mensch und Tier nicht als Nährstoff ausgenutzt werden. Wunderbar ist dabei vor allem, daß die Pflanzen aus dem gleichen Ausgangsstoff, der Glukose, zwei so verschiedene Produkte hervorbringt, die geradezu entgegengesetzten Bedingungen entsprechen.

Während Stärke meist in Form von Körnern vorkommt, bildet die Zellulose vorwiegend Fasern; diese liegen frei (Baumwolle) oder in Bündeln und Schichten (Stroh) oder in dichten Massen (Holz), in den beiden letzten Fällen im Verein mit anderen Kitt- und Hüllsubstanzen. Die technische und wirtschaftliche Bedeutung der Zellulose ist gewaltig; man denke nur an die Mengen von Baumwolle, Leinen und anderen Fasern, die in der Bekleidungsindustrie verwandt

werden, an das Holz, das für Bauzwecke einerseits, für die
Papierfabrikation andererseits benötigt wird. Dazu kommen
dann noch verschiedene chemische Verarbeitungsmethoden,
unter denen die Erzeugung von Kunstseide an erster Stelle
steht. Beim Aufbau der Zellulose aus Glukose werden von
den sechs O-Atomen der letzteren drei in ätherartiger Bindung festgelegt, so daß die Zellulose auf jeden in ihr vorhandenen Glukoserest noch drei OH-Gruppen aufweist. Diese
sind in bekannter Weise zu Esterbildungen befähigt, und so
kann man aus Zellulose unter anderem mit Essigsäureanhydrid sowie mit Salpetersäure Ester gewinnen, erstere als
Zellulose-azetat, letztere (fälschlich) als Nitrozellulose bezeichnet. Wahrscheinlich zerfällt die Zellulose bei diesen
Reaktionen in kleinere Moleküle; jedenfalls besitzen diese
Ester beträchtliche Löslichkeit in verschiedenen Lösungsmitteln, die eine vielseitige Verarbeitung ermöglichen. Die Lösungen selbst finden als Lacke Verwendung, durch Verdun-
sten stellt man daraus Filme für photographische, besonders
kinematographische Zwecke her, aus Nitrozellulose ferner das
feuergefährliche Zelluloid, aus dem Azetat das ungefährliche
Zellon. Vor allem aber gewinnt man durch Auspressen der
Lösungen aus feinen Düsen die Kunstseide. Hierbei gelangt
die aus den Düsen austretende Lösung in eine zweite Flüssigkeit, die die Abscheidung der Zelluloseester in Form eines
äußerst feinen Fadens bewirkt und für Entfernung des Lösungsmittels sorgt. Nach einem anderen Verfahren kann man
von reiner Zellulose selbst ausgehen; diese löst sich in einer
Flüssigkeit auf, die ihrerseits durch Auflösen von Kupfer-
oxyd in starkem Ammoniak entsteht; aus dieser Lösung läßt
sich die Zellulose praktisch unverändert nach dem gleichen
Spinnverfahren als Faden gewinnen. Ein drittes Verfahren
bedient sich eines eigentümlichen, unbeständigen Esters der
Zellulose, der sogenannten Viskose, die bei dem Spinnprozeß
selbst wieder gespalten wird, so daß der entstehende Faden
wieder aus reiner Zellulose besteht. — Die Nitrozellulose stellt
außerdem, ähnlich dem Nitroglyzerin, einen wertvollen Sprengstoff dar, der in großen Mengen zur Fabrikation des sogenannten rauchlosen Pulvers verwandt wird.

gien zwischen den Stickstoff- und Sauerstoffverbindungen, so ist die Ausbeute recht gering. Den wichtigen mehrwertigen Alkoholen, wie Glyzerin $C_3H_8O_3$ oder Mannit $C_6H_{14}O_6$, reihen sich keine entsprechenden mehrwertigen Amine mit drei oder mehr Aminogruppen im Molekül an. Der großen und wichtigen Gruppe der Carbonylverbindungen stehen keine analogen Stickstoffverbindungen gegenüber. Wohl gibt es einige Stoffe, die eine Gruppe $=C:NH$ enthalten, in der das O-Atom der Carbonylgruppe $=C:O$ durch das zweiwertige Radikal $:NH$, die *Imino*gruppe, ersetzt ist; sie spielen aber weder in der belebten Natur noch im Laboratorium des Chemikers eine nennenswerte Rolle. Den Carboxylverbindungen oder Carbonsäuren schließlich stehen, wie wir gesehen haben, die Nitrile mit der Gruppe $-CN$ nahe, insofern sie durch einen Verseifungsvorgang leicht in Carbonsäuren zu verwandeln sind. Durch diese Reaktion sind die Nitrile vielfach für synthetische Arbeiten wertvoll gewesen; in den Organismen begegnet man ihnen indes nur sehr selten. In diesem Zusammenhang sei erwähnt, daß es eine sehr merkwürdige Klasse von Isomeren der Nitrile gibt, die sogenannten Isonitrile. Sie sind dadurch ausgezeichnet, daß sie ähnlich dem Kohlenoxyd ein zweiwertiges C-Atom enthalten. Während in den gewöhnlichen Nitrilen ein kohlenstoffhaltiger Rest R mit dem C-Atom der Nitrilgruppe CN verbunden ist, $R-CN$ (bei der Verseifung entsteht ja eine Carbonsäure $R-COOH$), ist in den Isonitrilen der Rest R mit dem N-Atom verbunden, entsprechend der Formel $R-N:C$; dies geht daraus hervor, daß hier bei der Verseifung ein primäres Amin $R-NH_2$ entsteht, während das C-Atom der Isonitrilgruppe in Form von Ameisensäure wiedergefunden wird:

$$R-NC + 2\,H_2O = R-NH_2 + CH_2O_2.$$

Die Isonitrile besitzen einen eigenartigen Geruch, der sich mit keinem dem Laien geläufigen Geruch vergleichen läßt, und den selbst der an manchen üblen Geruch gewöhnte Chemiker nur als außerordentlich widerlich bezeichnen kann.

Wie an einem C-Atom im allgemeinen nur eine OH-Gruppe zu haften vermag, so findet sich auch nur selten mehr als eine NH_2-Gruppe mit dem gleichen C-Atom verbunden. Ebensowenig finden sich am gleichen C-Atom OH- und NH_2-Gruppe nebeneinander. Häufig dagegen sind im gleichen Molekül, an verschiedene C-Atome gebunden, neben einer oder mehreren OH-Gruppen eine, seltener mehr NH_2-Gruppen vorhanden; auch findet man im selben Molekül die Aminogruppe neben einer Carbonylgruppe. Von überragender Bedeutung sind aber die Verbindungen, in denen eine oder zwei Aminogruppen neben Carboxylgruppen vorliegen, die sogenannten *Aminosäuren*. Wie Stärke und Zellulose durch Zusammenschluß von einfachen Zuckermolekülen sich aufbauen, so entstehen die Eiweißstoffe durch Verknüpfung von Aminosäuremolekülen. Man hat in den verschiedenen Eiweißarten etwa 20 verschiedene Aminosäuren aufgefunden, die in der mannigfaltigsten Art und Anzahl miteinander verbunden sein können. So ist die übergroße Fülle von verschiedenen Eiweißarten zu erklären, die sich zum Teil sehr stark voneinander unterscheiden: das Eiweiß der Eier und des Fleisches, das Kasein der Milch, Bluteiweiß, Haut, Haare, Nägel und Horn, Knorpel und Sehnen, ein Teil der Knochensubstanz, Seide, Wolle, Leim — um nur die wichtigsten zu nennen. Diese Klasse von Stickstoffverbindungen weist eine Vielseitigkeit auf, wie wir sie bei den Sauerstoffverbindungen in einer Gruppe kaum vereinigt finden. Und noch in einem zweiten Punkt übertrifft der Stickstoff an Vielseitigkeit den Sauerstoff in den organischen Verbindungen. In einigen Fällen hatten wir ringförmige Moleküle kennengelernt, in denen eine Reihe von meist vier oder fünf C-Atomen durch ein O-Atom zu einem Ring geschlossen wurde, so in den Laktonen und bei der Glukose. Außerordentlich mannigfaltig sind dagegen solche Ringgebilde, die neben Kohlenstoff Stickstoff enthalten; wir finden sie in zahlreichen Pflanzengiften, wie im Nikotin, Kokain, Opium usw., ferner in der Harnsäure, einem wichtigen tierischen Ausscheidungsprodukt, in gewissen Farbstoffen usf. Sehr merkwürdig aber ist die Tatsache, daß einerseits das Chlorophyll, der Blattfarbstoff der grünen Pflanzen, andererseits das Hämin, der rote Blutfarbstoff des Menschen und der Tiere, durch komplizierte Verknüpfung stickstoffhaltiger Ringe aufgebaut sind. Das Chlorophyll fängt die Energie des Sonnenlichts auf und bewirkt ihre Verwandlung in die chemische Energie der Pflanzenstoffe, der Blutfarbstoff dient der Aufnahme und dem Transport des Sauerstoffs, der Entfernung der Kohlensäure; das Chlorophyll hilft der Pflanze wesentlich bei ihrer Aufbauarbeit, das Hämin dem Tier beim Abbau seiner Nähr- und Körperstoffe. Es ist wunderbar zu sehen, wie die Natur für diese verschiedenen, nahezu entgegengesetzten Aufgaben ihre Hilfsmittel aus ähnlichen, in einzelnen Zügen geradezu gleichen Bausteinen aufbaut.

Betrachten wir nun kurz die verschiedenen Gruppen der Stickstoffverbindungen und einige ihrer Glieder etwas näher. Den früher besprochenen Methylaminen schließen sich zunächst die homologen Amine an; ihre Zusammensetzung ist darzustellen durch die Schemata

$$R{-}NH_2, \qquad {R_1 \atop R_2}{>}N \cdot H, \qquad {R_1 \atop R_2}{>}N{-}R_3,$$

in denen R Kohlenwasserstoffreste gesättigter oder ungesättigter Natur von ketten- oder ringförmigem Bau, R_1, R_2 und R_3 untereinander gleich oder verschieden sein können. Hinzu kommen noch die Ammoniumverbindungen, in denen statt der vier Methylgruppen des Tetramethyl-ammoniumhydroxyds und seiner Salze eine bis vier andere Gruppen mit dem Stickstoff verbunden sind. — In verfaultem Fleisch werden, neben anderen Stoffen, zwei giftige Basen gefunden, deren Moleküle zwei primäre Aminogruppen enthalten, das Putrescin (lat. putrescere, faulen) oder Tetra-methylen-diamin und das Cadaverin oder Penta-methylen-diamin. Ihre untenstehenden Formeln sind sowohl durch Abbau wie durch Synthese bewiesen; beide Stoffe stammen von gewissen Eiweiß-

$$\begin{array}{ll}
CH_2{-}CH_2{-}NH_2 & \qquad CH_2{<}{CH_2{-}CH_2{-}NH_2 \atop CH_2{-}CH_2{-}NH_2} \\
CH_2{-}CH_2{-}NH_2 & \\
\quad\text{Putrescin} & \qquad\qquad\quad\text{Cadaverin}
\end{array}$$

$$\begin{array}{ll}
{CH_2{-}CH_2 \atop CH_2{-}CH_2}{>}NH & \qquad CH_2{<}{CH_2{-}CH_2 \atop CH_2{-}CH_2}{>}NH \\
\quad\text{Pyrrolidin} & \qquad\qquad\quad\text{Piperidin}
\end{array}$$

174

bestandteilen ab und gehen unter Abspaltung von Ammoniak verhältnismäßig leicht in die ringförmigen Basen Pyrrolidin und Piperidin über (s. u.).

Die Vereinigung von Alkohol- und Amincharakter im gleichen Molekül haben wir in der Verbindung

$$HO \cdot CH_2 - CH_2 \cdot NH_2$$

vor uns, die man als Amino-äthylalkohol oder als Oxy-äthylamin bezeichnen kann, je nachdem man den einen oder anderen Charakter in den Vordergrund stellen will. Man hat es synthetisch hergestellt. Es läßt sich durch „erschöpfende Methylierung“, d. h. Ersatz der beiden H-Atome der Aminogruppe durch Methyl und Anlagerung von Halogenmethyl schließlich in die quartäre Ammoniumbase

$$HO \cdot CH_2 - CH_2 \cdot N(CH_3)_3 \cdot OH$$

überführen, das Oxy-äthyl-trimethyl-ammoniumhydroxyd. So hat man synthetisch einen Stoff erhalten, der vielfach auch in der belebten Natur gefunden wird, vor allem in tierischen Stoffen. Nach seinem Vorkommen in der Galle (griech. cholé) heißt er Cholin, er findet sich aber auch in einigen besonders wichtigen Organen und Körpersäften, wie im Gehirn, in der Nervensubstanz, im Eidotter und im Sperma. Das Cholin tritt vorwiegend als Bestandteil einer merkwürdigen Stoffklasse auf, der sogenannten Lecithine (griech. lekithos Eidotter), die nach ihrem Vorkommen offenbar eine bedeutende Rolle spielen müssen, über die wir indes noch wenig Näheres wissen. Die Lecithine schließen sich an die Fette an, insofern sie ein Glyzerinmolekül enthalten, an dem zwei OH-Gruppen durch zwei Fettsäurereste (R_1 und R_2) verestert sind; die dritte OH-Gruppe des Glyzerins ist aber mit einem Phosphorsäuremolekül verestert, das seinerseits esterartig mit dem Hydroxyl, salzartig mit der Ammoniumgruppe des Cholins verbunden ist.

$$CH_2 - O - R_1$$
$$|$$
$$CH - O - R_2$$
$$|$$
$$CH_2 - O - P - O - N(CH_3)_3$$

Lecithin

Kochen der zu untersuchenden Substanz mit mehr oder weniger konzentrierter Säure oder auch Lauge. Dieser Umstand spricht dafür, daß es sich bei dieser Spaltung um einen verseifungsartigen Vorgang handelt, daß also nicht C-C-Bindungen gesprengt werden. Tatsächlich hat sich gezeigt, daß die Verknüpfung der Aminosäuren zum Eiweiß so vor sich geht, daß die Carboxylgruppe *eines* Moleküls mit der Aminogruppe eines zweiten, gleichen oder verschiedenen, nach Art der Säureamide verbunden ist. Wir brauchen uns nur in der obenerwähnten Azetyl-amino-essigsäure statt des Azetylrestes einen Aminoazetylrest H_2N-CH_2-CO- mit der Aminogruppe des Glykokolls verbunden zu denken, um ein einfaches, grundsätzliches Beispiel dieser ganzen Verbindungsart vor uns zu haben: $H_2N-CH_2-CO-NH-CH_2-COOH$. Es leuchtet wohl ohne weiteres ein, daß die gleiche Verkettung einerseits an der noch vorhandenen unversehrten NH_2-Gruppe, andererseits an der Carboxylgruppe erneut stattfinden kann, wobei an Stelle des Glykokolls auch irgendeine andere Aminosäure treten kann. Bei derartiger Verknüpfung von je mehreren Einzelmolekülen Glykokoll und anderen Aminosäuren können allein durch verschiedene Reihenfolge der Glieder zahlreiche verschiedene Isomere entstehen; da in den natürlichen Eiweißarten lange Ketten dieser Art vorzuliegen scheinen, so sind einstweilen die Aussichten, ein solches Molekül auf künstlichem Weg genau nachzuahmen, sehr gering. Immerhin ist es in mühevoller Arbeit gelungen, nahezu 20 einzelne Aminosäuren zu einem Molekül zu verketten, und das erhaltene Produkt wies in seinem physikalischen und chemischen Verhalten eine Reihe der charakteristischen Eiweißeigenschaften auf.

In einem Punkt sind die meisten Eiweißarten einander sehr ähnlich, und das ist ihr Stickstoffgehalt. Er beträgt im allgemeinen etwa 16%. Sonst aber weichen sie recht stark voneinander ab, und zwar besonders in ihrer Löslichkeit und in ihrem Verhalten beim Erhitzen. Das Eiweiß des Fleischsaftes und der Eier löst sich in kaltem Wasser, das des Leims und der Gelatine in warmem Wasser, Haut quillt in Wasser, und Haar und Horn wird vom Wasser nicht verändert. Das

Eiweiß der Eier und des Fleisches gerinnt beim Erhitzen, es erleidet eine eigentümliche Veränderung, durch die es seine Löslichkeit einbüßt, und die nicht wieder rückgängig gemacht werden kann. Leim und Gelatine verlieren ihre Löslichkeit in der Wärme nicht, ebensowenig das Eiweiß der Milch. Die in Wasser löslichen Eiweiße werden meist bei Zusatz von löslichen Salzen, wie Kochsalz oder Ammoniumsulfat sowie von Alkohol wieder zur Abscheidung gebracht — man benutzt dieses Verhalten, um Eiweißstoffe zu reinigen. Mit der Löslichkeit geht auch die Verdaulichkeit ungefähr parallel.

Die Verdauung der Eiweißstoffe verläuft unter Mitwirkung verschiedener Enzyme teils im Magen, in schwach saurer Lösung, teils im Darm, in schwach alkalischer Umgebung. Hiernach kann man schon schließen, daß der ganze Verdauungsvorgang in mehreren Stufen verläuft: die großen Eiweißmoleküle werden zunächst in größere Bruchstücke zerlegt, die sogenannten Peptone, die noch recht eiweißähnlich sind, diese wieder in Peptide. In den Peptiden liegen Moleküle von der Größenordnung vor, wie man sie auch synthetisch aus Aminosäuren im Laboratorium hergestellt hat, und wenn auch aus dem oben angegebenen Grund völlige Übereinstimmung nicht zu erzielen war, so ist die Ähnlichkeit im Verhalten so unverkennbar, daß man mit Sicherheit sagen kann, daß die Synthese hier auf dem richtigen Weg begriffen ist. Die Peptide schließlich werden in die Aminosäuren zerlegt, aus denen nach der Aufnahme in die Körpersäfte wieder neue Eiweißstoffe aufgebaut werden. Es werden also die fremden Eiweißarten der Nahrung in ihre einfachen Bausteine zerlegt, und aus diesen dann das körpereigene Eiweiß gebildet; dieses ist von Tierart zu Tierart nicht grundsätzlich, aber doch in den Feinheiten des Aufbaus verschieden.

Die Aufzählung der verschiedenen Eiweißarten konnte lehren, daß es keinen wichtigen Teil unseres Körpers gibt, bei dessen Aufbau und Arbeit diese Körperklasse nicht eine Rolle spielt. Mit der Arbeit geht eine dauernde Abnutzung der Teile einher; diese ist an der Körperoberfläche, an Haut, Haaren und Nägeln mechanischer Natur, bei den inneren Organen und Teilen aber chemischer. Die einen wie die anderen müssen dauernd ersetzt werden. Was aber geschieht mit den im Inneren unbrauchbar gewordenen Stoffen? Sie werden, ebenso wie ein mit der Nahrung zugeführter Überschuß an Eiweiß, gleich den Fetten und Kohlehydraten verbrannt, wobei in bekannter Weise aus dem Kohlenstoff CO_2, aus dem Wasserstoff H_2O entsteht. Was aber wird aus dem Stickstoff? Wenn die Natur „rationell" im Sinne unserer Technik arbeitete, so hätte sie den Tieren die Fähigkeit verleihen müssen, den nach der Verbrennung des Hauptteils der Moleküle in einfachen Verbindungsformen verbleibenden Stickstoff zum Aufbau neuer Moleküle zu verwenden. Dem ist aber nicht so. Wir wissen vielmehr, daß Mensch und Tier dauernd der Zufuhr solcher Eiweißstoffe bedürfen, die mittelbar oder unmittelbar von den Pflanzen mit Hilfe von anorganischen Verbindungen aufgebaut worden sind. Der Stickstoff der verbrannten Moleküle verläßt beim Menschen wie bei den übrigen Säugetieren den Körper in einer Verbindungsform, die hart an der Grenze zwischen organischer und anorganischer Natur steht: ihrem Ursprung nach ist sie organisch, ihrer Zusammensetzung nach aber schon fast als anorganisch zu bezeichnen, und so ist es wohl kein reiner Zufall gewesen, daß dieser Stoff als erster synthetisch aus anorganischem Material im Laboratorium hergestellt worden ist: es ist der *Harnstoff*, dessen berühmte Synthese den ersten Anstoß zu der Entwicklung gab, die die chemische Wissenschaft und Industrie in der zweiten Hälfte des neunzehnten Jahrhunderts zu dem werden ließ, was sie heute sind.

Ist der Harnstoff als wichtiges tierisches Stoffwechselprodukt sowie durch seine Rolle in der Geschichte unserer Wissenschaft besonders interessant, so nicht minder auch vom rein chemischen Standpunkt. Ein Blick auf seine Konstitutionsformel $OC{<}^{NH_2}_{\ NH_2}$ zeigt uns seine Besonderheit und läßt zugleich seine Beziehungen zu anderen Verbindungen erkennen. Wir sehen, daß hier ausnahmsweise ein C-Atom mit zwei NH_2-Gruppen verbunden ist: der doppelt gebundene Sauerstoff, der dem Kohlenstoff sauren Charakter verleiht, setzt ihn offenbar instand, die zwei NH_2-Gruppen von basischer Natur festzuhalten. So entsteht der Harnstoff als indifferenter Stoff von recht großer Beständigkeit. Wie uns früher die NH$_2$-Gruppe in Nachbarschaft der Carbonylgruppe in den Säureamiden begegnet ist, so können wir auch den Harnstoff als ein Säureamid auffassen, und zwar als ein doppeltes. Denken wir uns die beiden NH$_2$-Gruppen durch OH-Gruppen ersetzt, so gelangen wir zur Kohlensäure $OC\langle^{OH}_{OH}$, der Harnstoff ist also das Doppelamid der Kohlensäure. Dementsprechend ist er durch Säuren wie auch durch Alkali in Ammoniak und Kohlensäure zu spalten; die gleiche Reaktion bewirken auch gewisse, in einigen Pflanzensamen vorkommende Enzyme. In diesem Fall entsteht unter Aufnahme von zwei Molekülen Wasser Ammoniumcarbonat:

$$CO(NH_2)_2 + 2\,H_2O = CO(ONH_4)_2,$$

ein anorganisches Ammoniumsalz, das nun seinerseits zur Ernährung von Pflanzen dienen kann. Synthetisch kann Harnstoff aus Phosgen $COCl_2$ (s. S. 77) und Ammoniak erhalten werden geradeso wie andere Säureamide aus den Säurechloriden: $COCl_2 + 2\,NH_3 = CO(NH_2)_2 + 2\,HCl$.

Die historisch berühmte erste Harnstoffsynthese ging aus von dem Ammoniumsalz einer eigentümlichen anorganischen Säure, die der Blausäure nahesteht und sich durch einen Sauerstoffgehalt von ihr unterscheidet. Sie heißt Cyansäure und besitzt die Formel NCOH (vgl. die Cyanwasserstoff-(Blau-)säure NCH!). Das Ammoniumsalz $NCO-NH_4$ ist mit seiner Bruttoformel CH_4ON_2 mit dem Harnstoff isomer; beim Eindampfen seiner wässerigen Lösung verwandelt es sich von selbst in Harnstoff, und so ergab der Versuch zur Darstellung des cyansauren Ammoniums in damals völlig überraschender Weise als erstes Beispiel einer organischen Synthese den Harnstoff. Diese Entdeckung war an sich eine Gabe des Zufalls; ihre Bedeutung lag vornehmlich darin, daß sie zu weiteren synthetischen Arbeiten ermutigte, nachdem alle früheren Versuche ergebnislos verlaufen waren. —

Bei starker körperlicher wie auch geistiger Anstrengung tritt, wie nicht weiter verwunderlich, ein starker Verbrauch

an Körpersubstanz ein. Da es sich dabei vielfach um Eiweißstoffe handelt, die verbrannt werden, so entstehen gleichzeitig
beträchtliche Harnstoffmengen, deren Anwesenheit im Blut
wesentlich zum Auftreten jenes Gefühls beiträgt, das wir als
Müdigkeit bezeichnen. Der Umstand, daß gewisse chemische
Mittel das Gefühl der Müdigkeit, das Bedürfnis nach Schlaf
und diesen selbst hervorzurufen vermögen, ist allgemein bekannt; auf ihm beruht ja die Wirkung der zahlreichen Schlafmittel. Nach dem oben Gesagten wird es nicht überraschen,
unter den letzteren verschiedene Abkömmlinge des Harnstoffs
anzutreffen. Besonders wichtig sind hier Verbindungen, in
denen ein Harnstoffmolekül mit einem Molekül einer zweibasischen Säure amidartig verknüpft ist, und zwar einerseits
mit Oxalsäure, andererseits mit Malonsäure und einigen ihr
nahestehenden Säuren. Hier sind beide NH_2-Gruppen des
Harnstoffs mit den beiden Carboxylgruppen eines Säure-
moleküls in Reaktion getreten, so daß ringförmige Moleküle entstehen: mit Oxalsäure die sogenannte Parabansäure

$$CO\begin{cases} NH-CO \\ NH-CO \end{cases}, \text{ mit Malonsäure die Barbitursäure } \begin{array}{c} NH-CO \\ |\ \ | \\ CO\ \ \ CH_2 \\ |\ \ | \\ NH-CO \end{array},$$

beides, wie die Namen besagen, Stoffe von saurem Charakter, obwohl sie keine Carboxylgruppe enthalten. Die Häufung der Carbonylgruppen bewirkt hier, daß sogar der an
Stickstoff gebundene Wasserstoff durch Metall ersetzbar, die
Reaktion der Verbindung sauer wird. Die beiden Ringsysteme
enthalten je zwei Stickstoffatome, ein Umstand, auf den
später noch zurückzukommen sein wird. — Von der Barbitur-

$$\begin{array}{c} NH-CO \\ |\ \ | \\ CO\ \ \ C(C_2H_5)_2 \\ |\ \ | \\ NH-CO \end{array}$$

säure leitet sich eines der bekanntesten
Schlafmittel, das Veronal, ab. Chemisch ist
es als Diäthyl-barbitur-säure von beistehen-
der Formel zu bezeichnen.

Eine Kombination der beiden Ringsysteme, wie sie in der
Paraban- und der Barbitursäure vorliegen, zu einem Molekül
findet sich in einer Reihe merkwürdiger Verbindungen. Durch
vorsichtigen Abbau wie durch Synthese ist erwiesen, daß
ihnen ein Doppelringsystem zugrunde liegt, wie es das neben-

182

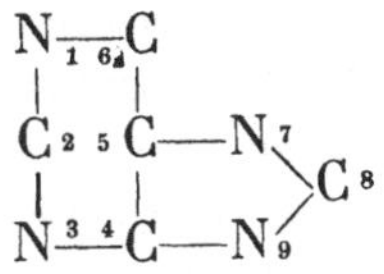

stehende Schema zeigt. Wie man sieht, haben die beiden
Ringe die mit den Ziffern 4 und 5 bezeichneten C-Atome gemeinsam, eine Verknüpfungsart, wie man sie
auch bei zahlreichen anderen Verbindungen
wiederfindet (vgl. das nächste Kapitel). Die
Stoffe, denen dieses eigentümliche Skelet aus
C- und N-Atomen zugrunde liegt, faßt man
unter der Bezeichnung *Purine* zusammen; ihre wichtigsten Vertreter sind die *Harnsäure*, das Theobromin und das Coffeïn. Die
Harnsäure ist in geringen Mengen ein normaler Bestandteil des
menschlichen Harns; bei gewissen Krankheiten gelangt sie
innerhalb des Organismus, besonders in den Gelenken zur Abscheidung (ihre Löslichkeit ist nur gering) und verursacht die
Erscheinungen der Gicht. Die Strukturformel der Harnsäure
lehrt, daß hier zwei Harnstoffreste durch eine dreigliedrige

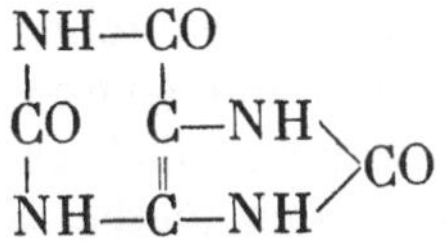

Harnsäure

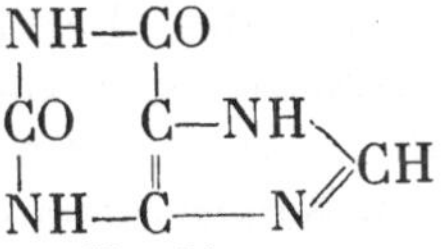

Xanthin

Kohlenstoffkette gebunden sind. Auf verschiedenen Wegen
läßt sich die Harnsäure in eine um ein O-Atom ärmere Verbindung verwandeln, die Xanthin genannt wird; es kommt
in der Natur vielfach neben der Harnsäure vor. Von diesem
Xanthin nun leiten sich in einfacher Weise das *Coffeïn*, der
wichtige, wirksame Bestandteil des Kaffees und Tees, sowie
das Theobromin ab, das im Kakao enthalten ist. Es sind dies
nicht die einzigen Fälle, daß Purinstoffe auch in Pflanzen
gefunden werden; einige den hier angeführten nahestehende

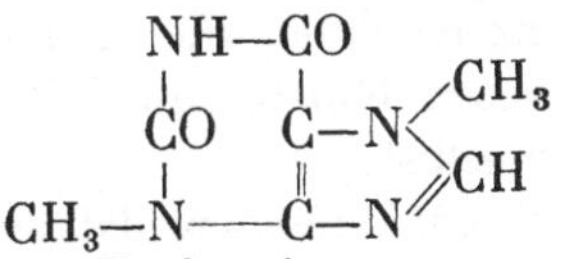

Theobromin

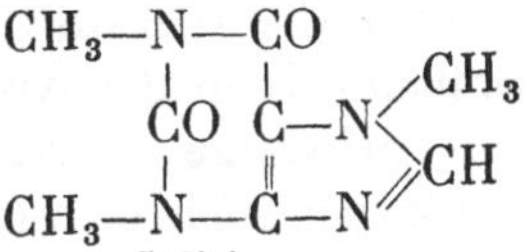

Coffeïn

Stoffe mit geringerem Sauerstoffgehalt (und daher von basischer Natur) finden sich im Pflanzen- wie auch im Tierreich
weit verbreitet, und zwar als Bestandteile der sogenannten
Nucleïnsäuren. Diese ihrerseits sind beteiligt am Aufbau der

teil dieser Moleküle bilden je vier Pyrrolkerne, deren C-Atome statt Wasserstoff meist Methyl- oder Äthylgruppen tragen. Die vier Pyrrolkerne sind durch zwei miteinander verbundene C-Atome zu einer großen Einheit verknüpft, in die beim Chlorophyll noch ein Magnesiumatom, beim Blutfarbstoff ein Eisenatom eintritt; diese Metallatome sind mit N-Atomen von Pyrrolen verbunden.

Dem Pyrrolidin und Pyrrol entsprechen als Sechsringe das gesättigte Piperidin und das benzolähnliche Pyridin. Im Pfeffer (lat. piper) gibt es einen Piperin genannten Stoff, in dem eine Säure der Formel $C_{11}H_9O_2COOH$ mit dem N-Atom eines Piperidinringes amidartig verknüpft ist — daher der Name. Ein Alkaloïd des Schierlings (conium), das Coniin, hat sich erwiesen als ein Piperidin, das an einem zum Stickstoff benachbarten C-Atom eine normale Propylgruppe trägt. Wie man sieht, ist dieses C-Atom asymmetrisch, und so ist das natürliche Coniin optisch aktiv, und zwar rechtsdrehend. Coniin ist auch synthetisch hergestellt worden, wobei, wie stets, zunächst ein inaktives Produkt erhalten wurde. Es stellt aber in der Geschichte unserer Wissenschaft den ersten Fall dar, daß die Zerlegung eines inaktiven basischen Stoffes in die aktiven Bestandteile gelang: bei der Salzbildung aus inaktivem Coniin mit Rechtsweinsäure kristallisiert zuerst das Salz des Rechtsconiins aus, und bei der Zerlegung dieses Salzes mit Kalilauge erhält man ein rechtsdrehendes Coniin, das mit dem natürlichen in jeder Hinsicht vollkommen übereinstimmt.

Piperidin und Pyrrolidin sind zu einem Doppelring vereinigt in den Alkaloïden der Nachtschattengewächse. Diese Vereinigung ist darum bemerkenswert, weil die beiden Einzelringe nicht, wie bei den Purinstoffen, zwei Atome gemeinsam haben, sondern drei, wie es die Formel zeigt; das N-Atom, das eine Methylgruppe gebunden hält, gehört mit den beiden be-

nachbarten C-Atomen dem links gedruckten Pyrrolidin ebenso
an wie dem rechts gedruckten Piperidin. Man kann das ganze
Gebilde aber auch auffassen als einen Ring von sieben
C-Atomen, von denen das erste und vierte durch das N-Atom
verknüpft sind. Durch vorsichtigen Abbau des Moleküls wie
auch durch Synthese ist diese Struktur
bewiesen worden. Diese Verbindung,
die neben dem basischen Stickstoff auch
noch eine Alkohol-OH-Gruppe aufweist, heißt *Tropin*. Es bildet den
wesentlichen Bestandteil des *Atropins*,

$$\begin{array}{ccc}
CH_2-CH-CH_2 & & \\
| & | & \diagdown \\
| & NCH_3 & CHOH \\
| & | & \diagup \\
CH_2-CH-CH_2 & &
\end{array}$$
Tropin

des Alkaloïds der Tollkirsche (Atropa), kommt aber auch in
einigen anderen Nachtschattenarten vor. Wir finden hier die
auch anderwärts beobachtete Tatsache, daß stammesverwandte
Pflanzen häufig gleiche oder ähnliche chemische Stoffe her-
vorbringen. Wir lernen aber zugleich eine Ausnahme von dieser Regel kennen: eine Carbonsäure des Tropins, Ecgonin (I)
genannt, ist ein Bestandteil des Kokaïnmoleküls; das Kokaïn
wird aus den Blättern des Kokastrauches gewonnen, der den
Nachtschattenarten völlig fernsteht. Im Kokaïn ist die Carboxylgruppe des Ecgonins mit Methylalkohol verestert, die
Hydroxylgruppe aber mit der im nächsten Kapitel zu erwäh-
nenden Benzoesäure $C_6H_5 \cdot COOH$, so daß dem Kokaïn die
Formel (II) zukommt. Das Kokaïn ist als gefährliches

$$\begin{array}{ccc}
CH_2-CH-CH-COOH & & \\
| & | & \diagdown \\
| \quad I & NCH_3 & CHOH \\
| & | & \diagup \\
CH_2-CH-CH_2 & &
\end{array}
\qquad
\begin{array}{ccc}
CH_2-CH-CH-COOCH_3 & & \\
| & | & \diagdown \\
| \quad II & NCH_3 & CHO \cdot COC_6H_5 \\
| & | & \diagup \\
CH_2-CH-CH_2 & &
\end{array}$$
Ecgonin   Kokaïn

Rauschgift bekannt; ebenso bekannt dürfte auch seine Fähigkeit sein, bei Einspritzung unter die Haut den umgebenden
Bezirk gefühllos zu machen. Mit seiner Hilfe ist es möglich,
kleinere Operationen mit örtlicher Betäubung vorzunehmen
und so die unangenehme und nie ganz ungefährliche Betäubung mit Chloroform oder Äther zu vermeiden. Diese Wirkung ist, wie eingehende Studien gelehrt haben, keineswegs
auf das Kokaïn beschränkt. Es hat sich gezeigt, daß das kom-

plizierte Tropingerüst für ihre Erzielung unwesentlich ist, und
so hat man gelernt, weit einfachere Stoffe synthetisch herzustellen, die nur eine basische Gruppe mit einer Estergruppe
in ihrem Molekül zu vereinigen brauchen, um dem Kokaïn
ähnliche Wirkung ohne die gleiche Giftigkeit zu besitzen.

Das Pyridin kommt gleich dem Pyrrol im Steinkohlenteer
und im Knochenöl vor. Es besitzt einen sehr unangenehmen
Geruch und wird deshalb zum Vergällen von Brennspiritus
benutzt; daher dürfte der Geruch des Pyridins dem Laien
besser bekannt sein als der des reinen Alkohols. In seiner
oben angegebenen Formel sind die Bindungen der Atome untereinander nur durch einfache Striche dargestellt, obwohl der
geringe Wasserstoffgehalt drei Doppelbindungen verlangt; es
soll durch diese Schreibweise der benzolähnliche Charakter
des Pyridins angedeutet werden. — Mit Pyrrolidin verbunden bildet das Pyridin das Alkaloïd des Tabaks, das Nikotin. Seine Konstitution ist sowohl durch Abbau wie auch durch Synthese sichergestellt.

$$\begin{array}{ccc}
CH_2\!-\!CH_2 & & CH \\
| \quad\quad | & & / \quad \backslash \\
CH_2 \quad CH\!-\!C & & CH \\
\backslash \quad / & | \quad\quad | \\
N & CH \quad CH \\
\cdot & \backslash \quad / \\
CH_3 & N
\end{array}$$

Nikotin

Von den Ringen mit zwei N-Atomen haben wir die wichtigsten in den Purinstoffen bereits kennengelernt. Erwähnt sei
noch der Pyrazolring, in dem zwei N-Atome benachbart

$$\begin{array}{cc}
CH\!=\!CH & \\
| \quad\quad\quad \backslash & \\
\quad\quad\quad\quad >NH & \\
CH\!=\!\!=\!N &
\end{array}
\qquad
\begin{array}{cc}
CH\!-\!CO & \\
\| \quad\quad\quad \backslash & \\
\quad\quad\quad\quad >N\!-\!C_6H_5 & \\
C\!-\!\!-\!\!-\!N & \\
\cdot \quad\quad\quad \cdot & \\
CH_3 \quad CH_3 &
\end{array}$$

Pyrazol

Antipyrin

stehen. Von ihm leiten sich zwei wichtige synthetische Fiebermittel ab, das Antipyrin und das Pyramidon. Ihre Synthese
und ihre Konstitution sind zu verwickelt, um hier erötert zu
werden; wir begnügen uns damit, die Formel des Antipyrins
herzusetzen. Es ist wissenschaftlich als „Di-methyl-phenyl-
pyrazolon" zu bezeichnen; die Endung -on deutet an, daß es
sich um ein Keton handelt; über die Phenylgruppe belehrt das
nächste Kapitel.

Leider erlaubt der verfügbare Raum nicht, auf die komplizierteren Alkaloïde, wie das berühmte Fiebermittel Chinin,

das schmerzlindernde Schlafmittel Morphin auch nur andeutungsweise einzugehen. Beide kommen im Gemisch mit anderen Alkaloïden, das Chinin in der Rinde des Chinabaumes, das Morphin im Milchsaft der Mohnpflanzen vor. Eingetrocknet bildet er das sogenannte Opium; es wird besonders im Orient als Rauschgift benutzt, in der Heilkunde vor allem wegen seiner beruhigenden Wirkung auf den Darm. Das Morphin bildet etwa den zehnten Teil des Opiums, das seine Giftwirkung vornehmlich diesem seinem Bestandteil verdankt.

XIII. Aromatische Verbindungen.

In den voraufgehenden Kapiteln haben wir in kurzen Zügen einen Überblick über die organische Chemie im engeren Sinne gegeben, indem wir unser Augenmerk vornehmlich auf die wichtigsten, in den Organismen vorkommenden oder von ihnen benötigten Stoffe richteten. Zum Verständnis der Zusammenhänge waren dabei manche Gebiete der allgemeinen organischen Chemie zu streifen, der Chemie des Kohlenstoffs, wie sie sich im Laboratorium des Chemikers entwickelt hat. Abgesehen von den im vorigen Kapitel besprochenen Alkaloïden handelte es sich dabei fast ausschließlich um Stoffe mit offenen Kohlenstoffketten, aliphatische Verbindungen, wie sie im Kap. IX definiert worden sind. Dem Bild der organischen Chemie würde aber selbst bei unserer flüchtigen Skizzierung ein wesentlicher Zug fehlen, wenn wir nicht einige Ausführungen über die Abkömmlinge des Benzols, die aromatischen Verbindungen, folgen ließen. Auch in den Organismen kommen mancherlei aromatische Stoffe vor; rührt doch die Bezeichnung „aromatisch" selbst von pflanzlichen Duftstoffen her. Ihre besondere Bedeutung liegt aber in der Rolle, die sie in der chemischen Industrie der letzten 75 Jahre gespielt haben und die sie noch spielen; es genügt die Erwähnung der Tatsache, daß fast sämtliche technisch wichtigen Farbstoffe sowie zahlreiche künstliche Arzeneimittel in das Gebiet der aromatischen Verbindungen gehören.

Im Kapitel IX hatten wir im Benzol C_6H_6 jenen merkwürdigen Kohlenwasserstoff kennengelernt, in dessen Molekül

lich in der Verbindungslinie der Atome 1 und 4 und senkrecht
hierzu. Hieraus aber folgt, daß die Stellungen 2 und 3 sowie
5 und 6 untereinander gleichartig sind; d. h. tritt ein dritter
Substituent zu den beiden Cl-Atomen (z. B. ein drittes
Cl-Atom), so entsteht ein und dieselbe Verbindung, gleichgültig, welcher der vier möglichen Plätze besetzt wird.
Übertragen wir die gleiche Betrachtung auf das o-Dichlor-
benzol, so sehen wir, daß hier nur *ein* symmetrischer Schnitt
möglich ist, der das Molekül zwischen den beiden Cl-Atomen
teilt. Wie man sieht, liegt hier das dritte C-Atom symmetrisch
zum sechsten, das vierte zum fünften. Ein dritter Substituent
kann zu den beiden vorhandenen benachbart in 3 oder 6 eintreten oder unsymmetrisch in eine der Stellungen 4 oder 5.
Letzteres Produkt stimmt mit dem aus p-Dichlorbenzol entstehenden überein. Auch das m-Dichlorbenzol besitzt eine
Symmetrieachse, die die C-Atome 2 und 5 verbindet. (Wir
beginnen die Zählung stets bei einem der vorhandenen Substituenten.) Hier ist die Stellung 4 symmetrisch zu 6, 2 und 5
dagegen sind entgegengesetzte Pole der Achse. Ein dritter
Substituent kann hier also eintreten in Stellung 2 — dann
sind die drei benachbart — oder in Stellung 5 — dann liegen
sie symmetrisch — oder in Stellung 4 oder 6 — dann erhalten wir wieder wie oben die unsymmetrische Form. Diese Be-

benachbart   symmetrisch   unsymmetrisch

trachtungen lehren zweierlei: erstens gibt es auch für drei
gleiche Substituenten nur drei verschiedene Möglichkeiten der
gegenseitigen Stellung im Benzol: die benachbarte, die symmetrische und die unsymmetrische. Man überzeugt sich leicht,
daß eine weitere nicht besteht. Zweitens zeigen diese Zusammenhänge einen wichtigen Weg, wie p-, o- und m-Verbin-
dungen unterschieden werden können. Durch Einführung
eines dritten Substituenten liefert die p-Verbindung nur *eine*
(die unsymmetrische), die o-Verbindung zwei (benachbarte

und unsymmetrische), die m-Verbindung dagegen alle drei möglichen Formen des dreifach substituierten Benzols.

All diese Dinge sind in vielfältigen eingehenden Versuchen geprüft und bestätigt worden. Sie trugen wesentlich dazu bei, unsere Vorstellung von der symmetrischen ringförmigen Anordnung der 6 C-Atome im Benzolmolekül zu befestigen. Sie wird den Eckpfeiler unserer folgenden Betrachtungen bilden, bei denen wir uns mit der Angabe der Konstitution der Verbindungen begnügen wollen, ohne im allgemeinen jeweils den Weg zu ihrer Ermittelung zu zeigen. Wer bis hierher gefolgt ist, wird ohnedies überzeugt sein, daß den Formeln des Chemikers stets eingehendste experimentelle Forschung zugrunde liegt, und daß sie in hohem Grad als Abbild der mikrokosmischen Wirklichkeit gelten dürfen, als deren Symbol wir sie benutzen.

Da wir oben von den Cl-haltigen Abkömmlingen des Benzols redeten, sei kurz auf ihre Bildung eingegangen, weil auch hier die eigentümliche Natur des Benzols zutage tritt. Während in der aliphatischen Reihe Cl leicht an Doppelbindungen angelagert wird — eine Reaktion, die weit leichter verläuft als der Ersatz von H durch Cl —, findet beim Benzol der Ersatz von H durch Cl, zumal bei Gegenwart gewisser fördernder Stoffe, wie Aluminiumchlorid, leichter statt, und es entstehen Chlorbenzole, vor allem einfaches Chlorbenzol und p-Dichlorbenzol. Die übrigen Chlorbenzole sind besser auf Umwegen unter Umwandlung anderer Abkömmlinge bekannter Struktur herstellbar (s. später). Unter der Einwirkung direkten Sonnenlichts vermag übrigens das Benzol auch 6 Cl-Atome *anzulagern* unter Bildung von Benzolhexachlorid $C_6H_6Cl_6$, einer Verbindung, die ihrer Natur nach nicht mehr in die Reihe des Benzols, sondern in die des Cyclohexans gehört. — Wie in ihrer Bildung, weichen die Chlorbenzole auch in ihren chemischen Reaktionen von den aliphatischen Cl-Verbindungen ab. Das Cl ist an den Benzolkern wesentlich fester gebunden als an eine Alkylgruppe. Es läßt sich nur schwierig gegen Hydroxyl austauschen und reagiert nicht mit Ammoniak. Ein ähnliches Verhalten zeigt in der aliphatischen Reihe ein Cl-Atom, das an einem doppelt gebundenen C-Atom haftet (vgl. S. 116). Hier haben wir einen Hinweis, daß das Benzol bei seinem vorwiegend gesättigten Charakter auch einzelne Merkmale ungesättigter Verbindungen aufweist.

Wir haben hier die an sich nicht sehr wichtigen Chlorbenzole etwas ausführlicher behandelt, um an einfachen Beispielen die Grundzüge der Isomerieverhältnisse am Benzolkern kennenzulernen. Bei den wichtigeren Abkömmlingen des Benzols beginnen wir wieder mit den Kohlenwasserstoffen, gehen dann zu den Sauerstoffverbindungen und weiter zu den Stickstoffverbindungen. Abschließend sei dann noch auf einige wichtige Farbstoffe kurz eingegangen.

Unter den aromatischen Kohlenwasserstoffen können wir grundsätzlich zwei Gruppen unterscheiden, nämlich erstens solche, in denen ein oder mehrere H-Atome des Benzols durch Alkylgruppen ersetzt sind, zweitens solche, in denen zwei oder mehr Benzolkerne miteinander verknüpft sind. Aus der ersten Gruppe seien hervorgehoben das Methylbenzol und die drei Dimethylbenzole, ersteres als Toluol, letztere als o-, m- und p-Xylole bezeichnet. Sie finden sich sämtlich neben dem Benzol im Steinkohlenteer und unterscheiden sich von ihm vornehmlich durch höhere Siedepunkte. Sie sind technisch wichtig als Lösungsmittel und als Ausgangsstoffe zur Herstellung verschiedener Farben und anderer Produkte. Es braucht wohl kaum betont zu werden, daß mit dem Eintritt solcher als Seitenketten bezeichneten Alkylgruppen neue und wesentliche Isomeriemöglichkeiten auftreten. Im Toluol, um das einfachste Beispiel zu wählen, hat die Methylgruppe vollkommen ihren aliphatischen, die Benzolgruppe ihren aromatischen Charakter bewahrt. So bekommen wir zwei grundsätzlich verschiedene Stoffe, wenn in das Toluol ein Cl-Atom in den Kern oder wenn es in die Seitenkette tritt. (Für den Verlauf der Reaktion sind die äußeren, physikalischen Bedingungen — Licht, Temperatur — maßgebend.) Im ersten Fall haben wir im Chlortoluol eine Verbindung, die dem Chlorbenzol vollkommen entspricht. Im zweiten Fall dagegen

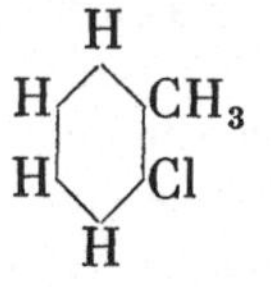

o-Chlortoluol 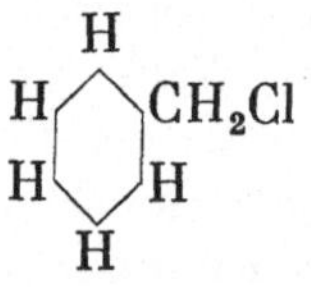   Benzylchlorid

ist das Cl in der Methylgruppe des „Benzylchlorids" (s. u.)
zu all den Reaktionen befähigt wie im Methylchlorid selbst:
so ist es gegen Hydroxyl austauschbar unter Bildung eines
primären Alkohols, der in bekannter Weise zu einem Aldehyd
und einer Carbonsäure oxydiert werden kann; doch hiervon
später. — Von anderen hierher gehörigen Kohlenwasserstoffen sei nur noch das Cymol erwähnt, das
in verschiedenen Pflanzenölen, wie dem
des Thymians, vorkommt und mit seinem
Skelet von 10 C-Atomen einen Übergang
von den aromatischen Stoffen zu den
ätherischen Ölen (vgl. S. 114) darstellt.

Cymol

Die Verknüpfung zweier (und mehrerer) Benzolkerne kann
in zwei wesentlich verschiedenen Weisen geschehen. Im einfacheren Fall sind sie wie die Methylgruppen im Äthan vereinigt zum Diphenyl C_6H_5–C_6H_5; es ist bemerkenswert, weil
sich von ihm wertvolle Farbstoffe herleiten. Theoretisch
wichtiger ist eine andere Kombination, bei der zwei Benzolkerne so vereinigt sind, daß zwei C-Atome beiden gemeinsam
sind (ähnlich wie wir es im vorigen Kapitel bei den Ring-
systemen der Puringruppe gesehen haben). Wir müssen auch
hier auf nähere Angabe der Bindungen verzichten, weil sie noch nicht sicher ermittelt
sind. Daß dem Molekül die angedeutete Vereinigung zweier Benzolkerne zugrunde liegt,
ist indes durch zahlreiche Reaktionen erwiesen.
Der merkwürdige Stoff ist wohl allgemein

Naphtalin

bekannt, es ist das *Naphtalin*, das wegen seines intensiven
Geruchs zur Abwehr der Motten verwandt wird. Naphtalin bildet einen der Hauptbestandteile des Steinkohlenteers
und wird daraus in großen Mengen ge-
wonnen. Es dient als Ausgangsmaterial
zur Herstellung verschiedener chemischer
Produkte, vor allem von Farbstoffen. Das
Naphtalin ähnelt in seinem chemischen Verhalten wesentlich dem Benzol, doch erscheint

Anthracen

hier der aromatische Charakter etwas geschwächt, das Molekül
ist weniger widerstandsfähig. — Dem Naphtalin schließt sich

13*

195

eine Reihe ähnlich gebauter Verbindungen an, in denen drei und mehr Benzolkerne vereinigt sind. Wir begnügen uns, als Beispiel das Anthrazen anzuführen, das gleichfalls im Steinkohlenteer vorkommt. Auch von ihm leiten sich wichtige Farbstoffe ab (s. u.).

Unter den sauerstoffhaltigen Abkömmlingen des Benzols haben wir, wie schon oben angedeutet, zu unterscheiden, ob sie den Sauerstoff im Kern oder in der Seitenkette gebunden enthalten. Da das Benzol an jedem seiner C-Atome nur eine Valenz zur Bindung mit einem fremden Atom zur Verfügung hat, so kann ein O-Atom jeweils nur mit einer Valenz am Benzolkern haften, wie dies der Fall ist bei hydroxylhaltigen und ätherartigen Verbindungen. Letztere sind von untergeordneter Bedeutung, erstere dagegen in mehrfacher Hinsicht interessant und wichtig. Ihr einfachster Vertreter, die Verbindung $C_6H_5 \cdot OH$, ist als Karbol mindestens dem Namen und dem Geruch nach allgemein bekannt. Der Chemiker nennt sie *Phenol* (und danach das Radikal C_6H_5-Phenyl; vgl. oben das Diphenyl). Wir hatten in der aliphatischen Reihe gesehen, daß die OH-Gruppe das Kennzeichen der Alkohole bildet, daß es dort aber keine Alkohole gibt, deren Hydroxyl an einem doppelt gebundenen C-Atom haftet. Das Phenol lehrt, daß auch hier bei den aromatischen Stoffen besondere Gesetze herrschen. Dies spricht sich auch darin aus, daß der Charakter des Phenols weniger einem Alkohol als einer Säure ähnelt (daher der Name Karbolsäure). Die Nachbarschaft des Benzolkerns scheint ähnlich auf die OH-Gruppe zu wirken wie die des doppelt gebundenen Sauerstoffs in der Carboxylgruppe $\cdot CO \cdot OH$. Das Phenol ist bei gewöhnlicher Temperatur fest, in Wasser sehr leicht löslich. Es ist ein starkes Gift zumal für niedere Lebewesen und wurde daher vielfach als Desinfektionsmittel benutzt. Dem Phenol stehen die Kresole (o-, m- und p-) nahe, die neben der Hydroxyl- eine Methylgruppe enthalten. Phenol und Kresole werden in großen Mengen aus Teer gewonnen.

Von mehrwertigen Phenolen (Verbindungen, die zwei oder mehr OH-Gruppen enthalten) sei nur das Hydrochinon genannt, das den Photographen als Entwickler bekannt ist. Wie

die Formel zeigt, stehen in seinem Molekül zwei OH-Gruppen
in p-Stellung. Es besitzt eine sehr große Neigung, sich zu
oxydieren und vermag daher auf andere Stoffe
als starkes Reduktionsmittel zu wirken. (So hat
der Entwickler auf der photographischen Platte
an den belichteten Stellen das Bromsilber zu
metallischem Silber zu reduzieren.) Durch starke
Oxydationsmittel erleidet das Hydrochinon eine
sehr eigentümliche Veränderung: es geht in eine um zwei
H-Atome ärmere Verbindung über, das *Chinon*. Dieses nimmt
mit einer in ihrer Struktur ihm nahestehenden Stoffgruppe
eine Sonderstellung unter den Abkömmlingen des Benzols ein.
Durch sorgfältige Versuche ist nachgewiesen, daß in ihm
beide O-Atome Carbonylgruppen angehören, d. h. doppelt an
C-Atome gebunden sind. Mit dem üblichen Benzolschema ist
seine Struktur also nicht darstellbar. Die nebenstehende Formel, die man ihm gemeinhin zuerteilt, kann aber auch nicht
befriedigen, weil hiernach das Chinon zwei gewöhnliche Doppelbindungen zu enthalten scheint.
Dem entspricht aber sein Verhalten nicht, das
wesentlich das eines echten Benzolabkömmlings
ist; dies äußert sich unter anderem darin, daß
Chinon mit größter Leichtigkeit wieder in Hydrochinon reduzierbar ist. Wahrscheinlich führt die vollständige
gegenseitige Konjugation der vier ungesättigten Teile des Moleküls — der beiden C : O- und der beiden CH : CH-Gruppen
— zu einer Anordnung, die in der Verteilung der Kräfte der
des Benzols selbst außerordentlich nahekommt. — Wenn man
das schwach gelb gefärbte Chinon z. B. durch Behandeln mit
Schwefliger Säure zum farblosen Hydrochinon reduziert, so
beobachtet man während der Reaktion das Auftreten einer
tiefdunkelgrünen, fast schwarzen Färbung. Sie beruht auf
der Bildung eines Zwischenproduktes, in dem ein Molekül
Chinon mit einem Molekül Hydrochinon locker vereinigt ist
zu einer Chinhydron genannten Verbindung. Dieses Chinhydron ist trotz seiner starken Eigenfarbe dennoch kein Farbstoff. Um ein Farbstoff zu sein, muß eine Verbindung nicht
nur gefärbt sein — das ist selbstverständlich Voraussetzung —,

197

sie muß auch die Fähigkeit besitzen, mit dem zu färbenden
Stoff (vor allem der pflanzlichen, tierischen oder künstlichen
Faser) eine feste, unlösliche und möglichst beständige Ver-
bindung zu geben. Das ist beim Chinhydron nicht der Fall.
Umgekehrt aber scheint bei vielen Farbstoffen die chin-
hydronartige Vereinigung chinonartiger Kerne mit eigent-
lichen Benzolkernen im gleichen Molekül die Ursache der
Färbung zu sein.

Im Naphtalin sind die 8 H-Atome in ihrer Stellung nicht
völlig gleichwertig. Die beiden mittleren C-Atome nehmen im
Molekül eine Sonderstellung ein, insofern sie keinen Wasserstoff tragen und somit auch nicht zu Trägern anderer Substituenten werden können. Die vier in der Formel mit 1, 4, 5
und 8 bezeichneten Ecken sind nun je einem dieser C-Atome
benachbart und somit einander gleich, die vier anderen bilden eine zweite in sich gleiche, von der ersten abweichende
Gruppe. Ein einzelner, in das Naphtalin eintretender Substituent führt also schon zu zwei verschiedenen Verbindungen, je nachdem er ein H-Atom der ersten oder der zweiten
Gruppe ersetzt. Man unterscheidet sie mit den ersten Buch-
staben des griechischen Alphabets als α- und β-Verbindungen,
und so bezeichnet man die beiden Hydroxylverbindungen des
Naphtalins als α- und β-*Naphtol*. Sie besitzen beide Phenol-
charakter, unterscheiden sich
indes wesentlich voneinander
in einzelnen Zügen ihres chemischen Verhaltens. — Ein
zweiter in das Naphtalin eintretender Substituent kann be-
reits sieben verschiedene Stellungen einnehmen — man
bezeichnet die gegenseitige Stellung dann am einfachsten
durch die oben angegebene Numerierung. Es gibt unter
den Abkömmlingen der Naphtole eine ganze Reihe für
die Gewinnung von Farbstoffen wichtiger Verbindungen,
deren Einzelheiten indes nur für den Fachmann von Bedeutung sind.

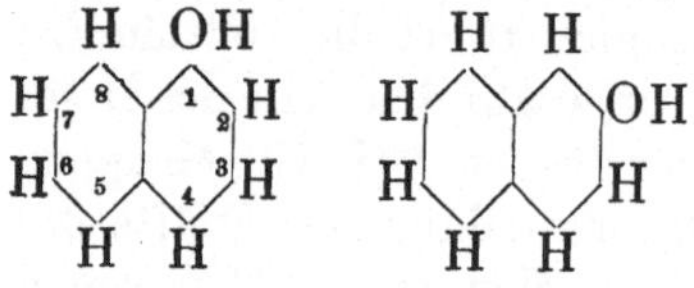

Die Gruppe der Phenole entstammt vor allem dem chemischen Laboratorium und der Technik. Aromatische Stoffe,

α-Naphtol β-Naphtol

die Sauerstoff in einer Seitenkette gebunden enthalten, finden sich vielfach in der Natur, besonders im Pflanzenreich. In ihrem chemischen Verhalten schließen sie sich den aliphatischen Verbindungen an; wir finden unter ihnen Alkohole, Aldehyde, Ketone und Carbonsäuren sowie Verbindungen, die verschiedene Charaktere in sich vereinigen. Hierher gehören die Stoffe, denen die Benzolverbindungen den Namen der *aromatischen* verdanken. Wir greifen aus der Fülle der Stoffe nur einige kennzeichnende heraus. Da ist zunächst das einfachste denkbare Beispiel, die Verbindung $C_6H_5CH_2OH$; sie heißt Benzylalkohol und findet sich als Ester gebunden z. B. im Perubalsam, frei im Jasminblütenöl. Synthetisch ist sie aus Toluol über das Chlorid $C_6H_5CH_2Cl$ (Benzylchlorid) zu gewinnen. Bei der Oxydation liefert sie den entsprechenden Aldehyd, den Benzaldehyd C_6H_5CHO; er ist der wesentliche Bestandteil des Duftstoffs der bitteren Mandeln. Ihm steht das Aroma der Vanille, das Vanillin, nahe; es ist ein Benzaldehyd, der im Benzolkern noch eine Hydroxyl- und eine Methyl-

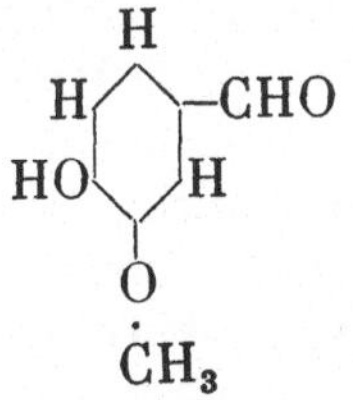

Vanillin 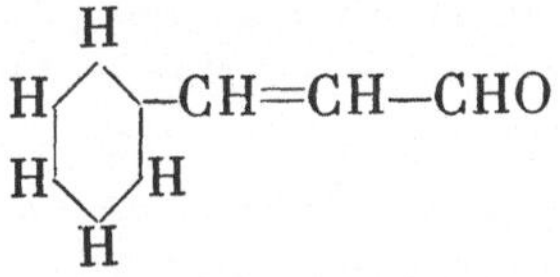   Zimtaldehyd

äthergruppe trägt; man stellt es heute in bedeutenden Mengen auf künstlichem Wege her. Ein aromatischer Aldehyd mit längerer, ungesättigter Kette ist der Zimtaldehyd, der Hauptbestandteil des Zimtöls.

An die Aldehyde schließen sich naturgemäß die Säuren an; so entsteht aus Benzaldehyd die einfachste aromatische Säure $C_6H_5 \cdot COOH$, die *Benzoesäure*. Sie kommt häufig in der Natur vor, teils mit Alkoholen (wie dem Benzylalkohol) verestert, teils frei. Sie wurde zuerst aus dem Benzoeharz hergestellt, und hier haben wir den Ursprung all der Namen vor uns, in denen uns die Silbe Benz- begegnet. Benzoesäure ist leicht zu reinigen und kristallisiert schön in farblosen Blättchen. Beim Erhitzen mit Kalk spaltet sie CO_2 ab und liefert Benzol, das so in besonders reiner Form zu erhalten ist. (Das Benzol aus Steinkohlenteer enthält gewisse Verunreinigungen, von denen es nur sehr schwierig zu befreien ist.) Benzoesäure wird künstlich hergestellt, weil sie in der chemischen Industrie Verwendung findet und auch eine gewisse Bedeutung für die Konservierung von Lebensmitteln besitzt. In dieser Hinsicht wird sie indes weit von einer ihr nahestehenden Säure über-troffen, die neben der Carboxyl- eine Hydroxylgruppe aufweist, und zwar in o-Stellung. Sie heißt *Salizylsäure* und ist bekannt durch ihre Heilwirkungen: sie lindert Schmerzen und

Salizylsäure Azetylsalizylsäure

Fieber und ist im besonderen ein spezifisches Mittel gegen Gelenkrheumatismus. Durch Veresterung des Phenol-hydroxyls mit Essigsäure entsteht aus ihr die Azetyl-salizylsäure, bekannter unter ihrem Handelsnamen Aspirin. Salizylsäure selbst weist gewisse ungünstige Wirkungen namentlich auf das Herz auf — Gift- und Heilwirkung wohnen ja vielfach nahe beieinander —, die durch die Verknüpfung mit dem Azetylrest stark zurückgedrängt werden. Salizylsäure ist in einer sehr einfachen, merkwürdigen Reaktion aus Phenol darstellbar. Als säureartiger Stoff vermag Phenol mit Natriumhydroxyd ein Salz zu bilden, das Phenolnatrium. Wird dieses bei höherer Temperatur mit Kohlendioxyd unter Druck behandelt, so entsteht in glatter Reaktion das Natriumsalz der Salizylsäure. — Kurz erwähnt sei noch die Gallussäure, ein wichtiger Bestandteil vieler Gerbstoffe.

Gallussäure

Unterwirft man Naphtalin in Gegenwart geeigneter Katalysatoren der Oxydation, so findet eine Zerstörung des einen Ringes statt, und man erhält eine Dicarbonsäure des Benzols,

die Phtalsäure oder o-Benzoldicarbonsäure. Sie ist bei weitem
die wichtigste von den drei möglichen Isomeren und von der
m- und p-Säure unterschieden durch die Fähigkeit, sehr leicht
ein inneres Anhydrid zu bilden, was nur bei der Nachbarstel-
lung der Carboxyle möglich ist. Hierin liegt ein Beweis für
den Bau der Phtalsäure selbst und weiter auch
für den des Naphtalins. Geht man statt vom
Naphtalin selbst von einem einfach substituierten Naphtalin aus, so hängt es von der Natur
des eingeführten Liganden X ab, welcher von
den beiden Ringen fortoxydiert wird, der un-
veränderte oder der andere. Wird der zweite
oxydiert, so erhält man gewöhnliche Phtalsäure; wird der
erste zerstört, so entsteht eine Phtalsäure, die auch den

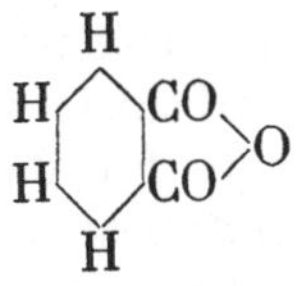

Liganden X enthält. Durch Wahl geeigneter Liganden war
so der Beweis zu führen, daß tatsächlich das Naphtalin die
Kombination zweier Benzolkerne darstellt, wie wir sie angegeben haben. — Phtalsäure bildet gleich der Benzoe- und
Salizylsäure farblose Kristalle — wie denn überhaupt rein
äußerlich die meisten hier besprochenen Verbindungen wenig
Bemerkenswertes aufweisen. Technisch ist sie außerordentlich wertvoll für die Gewinnung verschiedener Farbstoffe,
vor allem des Indigos, des wichtigsten Farbstoffs überhaupt.

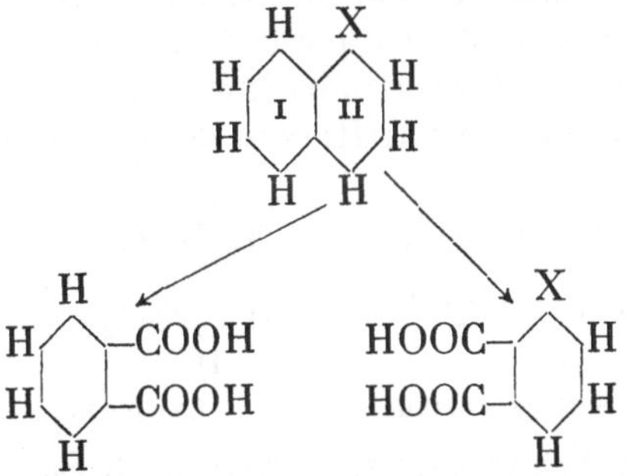

An die aromatischen Carbonsäuren schließen wir die
Sulfosäuren an, Verbindungen, die den Rest $-SO_3H$ enthalten.
Ihre leichte Bildung aus den entsprechenden Kohlenwasser-
stoffen mit konzentrierter Schwefelsäure ist der aromatischen

säure aus Phenol die Carboxylgruppe in o-Stellung zur OH-Gruppe tritt. Warum die Verhältnisse gerade bei der Nitrogruppe so besonders eingehend studiert worden sind, werden wir nunmehr sehen.

Die Nitroverbindungen sind an sich nicht sehr wichtig. Ausnahmen bilden das Trinitrotoluol und das Trinitrophenol oder die *Pikrinsäure* (pikros = bitter), die in großen Mengen als Sprengstoffe hergestellt werden. Das Nitrobenzol, eine ölige Flüssigkeit, erinnert zwar in seinem Geruch merkwürdig an Bittermandelöl; es ist aber giftig und empfiehlt sich nicht einmal zum Parfümieren von Seifen, weil es die Haut angreift. Dagegen sind die Nitroprodukte ein unvergleichliches Ausgangsmaterial für eine Fülle anderer Stoffe, die vorwiegend auf dem Wege der Reduktion zugänglich sind. Darunter befinden sich wieder ganze Stoffklassen, die für die aromatische Reihe kennzeichnend sind.

Das einfachste und zugleich wichtigste ist das Reduktionsprodukt des Nitrobenzols selbst: es ist das berühmte *Anilin*. Es ist auf verschiedene Weise darstellbar, so indem man in Gegenwart von Nitrobenzol Salzsäure auf Eisenspäne wirken läßt. Dabei wird der gesamte Sauerstoff der Nitrogruppe entfernt und durch zwei H-Atome ersetzt; wir erhalten an Stelle der Nitro- die Aminogruppe:

$$C_6H_5NO_2 + 6\,H = C_6H_5NH_2 + 2\,H_2O\,.$$

Auch das Anilin ist eine ölige Flüssigkeit, in reinem Zustand farblos, von schwachem Geruch, in Wasser kaum löslich; als Amin bildet es mit Säuren Salze, z. B. $C_6H_5NH_2 \cdot HCl$, kurz als Anilinsalz bezeichnet. Anilin ist zuerst durch trockene Destillation von Indigo (portugies. anil) erhalten worden. Wie die Phenylgruppe dem Hydroxyl des Phenols sauren Charakter verleiht, so schwächt sie die basische Natur der Aminogruppe im Anilin; sie wird durch Eintritt von Methylgruppen (Methylanilin $C_6H_5NHCH_3$ und Dimethylanilin $C_6H_5N(CH_3)_2$) wieder verstärkt. Im allgemeinen ähnelt das Anilin in seinem chemischen Verhalten den entsprechenden aliphatischen Aminen. In einer Hinsicht aber weichen die aromatischen Amine (die in großer Mannigfaltigkeit analog dem Anilin darstellbar sind) grundsätzlich ab. Während die primären aliphatischen

Amine mit Salpetriger Säure so reagieren, daß, unter Austritt von Stickstoff und Wasser, OH an die Stelle von NH_2 tritt (s. S. 97), liefern die aromatischen eine Stoffklasse, in deren Molekülen zwei N-Atome in eigentümlicher Weise gebunden sind, die sogenannten Diazonium-Verbindungen, z. B.

$$C_6H_5NH_2 \cdot HCl + ON \cdot OH = C_6H_5N_2Cl + 2\,H_2O\,.$$

Der Name ist von Azot, der griechischen Bezeichnung für Stickstoff, hergeleitet. Die Diazonium-Verbindungen sind Stoffe von salzartigem Charakter, denen man die Struktur

$$C_6H_5-\overset{\displaystyle Cl}{\overset{|}{N}}{\equiv}N$$

zuschreibt. Ihre Darstellung aus den Aminen bezeichnet man als Diazotieren. Sie zeichnen sich durch eine überaus vielseitige Reaktionsfähigkeit aus, und so sind sie technisch wie wissenschaftlich von höchster Bedeutung. Sie in fester Form herzustellen, ist nicht ungefährlich, denn sie sind größtenteils sehr explosiv. Für ihre chemischen Umsetzungen ist dies indes nicht nötig, da diese meist in wäßriger Lösung vorgenommen werden können; hier ist die Gefahr ausgeschaltet.

Kocht man die wäßrige Lösung des Benzol-diazonium-chlorids $C_6H_5N_2Cl$ für sich, so wird der Stickstoff abgespalten und es tritt Hydroxyl (aus dem Wasser) an seine Stelle; somit gleicht das Ergebnis der Gesamtreaktion, Diazotierung und Spaltung, dem bei den aliphatischen Aminen bekannten

$$C_6H_5N_2Cl + H_2O = C_6H_5OH + HCl + N_2\,.$$

Kocht man die Lösung in Gegenwart von Salzsäure und Kupferpulver, so entweicht wieder der Stickstoff, nun aber tritt Chlor an seine Stelle: $C_6H_5N_2Cl = C_6H_5Cl + N_2$. Ähnlich kann man statt Chlor auch Brom, Jod oder die Cyangruppe einführen. Schwache Reduktionsmittel gestatten den Ersatz des Stickstoffs durch Wasserstoff, wobei hier Benzol zurückerhalten wird. Starke Reduktionsmittel bewirken die Anlagerung von vier H-Atomen an die N-Atome unter Bildung von salzsaurem Phenylhydrazin:

$$C_6H_5N_2Cl + 4\,H = C_6H_5NH - NH_2 \cdot HCl$$

Was wir hier am einfachen Beispiel des Anilins gezeigt haben, läßt sich nun bei der großen Zahl von Aminoverbindungen durchführen, die sich von den aromatischen Kohlenwasserstoffen, Phenolen, Säuren, nicht nur der Benzol-, sondern auch der Naphthalinreihe usw. herleiten — das mag eine ungefähre Vorstellung davon geben, um welch außerordentlich fruchtbares Gebiet es sich hier handelt.

Ganz das gleiche gilt nun von einer weiteren Reaktionsfähigkeit, auf der der technische Wert der Diazoniumverbindungen hauptsächlich beruht. Sie vermögen sich mit zahlreichen organischen Molekülen zu vereinigen, von denen hier besonders die Phenole und aromatischen Amine hervorzuheben sind. Ein einfaches Beispiel mag besser als lange Erklärungen das Kennzeichnende des Vorgangs vor Augen führen: $C_6H_5N_2Cl + C_6H_5OH = C_6H_5N = NC_6H_4OH + HCl$. Das zweite Molekül (Phenol) tritt an das zweite N-Atom, wobei dieses die p-Stellung zu dem schon vorhandenen Substituenten (OH) bevorzugt. Die entstandene Verbindung heißt p-Oxy-azobenzol. Unter Azoverbindungen versteht man im Gegensatz zu den Diazoniumverbindungen solche, bei denen die N_2-Gruppe jederseits mit einem aromatischen Rest verknüpft ist. In diesen substituierten Azoverbindungen haben wir nun eine überaus vielseitige Klasse von stark gefärbten Stoffen vor uns, die vielfach echte Farbstoffnatur besitzen und daher im Großen hergestellt werden. Zur Kombination steht hier nicht nur die oben angedeutete Fülle der Diazoniumverbindungen zur Verfügung, es steht ihnen eine nicht minder stattliche Reihe von Komponenten der zweiten Art gegenüber — die Zahl der dargestellten und untersuchten Verbindungen geht hier in die Tausende, von denen allerdings nur verhältnismäßig wenige technische Bedeutung erlangt haben (*„Azofarbstoffe"*). —

Anilin ist wohl das wichtigste, aber nicht das einzige Reduktionsprodukt des Nitrobenzols. Es leuchtet wohl auch ein, daß die Verwandlung von NO_2 in NH_2 nicht mit einem Schritt zu erreichen ist. Unter geeigneten Bedingungen gelingt es z. B., das Nitrobenzol zunächst in Phenyl-hydroxylamin überzuführen: $C_6H_5NO_2 + 4 H = C_6H_5 \cdot NH \cdot OH + H_2O$. (Vgl. S. 72.) Es ist unter anderem dadurch merkwürdig, daß

206

es unter dem Einfluß starker Säuren eine Umlagerung in p-Aminophenol $HO \cdot C_6H_4 \cdot NH_2$ erleidet, wobei also die OH-Gruppe vom Stickstoff in den Kern wandert. Daß sie im Phenyl-hydroxylamin selbst am Stickstoff haftet, geht daraus hervor, daß dieses durch Oxydation leicht in Nitrosobenzol zu verwandeln ist: $C_6H_5NHOH + O = C_6H_5 \cdot NO + H_2O$. Die Nitrosogruppe $\cdot NO$ steht zur Salpetrigen Säure in dem gleichen Verhältnis wie die $\cdot NO_2$-Gruppe zur Salpetersäure. So erhält man aus Phenol und Salpetriger Säure das p-Nitroso-phenol $HO \cdot C_6H_4 \cdot NO$. Ganz die gleiche Verbindung ist aber auch auf einem vollkommen abweichenden Wege zu gewinnen. Läßt man Hydroxylamin auf Chinon wirken, so erhält man ein Oxim, wobei das Chinon wie ein gewöhnliches Keton reagiert (vgl. S. 93). Dieses Chinon-oxim stimmt nun

O=⟨H H / H H⟩=O + $H_2N \cdot OH$ ⟶ O=⟨H H / H H⟩=N $\cdot$ OH

Chinon   Chinonoxim

= HO—⟨H H / H H⟩—NO

p-Nitroso-phenol

völlig mit dem Nitrosophenol überein, und zwar nicht nur in der Zusammensetzung, sondern auch im chemischen und physikalischen Verhalten. Je nach den Bedingungen reagiert es bald als Oxim, bald als Phenol — allem Anschein nach befindet sich das eine H-Atom in einer solchen Lage, daß es seinen Platz leicht tauschen kann. Wir können auch hieraus schließen, daß die Struktur des Chinons der des Benzols sehr nahestehen muß.

Läßt man Nitrosobenzol auf Anilin wirken, so vereinigen sich die Moleküle unter Wasseraustritt zu *Azobenzol*:

$$C_6H_5NO + H_2NC_6H_5 = C_6H_5N{=}NC_6H_5 + H_2O.$$

Die gleiche Verbindung ist unter gewissen Bedingungen auch bei Reduktion von Nitrobenzol selbst zu erhalten; sie bildet orangerote Kristalle. Bei weiterer Reduktion geht sie in

Hydrazobenzol oder symmetrisches Diphenylhydrazin über:

$$C_6H_5 \cdot NH-NH \cdot C_6H_5 \, .$$

Dieses ist wiederum farblos. Offenbar ist die Gruppe $N{=}N$ Träger der Farbwirkung. Solcher „Farbträger" (Chromophore) gibt es etliche; sie sind gleich der Azogruppe ungesättigt, z. B. die Carbonylgruppe und das Benzol selbst. Wichtig ist dabei für das Zustandekommen einer Farbe, daß mehrere Chromophore konjugiert stehen. Das Azobenzol ist indes kein Farbstoff, es färbt nicht. Damit ein gefärbter Stoff zum Farbstoff wird, muß zu dem Chromophor noch ein Farbverstärker hinzutreten; solches sind vor allem Gruppen mit saurem Charakter, wie Phenol-hydroxyl, $\cdot SO_3H$ und $\cdot COOH$, oder basische, wie $\cdot NH_2$. Diese Gruppe vermitteln das notwendige Haften des Farbstoffs auf der Faser. — Einer eigentümlichen Umwandlung des eben genannten Hydrazobenzols sei hier noch gedacht. Beim Behandeln mit verdünnter Salzsäure lagert sich das Molekül so um, daß nun die beiden Benzolkerne direkt miteinander verknüpft sind und die NH_2-Gruppen in p-Stellung zur Verknüpfungsstelle treten:

$$C_6H_5NH-NHC_6H_5 \rightarrow H_2N \cdot C_6H_4-C_6H_4 \cdot NH_2 \, .$$

Das entstandene *Benzidin*, ein Diamin des Diphenyls, ist an seinen beiden NH_2-Gruppen diazotierbar und somit zweimal zu den Reaktionen befähigt, die wir beim Anilin besprochen haben. Dadurch wird es zum Ausgangspunkt einer weiteren Reihe von Farbstoffen.

Hiermit sei unsere Betrachtung der aromatischen Stoffe im wesentlichen abgeschlossen. Sie hat uns bisher mit weit mehr künstlichen als natürlichen Produkten bekanntgemacht. Dies liegt in der Natur der Sache, sind doch die Naturstoffe meist so verwickelt zusammengesetzt, daß ihre Besprechung nur in größerem Rahmen möglich ist. Als Beispiel sei nur angeführt, daß der Benzaldehyd in den bitteren Mandeln nicht als solcher, sondern verbunden mit Blausäure und Zucker vorhanden ist. Es sei hier noch erwähnt, daß unter den Bausteinen des Eiweiß sich einige aromatische Aminosäuren finden und daß viele untersuchte Blütenfarbstoffe in die aromatische Reihe gehören. Wir wollen das Gebiet aber

nicht verlassen, ohne wenigstens einen Blick auf die beiden
wichtigsten natürlichen Farbstoffe geworfen zu haben, die
jetzt allerdings schon längst fast ausschließlich auf künstlichem Wege bereitet werden: den roten Farbstoff der Krapp-
wurzel, das Alizarin, und den Indigo. Alizarin spielt in der
Geschichte unserer Wissenschaft darum eine besondere Rolle,
weil es der erste natürliche Farbstoff war, dessen Synthese
im Laboratorium und in der Fabrik durchgeführt wurde. Indigo ist durch seine hervorragenden Eigenschaften einer der
wertvollsten Farbstoffe überhaupt und darum von höchster
wirtschaftlicher Bedeutung.

Das Alizarin ist ein Abkömmling des Anthrazens. Die beiden mittelständigen C-Atome dieses Kohlenwasserstoffs sind
leicht oxydierbar zu Carbonylgruppen; es entsteht ein Chinon,
das Anthrachinon. In dieses lassen sich auf dem Weg über
die Sulfosäure zwei OH-Gruppen einführen, und so gelangt
man zu dem Di-oxy-anthrachinon, und damit hat man bereits

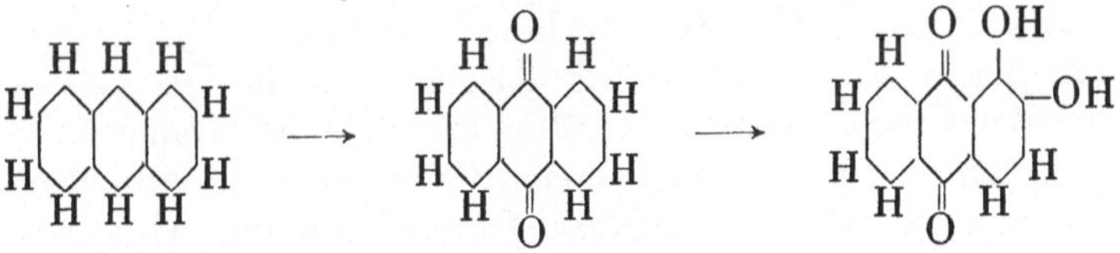

Anthracen   Anthrachinon   Alizarin

das Alizarin selbst in Händen. Der schwierigere Teil der hier
zu leistenden Arbeit lag dabei in der Aufklärung der Struktur
des Alizarins, die der Synthese voraufzugehen hatte; die Synthese selbst war dann verhältnismäßig einfach. Schwieriger
lagen die Dinge beim Indigo. Seinem Molekül liegt ein stick-
stoffhaltiges Ringsystem zugrunde, das eine Kombination

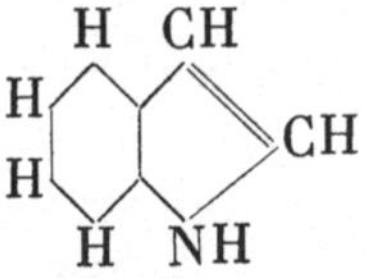

Indol 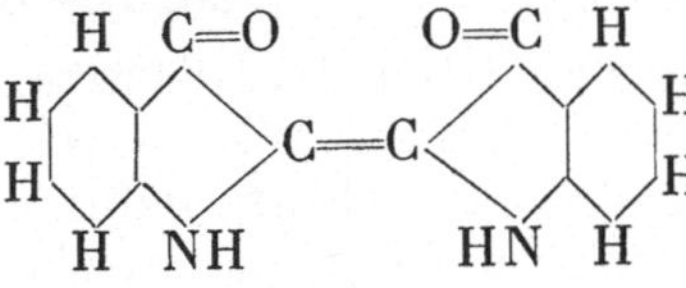   Indigo

eines Benzol- mit einem Pyrrolring darstellt und Indol heißt.
In mühevoller Arbeit konnte festgestellt werden, daß zwei
oxydierte Indolkerne im Indigo verknüpft sind, wie es die

Strukturformel zeigt. Nicht minder langwierig war der Weg, der schließlich von einfachen Benzolabkömmlingen aus erst zur Synthese im Kleinen, dann endlich zur Fabrikation führte. Der Lohn entsprach der jahrelangen Mühe: in kurzer Zeit verdrängte der synthetische Indigo, der reiner und gleichmäßiger ist als der natürliche, diesen aus dem Markt. Der Anbau der Indigopflanze mußte als unlohnend aufgegeben werden. — Was den Indigo so schätzenswert macht, ist nicht nur seine an sich sehr schöne blaue Farbe. Er besitzt auch in hohem Maß die Eigenschaften, die einen Farbstoff überhaupt erst wirklich brauchbar machen; Licht zerstört die meisten Farben; Indigo ist lichtecht. Viele Farben werden durch Wasser und Seife verändert; Indigo ist wachecht. Erst in neuerer Zeit ist es der chemischen Technik gelungen, in größerer Mannigfaltigkeit Farben von ähnlicher Güte herzustellen, deren Beständigkeit sogar die der Fasern übertrifft, die mit ihnen gefärbt sind.

Die ausgezeichnete Waschechtheit des Indigos beruht darauf, daß er in Wasser — wie übrigens auch in den meisten anderen Lösungsmitteln — völlig unlöslich ist. Daher muß man sich eines besonderen Kunstgriffs bedienen, um ihn überhaupt auf die Faser zu bringen. Durch Reduktion wird er in eine farblose, wasserlösliche Verbindung übergeführt, das Indigweiß. Aus einer solchen Lösung, der sogenannten Küpe, zieht das Indigweiß wie ein Farbstoff auf die Faser und wird nun hier durch den Sauerstoff der Luft in blauen Indigo verwandelt; unlöslich, wie er ist, haftet er nun hier mit großer Festigkeit.

Schlußwort.

Wir stehen am Ende unserer Betrachtungen über die organische Chemie. Wie es bei einer kurzen Einführung nicht anders möglich ist, mußten wir uns wesentlich an der Oberfläche der Dinge halten. Unser Zweck ist indessen erreicht, wenn es uns gelungen ist, folgendes zu zeigen. Die chemischen Vorgänge, die den Lebensprozeß unlösbar begleiten, sind überaus verwickelt, die Stoffe, an denen sie sich vollziehen, höchst verschiedenartig und kompliziert. Ehe man in diese Zusammenhänge einzudringen vermag, ist es unerläßlich, die Gesetze der organischen Chemie im weiteren Sinne, der Chemie des Kohlenstoffs überhaupt, zu erkennen. Diese Aufgabe ist in großen Zügen von der Chemie des 19. Jahrhunderts gelöst worden. Ihr Ergebnis sei hier nochmals mit kurzen Worten zusammengefaßt.

Der Kohlenstoff ist vierwertig, die Valenzen seines Atoms sind räumlich angeordnet. Die C-Atome sind in einzigartiger Weise befähigt, zu Ketten und ringförmigen Molekülen sich zusammenzuschließen. Aus diesen Kohlenstoffskeleten baut sich die Fülle der Verbindungen auf, unter Mitwirkung von wesentlich nur drei weiteren Elementen: von Wasserstoff, Sauerstoff und Stickstoff. Der Wasserstoff ist, soweit er an Kohlenstoff direkt gebunden auftritt, überwiegend indifferent. Der Sauerstoff erscheint vornehmlich in drei Bindungsformen: als Hydroxylsauerstoff in Alkoholen und Phenolen, als Carbonylsauerstoff in Aldehyden und Ketonen, schließlich in der Carboxylgruppe der Säuren; er bestimmt meist in erster Linie den chemischen Charakter der Stoffe. Ihm schließt sich der Stickstoff an, der meist in der Form der Aminogruppe oder davon herzuleitender Verbindungsarten vorliegt. Aus diesen wenigen Bausteinen, die in den verschiedensten Kombinationen immer wiederkehren, setzt sich die überwiegende Mehrzahl der organischen Verbindungen zusammen, so daß dagegen alle übrigen noch vorkommenden Elemente zurücktreten.

Eine gewaltige Arbeit ist von der Forschung schon geleistet worden. Sie ist am leichtesten zu ermessen an der bloßen Zahl der bereits bekannten Kohlenstoffverbindungen: beträgt sie doch mehr als 200 000! Dennoch liegt der schwierigere Teil der Aufgabe noch vor uns, das Eindringen in die chemischen Lebensvorgänge selbst. Schon sind verheißungsvolle Schritte in dieser Richtung getan, und so steht zu hoffen, daß eine nicht allzuferne Zukunft uns dem Ziele näherbringt, die chemische Seite des Lebens zu verstehen und zu beherrschen. Als wissenschaftlicher Lohn winkt die vertiefte Kenntnis des Lebens selbst, als praktischer die Erhaltung des Lebens und Heilung der Leiden.

Sachverzeichnis.